本书为2021年省社科基金一般项目（后期资助项目）（2021151）成果，
并获得湖北省乡村振兴研究院的资助

中国林业碳汇产业发展绩效及其增进策略研究

Research on the Development Performance of China's Forestry Carbon Sequestration Industry and Its Enhancing Strategies

王维薇 著

中国财经出版传媒集团
经济科学出版社
Economic Science Press

图书在版编目（CIP）数据

中国林业碳汇产业发展绩效及其增进策略研究/王维薇著.
—北京：经济科学出版社，2021.7
ISBN 978-7-5218-2725-5

Ⅰ.①中…　Ⅱ.①王…　Ⅲ.①森林-二氧化碳-资源管理-研究-中国　Ⅳ.①S718.5

中国版本图书馆CIP数据核字（2021）第155073号

责任编辑：杨　洋　卢玥丞
责任校对：王京宁
责任印制：王世伟

中国林业碳汇产业发展绩效及其增进策略研究
王维薇　著
经济科学出版社出版、发行　新华书店经销
社址：北京市海淀区阜成路甲28号　邮编：100142
总编部电话：010-88191217　发行部电话：010-88191540
网址：www.esp.com.cn
电子邮箱：esp@esp.com.cn
天猫网店：经济科学出版社旗舰店
网址：http://jjkxcbs.tmall.com
北京季蜂印刷有限公司印装
710×1000　16开　15印张　230000字
2022年12月第1版　2022年12月第1次印刷
ISBN 978-7-5218-2725-5　定价：60.00元
（图书出现印装问题，本社负责调换。电话：010-88191510）

前言

Preface

改革开放以来，我国林业建设取得巨大成就，不但为减缓全球气候变暖做出了重大贡献，也在推动我国经济社会发展、加强生态保护、加快碳排放空间拓展等方面发挥了积极的战略性作用。《国民经济和社会发展第十四个五年规划和二〇三五年远景目标的建议》提出，2035 年我国要广泛形成绿色生产生活方式，碳排放达峰后稳中有降，生态环境根本好转，美丽中国建设目标基本实现。当前气候变化成为人类生存发展面临的最严峻挑战之一，我国生态文明建设处于压力叠加、负重前行的关键期，人民群众对日益增长美好生活的需要也对生态保护提出了更高要求，通过加快推进林业高质量发展推动生态建设迫在眉睫。根据《京都议定书》，“碳汇”是指“从大气中清除二氧化碳的过程、活动或机制”，发展中国家可以通过清洁发展机制进行植树造林和森林经营等活动来抵消碳排放量。林业碳汇是各国公认的经济可行、有效应对气候变化和实现碳减排的重要途径。中国为了积极履行国际碳减排承诺，出台了一系列政策法规以加强植树造林和森林经营管理活动。我国林业碳汇项目虽然启动较晚，但发展势头良好。自 2001 年全球碳汇项目启动以来，国内推行的碳汇项目试点持续增加，我国还组织实施了世界上第 1 个 CDM 森林碳汇项目和多个森林碳汇试点项目。2003 年，在继续加强森林资源保护管理、巩固造林绿化成果的基础上，国家林业主管部门相继设立气候办、碳汇办、能源办等系列应对气候变化的管理机构，全球范围内率先对林业行业应对气候变化工作开展了规划，推动了对中国林业碳汇有条不紊的管理。总体来说，我国林业碳汇产业发展已形成初步格局，但仍面临制度建设不完备、碳交易机制不成熟、碳汇技术及方案供给不充分和气候及自然灾害威胁等制约因素，如何借鉴经验，发挥优势，提升林业碳汇产业的发展绩效，推动我国林业碳汇产业又好又快地发展，成为一个现实而又紧迫的任务。

本书以问题导向为研究逻辑，研究对象是"林业碳汇产业"，整体框架设计体现为"机理分析—明晰现状—绩效评判—经验启示—绩效优化"的研究脉络。首先，使用文献计量、政策文本和回归分析法等，明确了林业碳汇政策执行的作用机理，重点探究了林业碳汇产业发展的绩效水平和影响因素，这是研究的重中之重。其次，从历史与现实维度上把握研究对象的边界，研究梳理了林业碳汇产业发展的历程以及其支持政策的历史演变情况，论证了林业政策的传播绩效问题。再次，在从宏观、微观层面评估林业碳汇产业发展绩效水平和影响因素的基础上，利用双重差分法探索了林业碳汇项目的实施对县域农业经济增长的影响，同时以林业碳汇产业发展中各参与主体的有限理性为基础，运用演化博弈理论，构建"政府部门—企业—居民"三方的博弈模型，分析三者之间的博弈行为和利益关系，寻找演化稳定策略，最后，给出了优化林业碳汇产业发展绩效的政策建议。获得的主要结论有以下几方面。

一是林业碳汇产业发展文本分析方面。通过由《可持续发展北京宣言》发布开始至今，林业碳汇产业政策文本分析得出如下结论：（1）我国林业碳汇政策发布数量在时序上波动频繁，其中分别在2011年和2017年发布数量达到波峰位置，并以这两个年度为界总体上呈现"M型"发展态势，而从时序变化的分阶段情形看，有4个明显的发展周期。（2）分区域来看林业碳汇政策发布，则表现为不同区域政策供给差异明显，其中东部地区和西部地区林业碳汇政策发布较多，中部次之，东北地区仅为30项；从各年度区域发布情况来看，综合判断自2009年来各经济区域发布量较为密集，其中在2011年和2017年均达到每年111项的峰值，但同时期不同经济区域发布量差距较大；此外，各经济区域政策发布量总体演进趋势与中央部门基本吻合，多集中在2012~2016年区间内；研究还发现，东部地区和西部地区政策发布趋势演变情况较趋近，而中部地区和东北地区仅从政策发布量来说趋同程度较弱。（3）机构联合发布情况。统计分析可知，当前中央部门和地方政府层面联合发布林业碳汇政策的情形都比较少见，但总体而言中央部门联合发布政策文件的频率较地方政府联合发布文件的频率要高；具体谈及林业碳汇政策联合发布的机构组成，在中央部门层面常见的组合包括中共中央与国务院、全国绿化委员会与国家林业局、国家发展改革委与国家气象局或国家统计局、科技部与环境保护部或气象局；地方发布政策的部门组合，则多以林业厅与财政厅、绿化委员会与林业厅、国家发展改革委与经济和信息化委员会或环保厅，或表现为省委（市委或县委）与省政府（市政府或县政府）等组合形式。(4) 通过不同经济区域发布机构类型的分析可知，中央和地方层面林业碳汇政策主导部门有其相对一致性，地方层面，主要由市级人民政府和省级人民政府、绿化委员会和林业厅来牵头组织实施本地区的林业碳汇发展工作，其中市级政府部门的作用相当关键。(5) 从中央部门及四大经济区域总体上看，林业碳汇政策供给类型首先以决议和刺激性方案为主，合计432件，其次为技术经济与财政政策和公开信息披露信息；按照上述政策类型划分，我们还注意到，中央部门发布的政策类型主要是以技术经济与政策、决议和刺激性方案为主；分区域来看，东部、西部和东北地区均以决议和刺激性方案为主要内容，技术经济与财政政策在中部和西部地区林业碳汇政策体系中也扮演着关键角色。最后还发现，立法监督型林业碳汇政策的发布主体集中于中央部门，但所占比重并不高。

二是林业碳汇产业发展绩效宏观方面。(1) 碳汇造林项目的开展对县域农业经济具有积极影响，该结论通过了稳健性检验。(2) 鉴于林业碳汇项目收益显现期较长，存在一定时滞，为此项目开展对县域农业经济增长短期效应可能表现的不一定明显。实证结果表明，从长期来看其显著存在促进作用。(3) 从产业结构调整、发展能力提升、收益机会增加（个人和企业）、财政状况改善4个维度上，碳汇造林项目助推了县域农业经济增长。

三是林业碳汇产业发展绩效微观方面。实证研究结果表明，我国营林企业林业碳汇经营绩效在不同地区间尚存在不小的差距。总体来看，东部地区营林企业经营绩效要明显优于其他区域，中部地区次之，这与当前各区域经济发展阶段、林业可持续发展要求以及企业林业碳汇经营水平有一定联系。然而就排名靠前的典型营林企业来说，财务盈利状况、资产营运状况、偿债能力状况和发展能力状况4个维度及各具体指标表现的并不均衡，甚至有部分指标与营林企业林业碳汇经营绩效总体状况呈反向关系，进而一定程度上也是整个营林企业林业碳汇发展相对滞后的一些具体表现。

四是林业碳汇产业发展相关利益主体行为博弈分析方面。在碳汇造林项目建设及实施过程中，影响利益相关方决策的因素较多，任一利益主体行为策略的变化，都可能使得其他参与主体的收益和损失情况产生变化，进而影响其他主体的行为策略，为此制定策略时需考虑影响利益相关主体演化博弈收益的关键性要素，最后通过调节上述因素的变化来激励利益相关方选择期望性策略。首先，由参与碳汇造林项目企业的动态复制方程可得出，营林企业的行为策略抉择受自身获利和政府行为策略影响较大，而与居民行为策略关联不多。因此当积极参与碳汇造林项目的企业获取的利润越多、社会认可度提升越多，而消极参与的营林企业利润所获越低，政府对积极参与碳汇造林项目企业的奖励越多，与此同时，对消极参与企业处罚的金额越高，且同企业占有居民资产收益额越趋近，即 $M-\gamma\theta C$ 趋向 0 或为负数，至此 ϕ 的取值则趋向 1，表明参与碳汇造林项目企业群体中选择“积极参与”抉择的比例提高。其次，居民群体动态复制方程可得出，居民的行为策略选择主要受自身利益和企业策略抉择的影响。当居民群体闲暇时间获得的效用水平越低（X_1），积极参与碳汇造林项目的额外收益越多（$E+L_1$），以及当企业选择“积极参与”行为时，居民主动和被动参与利润分红差额（$1-\alpha$）（S_1-S_2）越大，使得 φ 越趋向 1，表明居民群体中选择“积极参与”行为策略的比例提高。再次，由政府的动态复制方程可得出，其行为策略抉择主要受自身成本和收益的影响，而同企业和居民的行为策略关系不大。若政府积极支持和激励带来的社会认同程度越高，监管成本 B_1 和 B_2 越小，对企业处罚金额越大，且对企业和居民的奖励额度越小，下级政府消极支持与监管所获得的惩罚越高，会使得 γ 趋近于 1，即在政府群体中选择“积极支持”策略的比重会提升。最后，就多利益主体共同作用下演化博弈策略稳定性分析可知，当满足一定条件时博弈系统在 R（1，1，1）上保持稳定，这说明，在动态演化博弈中，碳汇造林项目利益相关方可以实现“企业积极参与、居民积极参与、政府积极支持”的策略组合，以推进林业碳汇产业高质量发展。

五是典型国家与地区林业碳汇产业体系案例分析方面。研究发现：(1) 欧盟林业碳汇体系相对较为完善，其不仅较为明确地界定了林业碳汇交易方式、价格机制等，还为其提供法律基础、运行机制、融资方式等相应配套体制机制予以确保其顺利实施。整体来讲，欧盟对于林业碳汇交易的设置具有较为完善的体系支撑与技术支持等，这是实现欧盟各成员国与其他国家顺利开展碳汇国际合作的前提条件。(2) 与欧盟有所不同，新西兰林业碳汇交易体系在对是否符合碳汇交易范围的林地界定方面关注更多，其严格按照《京都议定书》中对森林的划分做法，将其分为“1990年前森林”和“1990年后森林”，并明确不同情境下的林业碳汇交易细则。对于毁林等出于收益比较后的行为，亦有不同的免责与规避约束机制。以此些类似的举措，降低林业碳汇经营项目实施难度以及在实施过程中可能存在的机会主义行为，并对稳定林业碳汇市场价格大有裨益，对我国实施林业碳汇具有较大的借鉴价值。(3) 我国作为世界第一个注册并签订清洁发展机制项目的发展中国家，除了本书给出的广东长隆造林碳汇经营项目和临安林业碳汇交易体系等典型案例外，仍不乏其他优秀的范本，如“中国与意大利合作的CDM造林与再造林碳汇项目”“中国东北部敖汉旗防治荒漠化青年造林项目”“甘肃省定西市安定区碳汇造林项目”“内蒙古盛乐国际生态示范区林业碳汇及生态修复项目”“广东省龙川县碳汇造林项目”“伊春市汤旺河林业局2012年森林经营碳汇减排项目试点”等。实际上，中国已在近10年的林业碳汇经营项目与发展中，积累了大量丰富、科学的具有针对性的方法论与操作技术。未来，中国必将是世界林业碳汇市场中不可或缺且日益重要的国家。

与此同时，通过对比欧盟、新西兰与中国广东长隆林业碳汇项目、临安林业经营碳汇项目可以发现，其共同点为各国（地区）的林业碳汇经营项目主要是在《京都议定书》框架及IPCC相关规定基础上而形成的，其减排单位均为京都框架下的二氧化碳当量，且其方法论的主要依据仍出自国际清洁发展机制。但几个国家的林业碳汇体系仍具有明显的差异之处，这主要体现在如下方面：第一，减排单位在各国的表述不同。第二，减排方法学和技术指南不同。第三，法律约束与融资机制不同。

最后，根据前述章节对林业碳汇产业现状包括产业发展规模、发展结构、产业模式等的分析中暴露出来的林业碳汇产业区域协调性有待提升、产业结构有待优化、技术水平相对落后、交易市场尚未完整等问题，结合现有文献对林业碳汇产业的研究，构建多层次对策体系框架，并从政府宏观调控、产业中观指导和企业微观执行等层次出发，提出了促进林业碳汇产业发展绩效增进的对策建议。

第 1 章

绪　论

1.1　立论依据

1.1.1　问题提出

碳排放量日益增加导致的全球变暖问题已受到全世界的关注。气候变化是全球共同面临的重大挑战。中国是全球第一大经济体，经济的迅速增长伴随着严峻的生态环境形势和生态环境问题。据2019年“全球碳项目”发布的报告指出，中国的二氧化碳排放总量增加了2.6亿吨，居全球第一位。改革开放以来，我国林业建设取得巨大成就，不但为减缓全球气候变暖做出贡献，也在我国经济社会发展、生态保护、碳排放空间拓展等方面发挥了战略性作用。目前，生态文明建设正处于负重致远、压力重重的重要时刻，与此同时生态保护面临我国社会主要矛盾的新变化，而加快推进林业高质量发展则成为必由路径。

在经济高质量发展和改善生态环境的背景下，林业碳汇是世界各国应对气候变化和实现碳减排的重要途径。在中国可持续发展战略和生态建设中，林业被赋予首要地位，相比于耕地和草地，其强大的碳汇能力能够带来巨大效益，是陆地上最强大的碳库。我国宜林荒山荒地面积广阔，随着人们对生态环境的重视，林业发展速度加快，造林面积不断扩大。据《2019年中国国土绿化状况公报》显示，中国森林面积2.2亿公顷，森林覆盖率22.96%。其中森林抚育面积为773.3万公顷，人工造林达706.7万公顷。根据《京都协定书》，发展中国家可以通过清洁发展机制进行植树造林和重新造林活动，以此来抵消碳排放量。中国为了积极履行国际碳减排承诺的重要内容，出台了一系列政策法规来加强造林和营林活动。20世纪90年代以来，中国一系列营林活动成效显著，经对碳汇情况进行系统测算，截至2021年1月，中国的森林植被总碳储量已达92亿吨[①]。我国虽在林业碳汇项目上开始较晚，但项目发展态势向好，自21世纪初全球林业碳汇项目启动以来，国内一系列碳汇项目推行试点和研究应运而生，特别是组织开展了全球首个清洁发展机制（CDM）森林碳汇项目。在营林活动管理保护、巩固前期成果的基础上，自2003年，林业部门一系列气候变化管理机构相继建立，其中包括碳汇办、气候办、能源办等，并牵头统筹管理林业部门气候保护工作，使中国林业碳管理稳步运行。为此，中国开展林业碳汇建设具备优良的政策环境和广阔的市场前景，并作为一个相对完备的产业体系，成为我国实现生态和经济双重目标的主要支撑力量，特别是在碳减排和温室气体控制方面，发挥了强大的作用。

近年来，全球气候变化引起了世界范围内的广泛关注。习近平总书记在2020年联合国大会上提出，中国将努力在2030年之前达到碳排放峰值，2060年实现碳中和；这不仅是应对气候变化的国家政策，也是中国经济绿色转型和可持续发展的内在需求。各国为减缓气候变化的步伐，完成各自的减排承诺，包括中国等发展中国家在内的多数国家已明确将发展低碳经济和林业碳汇产业提升为国家战略，寻求合作共赢的林业碳汇增长机制成为众多国家强烈而紧迫的诉求。总体来说，林业碳汇产业发展已形成初步格局，但仍面临着制度建设缺陷、碳交易机制不成熟、碳汇技术和方案供给不足、气候和自然灾害威胁等发展障碍，亟须吸取经验，充分发挥我国森林经营管理方面的优势，探索新方向、新业态和新模式，实现多元化发展。如何提高碳汇林业产业的发展绩效，加快我国碳汇林业产业又好又快的发展，成为一个现实而又紧迫的任务。

---

① 寇江泽．我国森林植被总碳储量已达92亿吨［N］．人民日报，2021-01-14．

1.1.2 国内外相关研究的学术史梳理及研究动态

1. 关于林业碳汇的研究

在国内外自然科学和社会经济领域，林业碳汇都是学者关注的焦点。国外学者重点关注碳汇功能及测量问题，通过森林碳库、碳汇、碳排放的量化，林业碳汇在全球碳循环中所起的关键作用得到肯定。19 世纪 60 年代，国际科联启动了国际生物学计划，并在全球率先开始森林生态系统碳汇研究，还通过联合国教科文组织进一步实施了后续的“人与生物圈 MAB 计划”。到20 世纪80 年代，国际主流研究开始重点关注碳循环和碳平衡领域，林业碳汇研究聚焦在自然科学领域，主要体现为碳汇功能、森林参与大气循环方式、碳吸收计量模型等方面的研究等。部分学者认为森林具有碳汇功能。据统计全球森林面积占陆地表面 65%，总量超过 41 亿公顷，其中森林储存了生态系统中 80% 土壤碳和 90% 的植物碳（Dixon et al.，1994；Goodale et al.，2002；Canadell et al.，2007）。考皮（Kauppi，1992）、狄克逊（Dixon，1994）、沃伊切赫·加林斯基（Wojcierch Galinski，1994）、潘（Pan，2011）等通过维度划分，基于森林资源清查数据，得出不同纬度、资源利用方式及经济制度，森林作为碳汇源发挥的作用水平也不相同的结论，其中北半球的森林发挥更大的碳汇作用（Kauppi，1992）；局部地区，如波兰在 1988 年和 1990 年森林产生净碳汇，平均每年约吸收 8 公吨二氧化碳，此外匈牙利大规模的再造林行动也助力森林碳汇能力不断提升。伍德威尔（Woodwell，1978）、德维勒（Derwiler，1988）、霍顿（Houghton，1997）等学者对森林碳汇功能持有不同意见；研究表明森林植被具有碳源特性，由于热带森林遭受乱砍滥伐和火灾等原因，热带森林沦为二氧化碳重要来源。直到 21 世纪，国外学者对森林碳汇的研究从自然科学领域转向社会经济价值研究，《京都议定书》确认清洁发展机制（CDM），林业碳汇的市场化和货币化得以实现。肯尼斯·R. 理查兹和嘉莉·斯托克斯（Kenneth R. Richards & Carrie Stokes，2004）、亨特·科林（Hunt G. A. Colin，2009）等研究者表示，森林实现碳汇功能的费用较低、技术标准不高，实现手段较为简单，社会价值空间广阔。

国内学者围绕林业碳汇的定义、功能以及作用开展了大量研究。针对林业碳汇的定义目前持有两种观点。一种是从自然科学角度开展对林业碳汇的理解和定义，袁嘉祖（1997）表示林业碳汇是森林吸收和存储二氧化碳的能力或者数量。康惠宁等（1996）认为，森林在生长过程中吸收和固定二氧化碳，但破坏和砍伐森林又会造成碳的流失，因此森林既是碳汇也是碳源。李顺龙（2005）提出，"碳源"是大自然中向大气释放碳的母体，"碳汇"是指大自然中碳的吸收封存体。另一种观点以李怒云（2007）的看法为代表，认为"林业碳汇"衍生于《联合国气候变化框架公约》，是指通过营林管理活动，从地球大气中清除二氧化碳（CO_2）的活动、机制以及过程。他还强调，碳汇的概念取决于研究目的。林业碳汇和森林碳汇在属性上得到了区分，碳汇的属性始终是国内学者的关注重点。从生态特性来看，碳汇具备地域性、时期性、可再生性等属性，而从经济属性上，碳汇包括稀缺性、公共性以及外部性的特征（金巍，2005；林德荣，2006；胡德平，2007）。

为了客观评价碳汇在全球气候变暖中的贡献，国内外从碳汇的自然属性和经济属性出发，广泛开展了林业碳汇功能的分析。谈及林业碳汇的自然属性方面，李怒云（2006、2007）表示林业碳汇兼具缓解气候变化、适应气候变化和促进可持续发展这 3 项功能，吴冰（2006）则尤其强调森林固碳功能在促进林业可持续发展的重要作用。对于不同森林种类的碳汇功能，传统生态理论表示成熟森林的固碳能力不强，而非成熟森林的固碳能力较强，例如王效科等（2000）认为，由于我国的大面积森林遭受人为破坏，促使成熟林的碳密度低于近熟林。而近期研究越来越基于区域成熟森林的观测数据肯定成熟森林持续的固碳能力（周国逸，2006；朱万泽，2020）。在人工林和天然林的碳汇能力上，冯瑞芳（2006）、余等（Yu et al.，2008）、黄从德（2008）、魏晓华（2014）、崔少奇（2019）等通过定性或定量的方式评估了人工林对碳汇的潜在贡献，分析了人工林的碳汇功能受经营水平和全球变暖反馈等多种因素影响，人工林有望成为碳减排的核心内容。

论及林业碳汇的经济价值属性，碳汇存量和碳汇价格成为普遍考量的重要因素。计算碳汇存量的方法较多，常见的方式有生物量法、森林蓄积法、旋涡协方差法等。国外学者狄克逊等（Dixon et al.，1994）指出 20 世纪90年代中高纬度地区森林资源的增加实现了每年0.7±0.2PgC[①]的碳汇，有效的森林管理可以提升森林的碳汇能力。戴维·皮·特纳等（1995）通过耦合森林经济模型、森林清查模型和森林碳模型，预测了美国毗连的林地在未来50年的森林碳库和通量。潘（Pan，2011）借助森林资源清查数据测算得出1997～2007年这十年间全球森林每年碳吸收量达到2.4±0.4PgC，包括低纬度地区再生产产生的碳汇达到1.6±0.5PgC。国内学者方精云等（2000）基于四次森林清查资料得出中国森林碳储量在近20年间由3.75PgC增长至4.2PgC，中国森林碳库的碳汇潜力前景巨大。王效科（2000）把生态学调查资料和森林普查资料结合起来估算得出我国现有的森林碳储量大约占潜在的1/2。陈刚（2015）借助森林蓄积量扩展法估算1979～2020年中国森林碳汇实物量从108.32亿吨增长到173.78亿吨，森林碳汇的经济功能不断凸显。此外，碳汇的经济价值是通过碳汇价格来评估。通常采取造林成本法、成本效益法、碳税法等估算。谢高地等（2011）总结了碳汇价值可以通过实现碳交易、固碳和碳税三种机制实现，估算出现有碳汇价值在0.5美元/吨～43.2美元/吨；黄宰胜等（2016）借助造林成本法得出浙江瑞安市湿地松碳汇成本随轮伐期增加先下降后上升，其中到最佳轮伐期第18年时达到最低碳汇成本。吴丽莉等（2010）通过最小值法求出我国森林碳汇的最优核算价格是10.11美元～15.17美元，说明我国森林单位培育成本高于国际水平。还有部分学者综合应用了多种方法，如张旭芳等（2016）综合多种方法估算分析中国林业碳汇1993～2013年中国林业碳库的碳汇蓄积量。龚荣发等（2015）则利用生长曲线、生物量换算因子法和市场价格法预估了未来十年中国川西北林业碳汇项目碳汇价值的变动情况，以及影响碳汇价值的相关因素。这些学者们的研究都表明中国森林碳汇的储量丰富，经济效益潜力巨大。因此，提高我国林业碳汇的效益，发挥它的经济功能，对我国实现节能减排、可持续发展等目标具有重要意义。

2. 关于林业碳汇产业的研究

综合分析林业碳汇产业，重点要从林业碳汇产业供需方入手，学者们

---

① PgC单位全称为Petagrams of Carbon，其中Petagram为十亿吨。

运用多种方法和视角对其进行了分析。

目前，对林业碳汇产业供给要素的研究主要集中在供给意愿及其影响因素、供给成本、市场潜力、政府政策等方面。一般而言，林业碳汇的供给主体是开展林业碳汇项目的林业经营者，政府的支持途径包括税收、制定规则、补贴等。政府的支持政策对林业经营者的行为抉择有很大的影响，直接影响林业供给的稳定性。陈丽荣、曹玉昆等（2015）基于博弈论模型，明晰了营林经营者与政府主体行为的相关博弈关系。提出企业购买碳汇的积极性和林业供给政策会正向影响林业碳汇经营者的行为，从而刺激碳汇供给。苏蕾、袁辰等（2020）进一步构建双方的演化博弈模型得出政府政策的有效性、扶持成本以及碳汇项目的前后期成本也会影响林业碳汇供给的稳定性。哈特曼（Hartman，1976）、卡利什等（Calish et al.，1978）、范库腾（Van Kooten，1995）等认为发达国家碳汇供给的时空分布会受碳汇价格、补贴、碳税影响。索根和塞乔（Soghen & Sedjo，2006）的研究估算出，如果碳汇价格保持在100美元~800美元的范围，那么从21世纪到2105年全球森林碳汇的供给可能会达到48－17PgC。微观层面，国外对森林碳会的研究集中在整合土地利用变化的内生变化、国际贸易影响以及森林经营和森林类型多元化等。卢博夫斯基等（Lubowski et al.，2006）借助土地所有者偏好显示模拟了美国森林碳汇的供给方程在征税或补贴两种不同情境下的情况，发现在应对气候变化政策中，森林碳汇能够发挥较大的作用。罗基扬斯基等（Rokityanskiy et al.，2007）也利用空间动态整合模型分析得出相似结论，预估未来百年全世界森林碳汇供给潜力巨大。国外对林农供给意愿的研究较少，克里斯特尔等（Kristell A. et al.，2012）调查了美国850户林、农参与林业碳汇项目的意愿，显示性别、碳信用补偿额、对气候变化的态度、合同期限等都显著影响其参与供给的意愿。而汤普森·德里克和汉森·埃里克（Thompson Derek W. & HansenEric N.，2012）引入计划行为理论，根据429名美国林、农对森林碳封存和交易的行为和态度，37%的受访者支持这一观点，其中森林所有权和森林面积将影响林农的行为意图。

国内对森林碳汇的微观研究多集中在林农经营者的供给意愿及其影响因素，多采用回归方程、生物量测量、修正的Faustmann模型等分析林农的经营决策和结果。沈月琴、王小玲等（2013）基于农户对杉、木、林的经营数据，指出了除利率、碳汇价格和木材价格以外，农户认知程度和政府的扶持倾向也会影响碳汇供给量。明辉（2015）通过实地调研和多种方法结合得出林、农参与森林碳封存项目的意图主要取决于林、农与林业部门或者集体部门之间的关系。朱臻、黄晨鸣（2016）弥补了国内对农户风险偏好关系及影响的研究空白，利用大样本实证探讨得出风险厌恶型农户的碳汇供给意愿高于风险偏好类林户。韩雅清（2017）则是从人际信任与制度信任角度出发，基于福建省 344 名林户的结果表明，人际信任和制度信任两个因素均能显著促进林工实施森林碳汇项目的意愿。并且经济不发达地区的碳汇经营意愿不强。

在我国林业碳汇供给能力不断上升的背景下，碳汇市场中面对供大于需的现实困境（邹玉友，2019）。林业碳汇产业中的重要需求主体是控制排放企业。我国企业对林业碳固存的需求意愿和影响因素的研究相对主流，多使用条件价值法研究林业碳汇的支付意愿及影响因素。黄敏（2012）采用支付卡问卷引导技术，在激励条件、资源条件和征税碳税三种情形下，分析 72 家企业对森林碳汇的需求情况。陈章纯等（2013）通过企业数据得出企业对碳汇造林的认知度较低，同时强调了政府的支持政策很大程度上影响了企业的参与意愿。而陈丽荣等（2016）进一步从购买意愿视角，通过对 332 家企业的问卷调查，探讨了企业购买林业碳汇指数的意愿及其关系，结果表明，企业对碳汇的理解，政府政策取向和管理者的选择偏好对企业购买意愿具有显著的积极影响。从碳控排企业支付意愿视角，黄宰胜、陈钦（2017）借助计划行为理论和条件价值法，通过温州碳排放企业的调查结果分析得出林业碳汇的经济价值及影响因素。面向微观层面，企业通常选择不同的减排路径，龙飞等（2019）选取 89 家自愿减排的企业为样本，基于不确定条件的概率算法，探索不同企业对林业碳汇的需求形成机理。当政府同时实施技术减排补贴和碳汇减排补贴政策后，企业购买数量会大大增加。潘瑞、沈月琴等（2020）在描述市场对森林碳汇需求不足的现状下，得出企业对森林碳汇的需求主要受 3 个因素影响：内部特征因素、外部动态因素和市场机制。此外，分析林业碳汇需求意愿的关键因素对于企业绿色减排进程具有明显的实际意义。邹玉有（2019）通过 Heckman 两阶段模型，基于营林企业行为态度、感知行为控制以及主观规范这三个维度分析了 396 份企业数据，提出影响企业碳汇需求的核心因素是政策支持、减排优势、合作伙伴以及竞争优势。邹玉友、李金秋等（2020）进而在计划行为理论框架和企业自然资源基础观的基础上，分析得出，通过林业碳汇来减少碳排放的企业占大多数，企业家的环境观念、减排成本、合作伙伴等5项均为影响企业林业碳汇需求的关键因素。森林碳汇定价决定机制对影响减排企业购买森林碳汇意愿也至关重要，根据龙飞、沈月琴等（2020）的研究认为，森林碳汇总量不超过企业基准年排放量的抵扣比例、碳税率等参数变化容易影响森林碳汇市场均衡价格，从而影响企业购买碳汇的意愿。国外从企业角度研究林业碳汇的需求以及影响因素的研究文献相对较少，卢塔宇等（ROh Tac Woo et al.，2014）借助双边界二分式问卷引导技术，在分析韩国70家企业中发现，企业的个体特征会影响其对森林碳信用的支付意愿。而国外学者研究更多集中在个人对林业碳汇的需求及其影响因素。从个人支付角度，乔治等（George J. et al.，2009）率先使用单边界二分式问卷引导技术，为划分高学历且经常选择飞机的个体对不同碳汇组合的支付意愿，学者调查了321位英国人面向提升生物多样性、碳汇对人类发展的贡献以及碳汇项目的政府认证情况等碳汇组合的支付意向。在乐拉吉尼泊尔和施胡安（Lok Raj Nepal & Shi Juan，2013）面向尼泊尔181名汽车车主，采取开放式问卷引导技术，调查显示其对林业碳汇项目的人均付费意愿大约为36元。此外，艾哈迈德·托鲁奈等（Ahmet Tolunay et al.，2015）基于土耳其581名居民的问卷结果得出，其对新建森林项目的支付意愿人均为23.52美元，总价值约是2.7亿美元。

3. 林业碳汇产业发展绩效

国内外学者对林业碳汇产业发展绩效的研究相对欠缺。国外学者侧重于分析林业碳汇的成本效益和碳汇效益对经营者决策的影响，塔沃尼等（Tavoni et al.，2007）研究表明林业碳汇纳入碳市场交易后能够显著降低碳价，博塞蒂等（Bosetti et al.，2011）也佐证了这一结论，整合林业碳减排进入世界碳交易市场可以减少25%左右的政策（即预计到2100年二氧化碳浓度控制到535ppm[①]）成本。亨特·科林（Hunt G. A. Colin，2009）

① ppm浓度（parts per million）是用溶质质量占全部溶液质量的百万分比来表示的浓度，也称百万分比浓度。

通过分析森林碳资源市场的形式所采取的整体运作模式，对林业碳汇市场有了更深入的探讨。而国内学者则重新从林业碳汇市场整体出发，分析碳汇市场发展现状和存在的问题，对产业经营绩效的研究较少。李新和程会强（2009）基于新制度经济学交易费用理论，表示森林碳汇交易成本过高，从而在资源配置中存在无效率的情况。其中，市场各要素的相互联系制约着林业碳汇市场销售数量。李淑霞、周志国（2010）进一步得出，市场诸要素的相互作用还会影响林业碳汇市场的效率。要想改善森林碳汇市场交易成本过高的问题，需要将市场机制和政府调控紧密结合，以确保碳汇资源的合理配置。吴保国（2011）基于河北某乡的碳汇林业建设实例，提供决策支持。殷维和谭志雄（2011）表示我国虽是碳汇供应大国，但在国际碳汇市场中处于交易层级的底端。要想改善目前的局面，政府应分两步走加快国内碳交易市场的建立，如先开展自愿碳交易市场，再进一步实施约束碳交易市场，从而形成国内成熟高效的森林碳汇市场。于楠等（2011）的研究探讨了我国碳交易市场面临市场需求主体缺失的困境问题，具体体现在对碳排放权管制能力不强以及市场配置效应偏低，为此需持续通过硬性和软性手段完善我国碳交易市场。罗小锋等（2017）通过投入产出效率角度分析我国林业碳汇的经济效益，将林业碳汇当作正外部性产出，分析得出我国碳汇总量高，但投入产出效率较低且不均衡，经济效益不高。

4. 相关研究述评

综观现有的研究文献，国内外学者对林业碳汇、林业碳汇产业及其发展绩效等方面取得初步的成果和进展。通过对林业碳汇相关文献的梳理发现，国内外研究就重点内容较为集中，而国外研究则处于相对前沿的位置，并关注林业碳汇属性、价值、功能和在国际碳循环的作用和地位上。国内外关于林业碳汇自然属性的研究较为成熟。但对于林业碳汇产业的社会经济范畴的研究不够深入，仅侧重于林业碳汇成本的测算。比如林业碳汇作为产品和服务的属性如何、如何增强碳汇的经济功能等方面的研究仍欠缺。从研究的范围和视角也可以看出，国内外学者对碳汇市场研究侧重于单个方面，将林业碳汇产业作为一个整体的研究相对缺乏，大多研究偏向碳汇市场供需方的某一方，关注林业碳汇的供需意愿及其影响因素，但对林业碳汇产业的整体发展水平和未来将如何发展并未展开深入探讨。在全球减缓气候变化的进程中，林业碳汇产品和服务是典型的公共物品，具有正外部性和相对低成本效率的优势。林业碳汇市场的供需方问题更具复杂性，不仅需要分析供给方和需求方的互动关系，还要强调政府与市场的互补关系，政府部门是如何在林业碳汇供给中提供有效的政策工具以及获得哪些成效。如今，林业碳汇产业作为新兴产业的研究在国际社会逐渐得到重视，而目前的研究较少的关注产业发展绩效问题，尤其是对量化林业碳汇产业发展的具体指标方面，对碳汇产业的绩效发展水平的探索还尚未起步，有必要形成对碳汇产业发展绩效分析的理论框架。基于此，伴随着中国林业碳汇产业的不断发展，我国亟须从经济学、情报学、管理学等社会科学角度制定林业碳汇产业发展绩效分析的理论框架，深入探讨中国林业碳汇产业发展的现状以及存在的问题。

1.1.3 学术价值和应用价值

（1）学术价值。本书通过问题导向来研究中国林业碳汇产业发展绩效及其影响因素问题，从宏观上以专题形式论证林业碳汇产业与县域经济发展的互动关系，从微观上运用因子分析法探讨林业碳汇产业发展绩效研究，分析其关键影响因素，同时通过博弈论分析，剖析林业企业、农村居民和政府三大主要利益相关方的演化博弈行为和行为背后的影响因素。本书借助于外部性理论、产业理论、生态与可持续发展理论等，创新性地将其运用到林业碳汇产业发展绩效评价中，构建了林业碳汇产业发展绩效评价额度理论的框架和体系，丰富了林业碳汇产业绩效的理论研究，也拓展了相关理论的应用范围。

（2）应用价值。在中国经济发展步入新常态的背景下，林业碳汇产业也转向高质量发展阶段。中国要想力争做好 2030 年实现碳达峰，2060 年实现碳中和，那么林业碳汇产业发展的作用尤为凸显。然而，既有的林业碳汇产业发展仍面临着制度和政策引导不够、碳交易市场尚未成熟等问题，产业发展绩效与理想水平仍存在较大差距，且在林业碳汇体制机制建设上不够健全，政策建设缺乏一定的科学依据。本书通过对林业政策文本的量化分析，剖析我国林业碳汇政策和测算对林业类科技期刊的知识交流绩效，从微观层面分别对林业碳汇产业发展绩效和不同数据来源进行分析梳理，可以为林业碳汇产业发展从政策建议、评判以及市场、企业、个人等不同层面提供理论上的论证和实践上的参考，为我国林业碳汇产业发展绩效提供可行性建议。

1.2 主要概念界定

1.2.1 林业碳汇

减少空气温室气体含量主要的方式包括减少排放源和增加吸收汇。通常而言，碳汇被认为是寄存在大自然中的实体，广泛分布于海洋、森林、土壤中等；而碳源则是向大自然释放二氧化碳的实体，这其中，动植物、森林大规模的砍伐破坏和化石燃料是主要来源。按照《京都协定书》的内容阐述，碳源的含义为向大气排放温室气体、气溶胶或者温室气体前体的任何活动或过程（温室气体前体指因为人类活动或自然带来的温室气体）。而碳汇的含义为从大气中去除温室气体、气溶胶或者温室气体前体的任何过程、活动及机制。此外，在《联合国气候变化框架公约》里碳汇（carbon sink）的内涵指的是：从大气中去除二氧化碳的过程、活动及机制，即森林吸收且储存二氧化碳的能力。相反，碳源（carbon source）作为二氧化碳的来源，指的是从自然界和人类活动的产生，而向大气中释放二氧化碳的过程、活动及机制（联合国，1992），本章也采纳上述观点。在森林生态系统中，当实际碳排放量小于固定碳排放量时，形成碳汇，相反则形成碳源（田赟，2009）。据有关研究可知，森林是陆地生态系统里碳蓄积量最大的地区，而地下碳蓄积量占总体的40%，地上碳蓄积量则高达80%，单位蓄碳能力是农田的20倍～100倍，碳蓄积量占全球陆地生态系统的77%（陶波、葛全胜等，2001）。因此，森林碳汇在全球碳循环中扮演着重要角色，其增加或者减少将对二氧化碳浓度产生着重要影响，在应对全球气候变化中发挥着重要作用。碳汇、碳源的定义发展如表1-1所示。

表 1－1　　碳汇、碳源的概念

作者	提出时间（年份）	具体内容
《联合国气候变化框架公约》	1992	“汇”指从大气中清除温室气体、气溶胶或温室气体前体的任何过程、活动或机制。“源”指向大气排放温室气体、气溶胶或温室气体前体的任何过程或活动
袁嘉祖、范晓明	1997	碳汇是森林吸收并储存二氧化碳的数量或者是森林吸收并储存二氧化碳的能力
康惠宁、马钦彦、袁嘉祖	1997	森林在生长过程中从大气中吸收并固定大量的二氧化碳，同时森林也会由于采伐和破坏释放大量二氧化碳。森林既是碳汇又是碳源
吴建国、张小全、徐道应	2003	在一个系统中，物质或信息流动是动态过程，把这些产生流的系统称为源，接受流的系统称为汇
李顺龙	2005	碳汇是由碳元素聚集而成的东西或者说大量吸收碳气体而形成的器件或者系统，碳汇是自然界中碳的寄存体

1.2.2　林业碳汇产业

从狭义上讲，林业碳汇是在《联合国气候变化框架公约》和《京都协定书》中引用的名词。在《京都议定书》LULUCF 条款中，造林及再造林被纳入清洁发展机制（CDM）下的碳汇项目。林业碳汇指的是在森林生态系统中吸收大自然中二氧化碳并寄存在土壤、植被等自然界中，从而达到减小大自然的二氧化碳浓度的过程、机制和活动。这其中包括有通过造林措施恢复森林植被和加强森林经营增加碳汇；或通过减少毁林、保护森林和湿地等减少碳排放及促进碳汇交易。从广义上看，林业碳汇被定义为通过造林、再造林、森林管理等手段增加总量，同时借助于保护湿地、林地等措施来减少碳排放量，从而体现其生态服务（张颖，2014）。中共中央、国务院《关于 2009 年促进农业稳定发展农民持续增收的若干意见》首次在中央文件里阐明碳汇林业的重要意义，该文件指出要“建设现代林业，发展山区林特产品、生态旅游业和碳汇林业”。李怒云（2007）将林业碳汇定义为一系列通过包含实施造林、再造林和营林、减少毁林的活动，涵盖吸收大自然中的二氧化碳结合碳汇交易过程、活动或者机制。林业碳汇不仅具备自然属性，还包含社会经济职能。此前，多数学者均认同这一观点，表示林业碳汇区别森林碳汇，明显划分林业碳汇是对森林碳汇所提供森林生态服务的衍生，增加其供给的机制、过程和活动。然而通过查阅已有的文献发现：从狭义上，“森林碳汇”“碳汇林业”等概念的使用上已不存在明显差别；从广义上，林业碳汇的概念更为广泛，只要是能够降低二氧化碳浓度，减缓或者适应气候变化的营林活动都是林业碳汇（王祝雄，2009），本书采纳了王祝雄广义碳汇的观点，认为从广义视角研究林业碳汇问题更加有实际意义。

林业碳汇项目是以降低二氧化碳浓度，减缓或者适应气候变化为核心目的，基林业项目方法学和程序，开展实施并达成相关标准的温室气体项目。林业碳汇项目当前主要有两类，一是遵循“京都规则”的碳汇项目，二是开发潜在的“非京都规则”碳汇项目。其中，第一类严格限制了土地合格性、碳泄漏等，具有发展规模较小、集中于森林资源多的发展中国家的特征；而第二类项目主要是碳汇项目，发展规模较大，且组织规模大、模式多，林业碳汇项目立项严格，实施过程、所达成的功能及形成的标准和体系相比于其他造林项目有一定的差异。产业是达到一定规模程度的提供产品或服务的企业或组织，而林业碳汇产业隶属于第三产业，其产业目标是减少二氧化碳等温室气体排放，不但提供碳汇产品和服务，还进行造林、再造林、森林经营的技术合并。林业碳汇产业不仅具有经济属性，还兼顾生态效益和社会效益。各国碳汇产业的发展主要是由政府或国际组织主导，存在规范的碳汇交易市场，具备广泛认可的计量标准，并拥有相当数量的碳汇产品或服务的供给方和需求者。

1.2.3 林业碳汇产业发展绩效

根据产业经济学理论，产业泛指国民经济运行中的各个产业部门，按联合国的分类法，国民经济中包括第一产业、第二产业和第三产业。按《国民经济行业分类》，中国则将产业划分为农业、服务业和工业，其中农业包括农林牧副渔等部门，是其他产业发展的物质基础。林业作为国民经济的重要部门，被划分在第一产业之列，是典型的通过自然力的部门，其主要特征是在生产过程中只需初步加工或提供直接消费产品，且能为工业部门提供生产所用原材料。在西方经济学语境中，产业同市场语义相近，其含义是在某一区域或国家为市场提供或生产同质功能和替代功能的产品和服务的统称，产业内部中卖方企业具有一定竞争关系。而产业发展的定义是某一产业从衍生、成长和走向衰退的规律，林业碳汇产业的发展进程同样包含林业碳汇产品或服务数量上变化还有林业产业结构演变等质量上的升级，林业碳汇产业是生产或者提供碳汇功能和替代功能的林业碳汇产品和林业碳汇服务的市场主体的集合。

产业发展绩效有狭义和广义之分，一般特指产业发展过程中的最终效率，是衡量产业发展状况的重要指标之一。在本书中，林业碳汇产业绩效和林业碳汇市场绩效不作区分，是由林业碳汇市场主体行为发生在林业碳汇市场结构中所产生的经营绩效，林业碳汇产业绩效指在林业碳汇市场结构及主体的作用下，促使林业碳汇产业中相关产品服务价格、供给量、碳汇成本和收益、碳汇技术等方面所达成的现实结果。一般使用技术进步效率、利润率、组织行为方面、产出和结果方面以及竞争力方面等多个指标来衡量。当政府对产业实施环境规制时，产业绩效包括企业在一定市场结构条件下市场行为的效果。在本书中产业发展绩效沿用这一定义，从宏观上采用产业发展技术效率作为衡量指标，从微观上使用企业经营绩效开展产业发展绩效研究。

1.3 研究目标与内容

1.3.1 研究对象

本书在中国力争 2060 年实现碳中和的背景下，以林业碳汇产业为研究对象，系统地分析了林业碳汇产业相关政策和文献，测算了林业碳汇产业发展绩效及其影响因素。综合应用碳汇理论、产业发展理论、西方经济学理论等相关学科理论，构建林业碳汇产业发展效率评价与分析的理论逻辑分析框架；碳汇产业支持政策执行效果评估与执行机制优化理论逻辑分析框架；重点从宏观、微观维度上，研究碳汇林业产业发展的技术效率及影响因素，同时以专题的形式论证林业碳汇产业与县域经济增长这二者之间的动态关系，并从县域经济研究的宏观维度上，了解我国农业科技政策执行及动态调整状况；此外，重点采用演化博弈的策略，分析林业碳汇产业市场上不同要素之间的博弈行为和潜在的影响因素；基于相关研究结论，结合林业碳汇产业发展绩效水平和存在的问题，给出优化林业碳汇产业绩效发展的对策和建议。

1.3.2　研究框架

1. 林业碳汇产业发展绩效的理论逻辑分析框架的构建

关于林业碳汇产业发展绩效的研究，首先借助文献计量手段系统梳理林业碳汇发展的相关研究文献，厘清相关研究的演进脉络、热点演变与动态发展趋势等，为本书提供了诸多启示；其次利用外部性理论、博弈理论、产业发展绩效等理论，构建起林业碳汇产业绩效研究和优化的理论逻辑框架，形成完整的研究闭环。此外，进行林业碳汇产业及支持政策的历史演变及发展态势分析，包括两方面内容：一是分析林业碳汇产业发展的政策推行过程，明确其发展脉络和林业碳汇支持政策体系调整过程，明确历史发展脉络，包括其政策推行时间线、推行内容、继承关系等；二是在明确林业碳汇支持政策的发展过程及地位的基础上，采用政策文本分析法，以内容分析的角度，从发文规模和发布时间、发布单位特征、政策工具类型、区域政策差异等方面对我国林业碳汇政策开展探讨。

2. 碳汇林业产业发展绩效评估

（1）微观层面。立足于营林企业林业碳汇经营实际，基于林业碳汇企业经营绩效评价体系，借助因子分析的方法多维度评价和分析该企业的经营发展绩效，进一步得出营林企业的对策与建议。

（2）中观层面。借助于 1999～2018 年湖北省 59 个县域面板数据及 DID 分析方法，探究林业碳汇产业发展与县域经济发展之间的联系，以各地碳汇造林项目的实施为例，采用双重差分（DID）方法，从产业结构调整、发展能力提升、收益机会增加（个人和企业）、财政状况改善 4 个维度探索性地分析了碳汇造林项目的实施对县域农业经济增长的影响。

（3）宏观层面。本章以碳汇林业产业为研究对象，利用中国历次森林资源清查数据，对碳汇林业产业发展的技术效率及影响因素进行了定量分析，是对既有理论文献的补充，从中获得的一些论证结论对碳汇林业实践也有一定借鉴意义。

3. 林业碳汇产业发展相关利益主体行为博弈分析

以碳汇造林项目实施为例，通过全面剖析“林业碳汇型企业（以下简称“企业”）、农村居民（以下简称“居民”）、政府”三大主要利益相关方的演化博弈行为，明晰多元主体群体的博弈行为策略组合及其均衡稳定性，也探讨了多利益主体共同作用下演化博弈策略的稳定性问题，进而明确了相关利益主体在林业碳汇产业发展中的行为策略组合和行为背后的影响因素。

4. 林业碳汇产业发展绩效提升的策略分析

在明确林业碳汇产业发展绩效分析的理论框架的基础上，系统梳理林业碳汇产业发展现状及存在的问题，回顾我国林业碳汇支持政策的演进进程及概况，进一步从外部性理论出发，分析林业碳汇产品作为具有正外部性的全球公共性产品，从林业碳汇市场供需层面对碳汇产品发展绩效开展合理的评估，通过宏观和微观视角分析林业碳汇产业发展绩效水平。同时以林业碳汇产业发展中各参与主体的有限理性为基础，运用演化博弈理论，分析“政府部门—企业—居民”的博弈行为和利益关系，寻找演化稳定策略。此后还分析了典型国家林业碳汇产业发展的特点和经验。最后是在“机理分析—现状梳理—实证研究—案例解读”的基础上，有针对性地提出优化我国林业碳汇产业发展绩效的策略。

1.3.3 重点难点

1. 研究重点

林业碳汇产业发展绩效评估是本书的研究重点。林业碳汇作为公共物品具有正外部性。不仅要关注林业碳汇市场供需双方对林业碳汇产业发展绩效的影响，还需要就产业发展内容的多个层面展开深入探讨，从林业碳汇产业规模、产业模式、产业政策、产业结构四个层面梳理和分析其对产业发展绩效的影响。

2. 研究难点

（1）目前对林业碳汇产业发展绩效的研究不多。林业碳汇是一个具有时代性和创新性的领域，在学理上林业碳汇产业发展绩效分析的理论框架尚未形成，因此本书在探讨分析时首先要明确分析框架，初步借助文献计量法明晰相关分析理论选择的边界。再通过计量分析法以及博弈分析法等方法，构建分析碳汇产业发展绩效的传导机制。这是本书的难点。

（2）变量的选择和设定。本书中林业碳汇产业发展绩效需要量化测度，这就需要我们选择科学且合理的绩效评价指标和内容，而如何明确测度指标，并给出测度内容的信度和效度，是本书研究的难点之一。

1.3.4 研究的主要目标

（1）使用文本分析、政策文本分析法等多种手段，从历史与现实维度系统梳理林业碳汇及其支持政策的演进。

（2）将碳汇理论、外部性理论、博弈论和产业发展等理论嵌入林业碳汇产业发展过程，通过理论推演探求林业碳汇产业发展的作用机理。

（3）借助于林业碳汇产业绩效发展的机理和基础面分析，用技术效率开展对林业碳汇产业发展绩效的评估，并利用回归分析得出其影响因素。

（4）通过定性和定量、静态和动态的分析，以及碳汇项目对县域经济增长的影响解读，归纳得出林业碳汇产业发展的路径和策略。

1.3.5 基本思路

本书以问题导向为研究逻辑，研究对象为“林业碳汇产业”，整体框架设计体现为“机理分析—明晰现状—绩效评判—经验启示—绩效优化”的研究脉络。首先，使用文献计量、政策文本法和回归分析法等方式，明确了林业碳汇政策执行的作用机理，重点探究了林业碳汇产业发展的绩效水平和影响因素，这是研究的重中之重。其次，从历史与现实维度上把握研究对象的边界，本书研究梳理了林业碳汇产业发展的历程以及其支持政策的历史演变情况，论证了林业政策的传播绩效问题。再次，在从宏微观层面评估林业碳汇产业发展绩效水平和影响因素的基础上，利用双重差分法探索林业碳汇项目的实施对县域农业经济增长的影响，同时以林业碳汇产业发展中各参与主体的有限理性为基础，运用演化博弈理论，构建“政府部门—企业—居民”三方的博弈模型，分析三者之间的博弈行为和利益关系，寻找演化稳定策略。最后，给出优化林业碳汇产业发展绩效的政策建议。研究技术路线如图 1－1 所示。

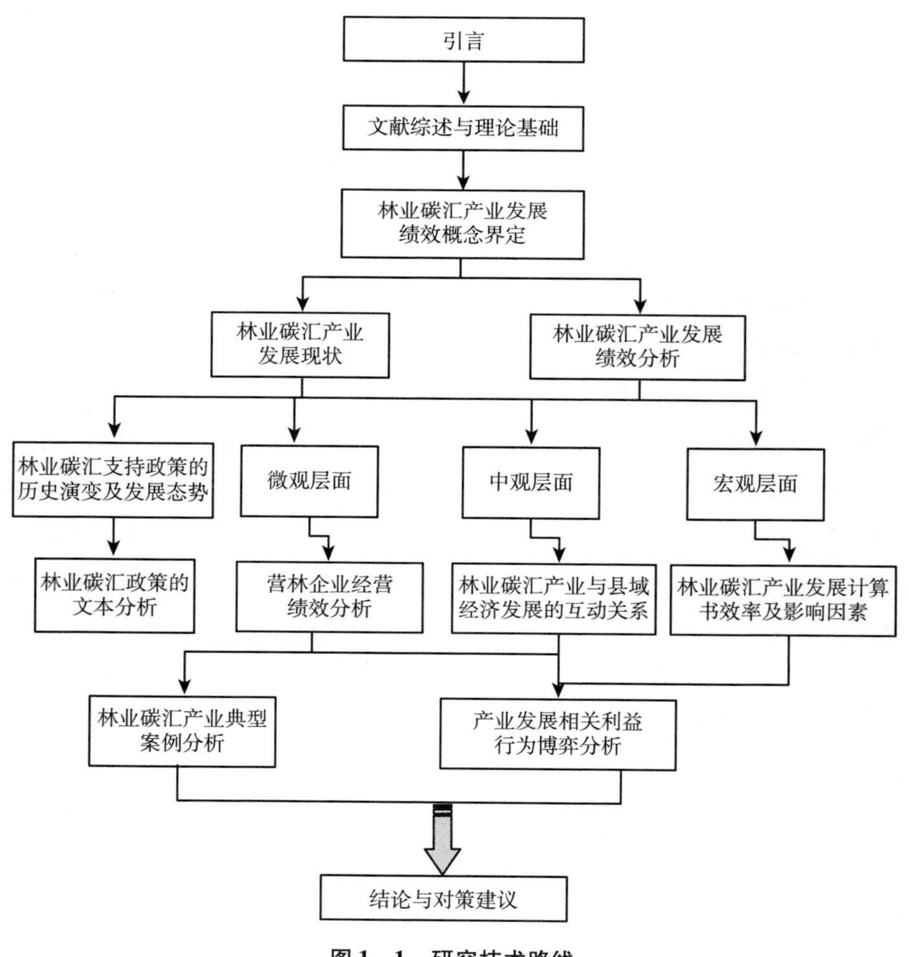

图 1－1　研究技术路线

1.4 主要研究方法

（1）文献计量分析。本书文献来自中国知网数据库，基于 CiteSpace 文献可视化计量和统计学分析，对 1993～2019 年研究林业碳汇相关文献进行了发文量统计分析和共现分析，系统阐述了国内林业碳汇文献发文量时序变化、研究力量布局、研究热点演变及研究动态分析等内容，以可视化方式呈现出来，加深对国内林业碳汇研究系统且直观的认识。基于此可得出研究林业碳汇领域的发展脉络，并在一定程度上发现研究的不足和未来趋势，此外亦可明晰已有理论的交叉之处，为科学梳理我国林业碳汇研究进程、演化路径和探讨未来研究方向提供一定的借鉴与参考。

（2）政策文本分析法。鉴于政策文本定性分析在研究中存在较大的主观性和不确定因素，在获取和筛选各类林业碳汇政策文本的基础上，围绕林业政策的发文规模和发布时间、发布单位等方面，对林业碳汇领域大量的文本数据进行内容分析，得出相对客观的分析结果，从时空上明确林业碳汇政策演进态势和发展趋势以及存在的问题。

（3）文本分析和描述性统计分析方法。为全面梳理林业碳汇产业发展绩效，本书整理应对森林气候变化、林业碳汇政策发展的相关事件和政策，将借助于文本分析的方法就我国林业碳汇发展现状进行初步分析，以明确我国林业碳汇政策执行的基本现状，同时用描述性统计的分析方法对此进行研究。此外，研究分析中还需对文本资料进行统计性描述分析。

（4）计量分析。为分析林业碳汇产业的发展绩效，本书从宏观层面运用 DEA－tobit 方法分析林业碳汇产业发展的技术效率及影响因素，从微观层面、基于营业企业的数据分析林业碳汇产业发展绩效，同时运用双重差分法估算林业碳汇项目对县域经济增长的净效应，评判林业碳汇项目执行的效果，进而为规范分析提供现实依据和经验佐证。

（5）博弈分析法。改进以往研究多从中宏观角度分析林业碳汇产业发展路径，探讨从微观主体出发的林业碳汇产业发展支撑生态文明体系建设健全的现实途径，同时运用演化博弈理论，构建政府部门、企业、居民这三者的博弈模型，分析林业碳汇市场的有效性，得到相关命题及其推论，以剖析三者之间动态的利益均衡机制。

（6）案例分析法。应用此方法是基于新闻资料和网站、作者的实地调研，研究林业碳汇产业企业发展案例。通过案例分析深入探究林业碳汇产业发展研究的现状及其问题，本书根据研究问题选取了国内外典型案例呈现和分析的相关林业碳汇产业发展情况。研究选取了相应的案例进行呈现和梳理，为支持林业碳汇产业发展相关论点提供扎实的论证，也从实践上弥补了相关研究的缺失。

1.5 本书研究特色与创新点

本书在经济发展向高质量转型的背景下，构建以“林业碳汇产业发展绩效”为主线的理论框架、模型建模、实证分析、案例研究，具体的研究特色和创新点主要体现在以下两个方面。

（1）研究思路的创新。在研究思路上，区别于过去单学科、单视角研究林业碳汇产业问题的文献，本书综合应用了产业经济学、生态资源经济学、博弈行为经济学、图情等学科领域知识，以碳汇理论、外部性理论、产业发展绩效评价等理论为基础，首先通过文献计量学，把握国内林业碳汇相关研究热点及动态演进趋势，揭示林业碳汇研究的各种现象和变化。其次将政策文本分析法和描述性分析法有机结合，初步了解林业碳汇发展现状和林业碳汇发展支持政策演进态势，重点突出林业碳汇产业中政府部门的支持政策所带来的效应。在分析框架与研究体系上，始终坚持问题导向，明确研究脉络，从横向和纵向两个方向研究林业碳汇产业发展绩效问题。林业碳汇产业链始终遵循问题导向，明确认识提升农业科技政策执行效果。横向研究沿着产业发展的四个重要方面：产业规模、产业结构、产业模式、产业政策；而纵向则是沿着林业碳汇产业链系统分析林业碳汇产业发展绩效及其影响因素。这体现了研究思路与分析框架体系的前沿探索性。

（2）研究方法的创新。本书采用了多种实证分析方法，将定性和定量、静态和动态、整体和局部、普遍和特殊有机集合。一是在文献收集齐全的基础上，运用 Excel、Citespace 软件对相关研究文献进行了统计描述及引文、共词分析，揭示林业碳汇研究的现象和变化，进一步清楚研究开展的联系和意义。二是基于政策文本分析和描述统计分析，明晰了林业碳汇发展现状和政府支持政策的类型及演进趋势，前瞻性地为林业碳汇政策出台提供思路与借鉴，也论证了政府这一主体在林业碳汇产业发展中的重要作用。三是为准备把握林业碳汇产业发展绩效及影响因素，应用多种经济学推演手段，基于产业发展绩效理论，从林业碳汇产业供需主体出发，通过用投入产出法，借助数据包络分析法，测算林业碳汇产业发展的技术效率值，再采用回归分析法了解其影响因素。四是为了探究林业碳汇项目与县域经济增长的关系，运用双重差分法较为客观地论证林业碳汇政策的经济效应。五是创造性地运用演化博弈策略明晰林业碳汇市场不同利益主体的博弈行为策略和影响因素，有助于引导林业碳汇市场供需双方的行为，有效推动我国林业碳汇产业有序发展。以上研究方法均基于严谨的理论分析框架开展的创新性分析，由此得出的优化林业碳汇产业发展绩效的策略才有的放矢。这些研究方法的应用在一定程度上表明该研究方法具有一定的创新意义。

第2章

林业碳汇产业发展绩效研究的理论分析框架构建

本章梳理与回顾林业碳汇产业发展绩效理论研究，并进一步提出本书的理论分析框架。本章的结构安排如下，并呈递进关系：第一节，先对林业碳汇产业发展绩效相关研究进行文献梳理分析，使用了文献计量和文本分析的方法；第二节，在第一节基础上使用理论推演的方式构建起了林业碳汇产业发展绩效研究的理论框架，进而成为本书研究理论上的统领。

2.1 基于文献计量的林业碳汇产业发展理论研究回顾及趋势分析

2.1.1 引言

改革开放以来，通过积极参与全球环境治理，中国林业发展国际影响力全面增强。一方面为深入践行可持续发展理念，积极履行向国际社会的碳减排承诺，为减缓全球气候变暖提出了新时代的“中国方案”；另一方面严格把握五位一体总体布局，加强林业生态文明建设，为我国经济社会发展、生态资源保护、碳排放空间拓展等方面发挥了战略支撑作用。当前生态文明建设正处于压力叠加、负重前行的战略关键期，实现绿色发展，不仅要关注节能减排，更要重视林业碳汇产业在应对气候变化的重要作用。大力发展林业碳汇成为国民共识，这也是加快推进林业高质量发展的必然选择。事实上，随着《京都议定书》将林业碳汇写入了议定书规定的清洁发展机制，它所蕴藏的巨大经济、社会和生态效益被进一步挖掘，并由此带来了关于林业碳汇的经济评价、贸易相关研究的迅速发展（林伯强等，2020；黄宰胜，2016；伍楠林，2011；Bruce Manley et al.，2012；A. Maarit I. Kallio et al.，2018）。本书采用科学计量学方法，以中国知网（CNKI）数据库中的国内碳汇林业研究文献为分析对象，通过对从事国内林业碳汇研究的学者和研究单位进行统计分析，以及对相关成果涉及的具体术语、问题和结论的相关分析，致力于回答"国内碳汇林业研究总体规模如何?""谁在开展碳汇林业的相关研究?""当前研究的热点和动态发展趋势如何?""尚存在哪些不足之处?"等，这将进一步形成对国内碳汇林业学术研究的系统印象，并为后续的相关研究提供助力。

2.1.2　文献回顾

论及林业碳汇研究，国际上以巴西为首的拉丁美洲国家和亚太地区的印度尼西亚，凭借着自然资源禀赋优势，在森林碳汇实践领域有着鲜明特点，这在其相关研究方面多有体现（Leticia de Barros Viana Hissa et al.，2019；Russell M. Wise et al.，2011），中国林业碳汇项目进程起步晚，但从 21 世纪初开展国际碳汇项目以来，国内碳汇项目发展势头强劲，试点和研究数量同步增加。在中国组织实施全球第 1 个 CDM 森林碳汇项目——中国广西珠江流域治理再造林项目，包括黑龙江翠峦森林经营碳汇项目以及河北塞罕坝机械林场造林碳汇项目等在内的多个森林经营碳汇项目①，其中胡原（2020）的实证分析论证了碳汇造林项目对县域经济发展的影响，并肯定了其在优化产业结构、提高居民储蓄率、提升地区政府财政收支水平的积极作用。目前，森林碳汇经营虽取得了一定成效，然而作为一项新

① 黑龙江翠峦森林经营碳汇项目是首个获得国家发展改革委备案通知书的森林经营碳汇项目；另外，河北塞罕坝机械林场造林碳汇项目则是为华北地区首个在国家发改委成功注册并获得签发的造林碳汇项目。

兴领域，我国碳汇林业市场容量有限，尚存在诸多不足，突出表现在如碳汇项目发展的非持久性、产业发展机制不顺、科技支撑和人才培养不完善、资金支持力度不够、市场机制与监管不健全等问题（曹先磊，2018；陆霁等，2013）。这些问题逐步成为森林碳汇项目实施中的制约因素，严重影响了林业碳汇产业发展的质量。如何实现我国碳汇林业又好又快的发展，成为一个现实而又紧迫的任务。为此，国内学者开展了大量的探索性研究。在市场机制构建方面，要把握“碳交易”的机遇，在国内碳市场构建中，困境可能还会强化。因而，有必要在顶层设计中考量碳排放的特征，不断开拓国内碳排放交易市场的发展空间，包括碳预算管理及建立发展导向的碳交易市场等，如将碳市场与生态补偿相关联（潘家华，2016；杨浩，2016）。龙飞等（2020）还从企业减排需求角度，设计了森林碳汇的市场定价机制，并为政府在市场框架内有效实施生态补偿政策提供了借鉴，此外林业碳汇项目的有效运营离不开设计合理且运行高效的利益共享机制（芮晓东，2017），这在市场机制构建中相当关键；在优化政策制度方面，蓝虹等（2013）表示，林业碳汇交易能够创新性地化解农村金融排斥的困局，凭借偏远地区在林业碳汇项目开发上成本低、经济效益高的优势，引导林业碳汇交易促进农村经济发展。沈月琴（2015）表示，如果碳汇价格定价合理，那么政府制定的碳补贴和碳税政策在推动林业碳汇发展上是大有作用的。另外，全国统一碳市场运行背景下林业碳汇交易需要加强法律政策基础，增加碳汇市场需求和供给能力，进行有效的全面监管，完善国内碳汇交易市场的支持体系（何桂梅，2018）；在国际经验研究方面，刘豪等（2012）全面地比较分析了国内外林业碳汇市场供求关系和供需水平、林业碳汇市场的发展程度和对应的认证标准建设以及认证注册程度的异同。陆霁等（2013）、王祝雄等（2013）则重点对加拿大、新西兰等发达国家的碳汇林业交易的具体做法和主要经验进行了阐述，并给出利用市场机制激励排放主体，以较低成本完成减排目标等建议。此外，林木生物资源作为贫困地区生态产业发展的重要抓手，尤其是随着脱贫攻坚进入关键阶段，林业碳汇产业与反贫困的逻辑联系愈发受到重视（龚荣发等，2019；张莹，2019；曾维忠，2017），其中部分研究对森林碳汇扶贫绩效进行了实证方面的探索（曾维忠，2018），亦有部分研究专注于碳汇林业经营绩效评价及其影响因素（张弛等，2016；Wang weiwei et al.，2018）、碳汇经营意愿影响因素（韩雅清，2017）、森林碳汇需求及其影响因素（潘瑞等，2020）、森林碳汇的经济价值评估（贯君，2020）。纵观上述研究，现有文献更多的采取了以定性研究为主、定量研究为辅的形式，且研究视角往往以碳汇林业发展的意义、市场机制构建、法律政策制度的健全、林业碳汇绩效等为切入点。此外，亦有少量研究对供需视域下的森林碳汇（田国双，2018）、碳金融和林业碳汇项目融资（孙铭君，2018）等开展了研究综述和展望，依据的手段主要是传统文献梳理方式，这有利于加深对林业碳汇研究发展脉络的了解，但文献梳理的系统性和直观性稍显不足。因此本书借助于文献计量手段，通过知识科学图谱的形式，客观描述林业碳汇研究中的研究力量布局、网络结构、热点趋势演变等内容，并以可视化方式呈现出来，以加深对国内林业碳汇研究系统且直观的认识。

2.1.3　方法与数据

本节主要介绍国内林业碳汇研究进展的主要研究方法和数据来源情况。其中计量方法选用可视化的CiteSpcae软件，该软件特点相对突出，在国际上使用面较广。此外，数据来源则依托国内知网（CNKI）数据库，目前该数据库为国内主流中文文献数据库，同时，还有*Springer Nature*等137种期刊在内的外文期刊也加入了CNKI。

1. 研究方法

科学知识图谱是显示科学知识发展进程与结构关系的一种图形，常见的知识图谱绘制软件有CiteSpcae、Ucinet、Vosviewer、gephi、Bicomb、Bibexcel和NetDraw等。相比于其他软件，CiteSpcae基于引用分析、信息可视化技术的学科基础，共频分析中的融合图绘制、分析、聚类分析和社交网络分析方法，着重于对学术前沿发展趋势的探索和分析，此外还研究热点与不同前沿主题之间的内部关系，可视化和概念化的一些观点和现象（Chen Chaomei，2006）。本书使用最新版本的CiteSpcae 5.6.R3 SE（64－bit），时间跨度为1993～2019年（时间截至2019年是因为2020年度数据库尚在更新中，不能完整反映该年度总体的研究进展，不利于本书后面分析的一致性)，单个时间分区设置为 1 年，为了使得知识图谱简洁、易读，我们采用修剪切片网络的寻径网络算法，达到对网络结构的优化。此外将参数选择为 Top = 50 per slice，其他属性则采取默认参数，在此基础上对国内林业碳汇的相关研究采取科学软件进行计量分析。通过绘制科学知识的直观图，可以获得作者群、出版机构来源和研究热点的演变态势，有助于厘清中国林业碳汇的研究过程和演变路径，并为探讨未来的研究方向提供参考。

2. 数据说明

在本书中，以文献数量最多，涵盖中国最多学科的 CNKI 作为数据来源，以确保研究数据源的质量。另外，为了确保文献数据的召回率，通过高级检索“期刊”为基础，分别以主题“碳汇林业”“林业碳汇”和“森林碳汇”，时间段从“不限年份 ~ 2019 年”、来源类别选择“EI 期刊”“核心期刊”“CSSCI 期刊”“CSCD 期刊”进行搜索，通过数据清洗，剔除书评、专业文摘、综合要闻、简讯、通讯报道等与研究主题不相关的文献，并将所有符合条件的相关文献以 Refworks 格式导出，后在转化数据格式时经过 CiteSpcae 软件去重处理，最终得到有效基础样本文献 2749 篇。因符合检索条件的最早文献出现在 1993 年，并考虑到 2020 年度文献数据目前仅有少部分收录进 CNKI 数据库中，故研究时段设定区间为 1993 ~ 2019 年，其间进行了多次文献资料数据检索，研究数据最后更新时间为 2020 年 4 月 8 日。

2.1.4 分析过程及结果

本节内容为系统呈现国内林业碳汇研究发展热点和动态发展趋势，使用数据统计和共现分析等文献计量手段，从文献发文量时序变化、研究力量布局、研究热点演变及研究动态分析等方面展开。

1. 相关文献的发文阶段时序分析

将国内林业碳汇研究文献数量按照年份绘制成折线图（见图 2 - 1），从图中可以发现，国内林业碳汇的研究总体呈现倒“V”型发展态势，经历了

“平稳增长—快速增长—相对平缓略有下降”等几个阶段。具体来看，平稳增长阶段（1993～2008年），该阶段总体的发文数量较少，总体处于一个稳步发展的态势。表明自可持续发展理念提出以来，国内对林业碳汇的研究经过起步阶段，已经越来越重视林业碳汇发展对国民经济发展的重要性；快速发展阶段（2009～2013年），尤其是自《可持续发展北京宣言》发布开始，国内林业碳汇研究发文频率明显加快，其中2009年发布117篇，2012年达到239篇，截至2013年则达到近些年的一个高峰，可能的原因在于为实现向国际社会的碳减排承诺，结合经济社会发展的实际，从国家到地方均对林业碳汇发展的关注度明显提升，这也刺激了学术界同仁的广泛关注，尤其需要说明的是，截至2013年，中国开始发布年度的《林业应对气候变化政策与行动白皮书》，这对发挥林业缓解和适应气候变化起到了重要引领作用；此后一个阶段（2014～2019年），国内林业碳汇研究规模上始终处于高位运行，但总体较上一阶段略有下降，表明林业碳汇研究趋于成熟，在此期间召开的中国共产党第十九次全国代表大会，也强调了生态文明建设在新时代发展中的重要地位，为林业碳汇事业发展也指明了新思路。

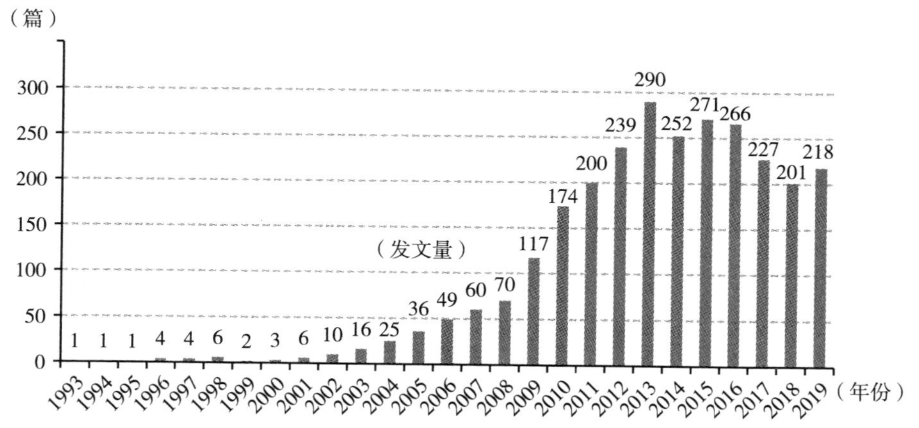

图2－1　1993～2019年国内CNKI收录林业碳汇研究文献的年度分布情况

资料来源：根据CNKI文献按照检索得到。高级检索“期刊”为基础，分别以主题“碳汇林业”“林业碳汇”和“森林碳汇”，时间段从“不限年份～2019年”、来源类别选择“EI期刊”“核心期刊”“CSSCI期刊”“CSCD期刊”进行搜索。

2. 研究力量分布

CiteSpcae文献计量分析可提供学者合作网络、机构合作网络、国家或地区合作网络分析等三种研究力量的合作网络分析，分别对应微观、中观和宏观合作层次。在该软件分析的研究协作网络中，节点代表的是作者、发文机构和发文国家或地区的信息；节点的尺寸以及标签字体的字号是发文的规模和数量；节点的形状用年轮表示，颜色的差异代表发文时间不同；而节点的边线代表不同研究者合作关系情况，边线的粗细表示合作的频繁程度，若边线很粗则表示合作相对密切。另外还得知，我国国内林业碳汇研究的主体研究力量集中在作者以及机构合作网络情况上。从微观和中观层面对作者和机构进行分析，能够系统地了解当前国内林业碳汇的研究力量布局，进而明确林业碳汇研究的主要作者和主要机构，以及作者合作网络和机构合作网络的发展态势。以下内容分别从作者和机构合作网络分析来展开。

（1）发文作者共现分析。

如图 2 -2 所示，在软件中将节点类型设为作者，生成林业碳汇相关研究的作者合作网络图，其中共绘制了 823 个节点，产生了 1374 个连接，其网络密度是 0. 0041。节点代表作者，节点范围越大表示作者发文数量越多，边线和其粗细分别代表着作者间的合作关系及密切程度。可以发现，节点最大的作者是四川农业大学的杨万勤，代表其发表论文数量最多。

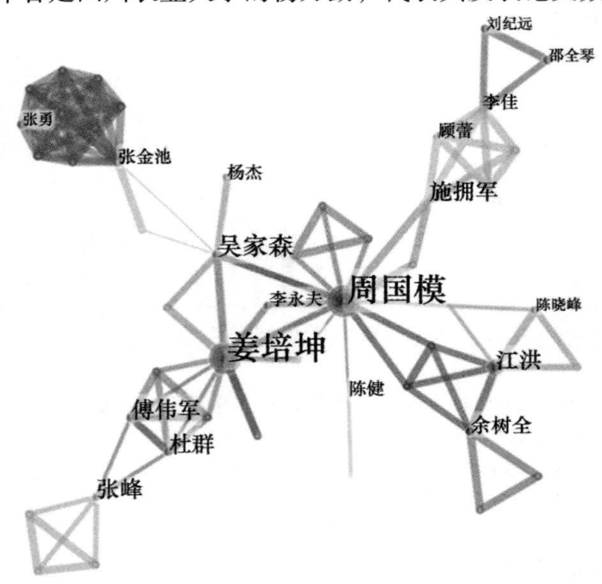

图 2 -2 作者合作网络

资料来源：CNKI 数据统计，根据 Excel 表绘制。

此外，我们还得知图 2 - 2 中的节点多处于分散状态，与我国林业碳汇实践项目多点布局对应，大规模的理论研究合作网络出现频次并不高。总体来看，主要的作者群体有 5 个。第一个是依托浙江农林大学重点培育基地，以姜培和周国模为代表的作者群，该团队主要研究方向为林业、农业基础科学与自然地理学和测绘学；第二个是以四川农业大学杨万勤和张健为代表的作者群，主要研究方向也为林业、农业基础科学与自然地理学和测绘学；第三个主要是浙江农林大学经济管理学院的沈月琴和朱臻为代表的作者群，研究方向包括农业经济、林业、环境科学与资源利用、宏观经济管理与可持续发展；第四个以福建师范大学地理科学学院杨玉盛等为代表的作者群；第五个是以中国科学院森林生态与管理重点实验室周莉等为代表的作者群。此外，中国林业科学研究院张小全、国家林业和草原局造林司李怒云、中国科学院华南植物园周国逸等作者研究网络相对独立的问题，但在林业碳汇研究领域的重要性也相对突出。综上所述，目前国内林业碳汇研究群体中呈现出“大分散、小集合”的态势，其中以周国模、姜培坤等为代表的作者群网络连接较强，也出现了几个重要的学术团队，但中心性不强，同时各个研究作者群间链接程度不高，部分作者研究网络相对独立，表明不同作者研究合作还需要逐步增强。

图 2 - 3 和图 2 - 4 分别是国内林业碳汇研究作者发文量排序及作者突变情况。从图 2 - 3 可知，四川农业大学的杨万勤累计发表相关论文 22 篇是所有作者中最多的。按照普莱斯定律（Price，1963），林业碳汇核心作者发文篇数 X 与作者杨万勤论文发表篇数 Y_{max} 之间存在 $X = 0.749\sqrt{Y_{max}}$ 这一关系。由此计算得出 $X = 3.5131$，为此论文发表篇数 4 篇及以上的作者即为核心作者。经数理统计分析，共提取核心作者 185 位，上述作者累计发表林业碳汇研究论文 1201 篇，占论文总数的 43.69%。其中前 15 位作者发文量占到相关论文总数的 8.62%①。这在一定程度上说明国内林业碳汇研究核心作者相对集中，部分研究团体影响力较大。与此同时，突变程度高一般表明该作者在林业碳汇研究中处于前沿领域，中国林业科学研究院张小全、四川农业大学林学院张健和杨万勤是当前国内林业碳汇研究的

① 资料来源：根据 CNKI 检索后得出的文献情况，整理后按照普莱斯定律，数理统计分析得到。

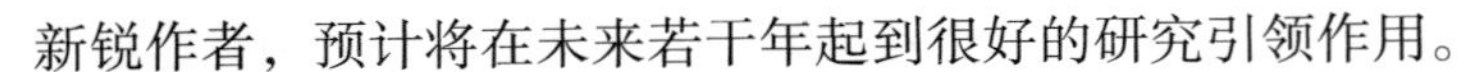

新锐作者，预计将在未来若干年起到很好的研究引领作用。

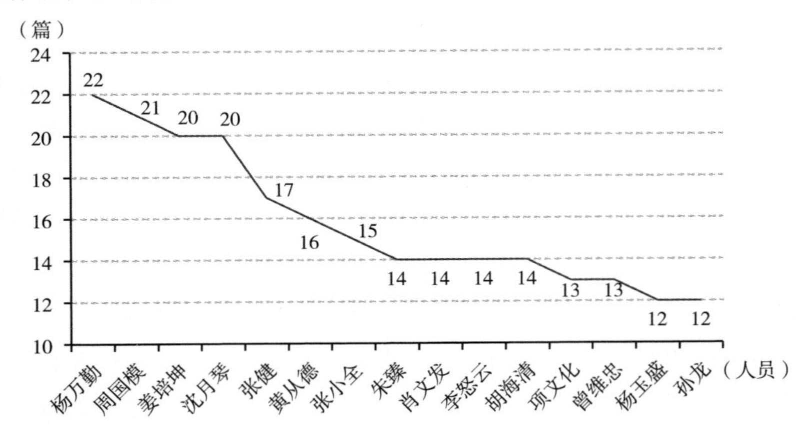

图 2-3　1993~2019 年国内林业碳汇研究主要作者发文排名情况

资料来源：CNKI 数据统计，根据 Excel 表绘制。

作者	年份	强度	开始年份	结束年份	1993~2019年
周国逸	1993	3.5277	2003	2007	
王得祥	1993	4.0753	2003	2009	
雷瑞德	1993	4.0753	2003	2009	
杨玉盛	1993	3.3944	2004	2008	
张小全	1993	7.4982	2004	2009	
陈光水	1993	3.9298	2004	2006	
李怒云	1993	4.8824	2005	2009	
杨万勤	1993	4.6632	2007	2009	
张健	1993	5.0248	2007	2009	
于贵瑞	1993	4.3079	2007	2010	
黄从德	1993	4.3974	2007	2009	
王铮	1993	3.3700	2010	2012	
范少辉	1993	4.3164	2012	2013	
沈月琴	1993	3.3417	2012	2013	
杜满义	1993	4.3164	2012	2013	
漆良华	1993	3.3535	2012	2013	
陈钦	1993	3.4368	2015	2017	
杨帆	1993	3.7186	2015	2016	
曾维忠	1993	3.4099	2015	2019	
崔晓阳	1993	3.4769	2016	2019	

图 2-4　1993~2019 年国内林业碳汇最强突变前 20 研究作者情况

资料来源：笔者自行整理得出。

（2）发文机构共现分析。

本书进行机构共现分析中，选取节点类型为机构，如图2－5所示，在林业碳汇研究的机构合作网络图显示一共生成了314个节点，产生了307个连接，网络密度显示为0.0062。在网络图中每个节点代表一个机构，节点的面积越大说明此机构发文量越大。

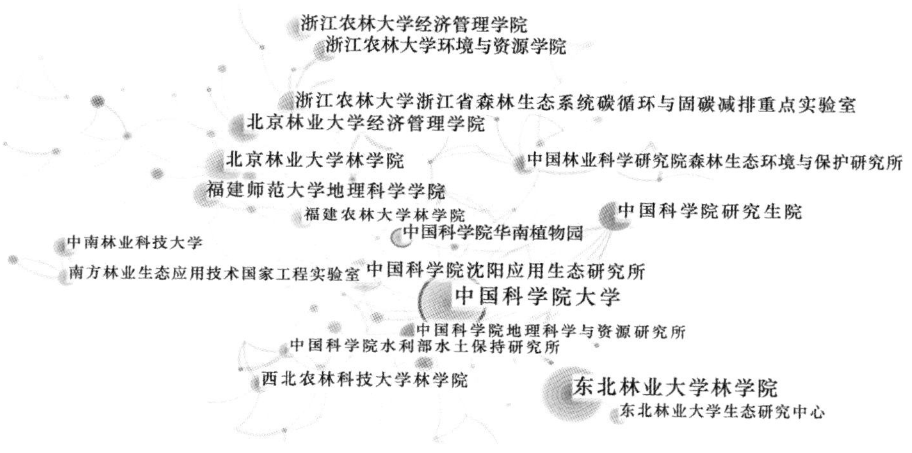

图2－5 机构合作网络

资料来源：CITEspace软件导出。

从图2－5可以发现，林业碳汇的研究机构主要包括高等学校、科研机构和政府部门等类型，其中节点最大的研究机构是高等学校之一的中国科学院大学[①]，代表其发表论文数量最多。此外东北林业大学林学院、中国科学院研究生院、北京林业大学经济管理学院、浙江农林大学浙江省森林生态系统碳循环与固碳减排重点实验室、北京林业大学林学院、中国科学院沈阳应用生态研究所、浙江农林大学经济管理学院、西北农林科技大学林学院等机构发文数量也较大。总体而言，国内林业碳汇研究机构联系程度较强，基本形成以中科院系统及东北林业大学、浙江农

① 中国科学院大学是教育部批准成立的一所以研究生教育为主、科教融合为特色的创新型高等学府。2012年由中国科学院研究生院更名为现名，2014年国科大经教育部批准开始招收本科生，标志着中国科学院大学形成了以研究生教育为主的完整的高等教育体系。鉴于其高等学校的性质，研究中并未将其纳入属于事业单位范畴的中科院系统。

林大学、北京林业大学和西北农林科技大学等农林高校为主体的核心研究机构，此外中国科学院大学、中国林业科学院等高校或科研机构也集聚了重要研究力量。

另外，将1993～2019年国内林业碳汇研究机构发文数量进行排名统计，在具体统计时将同一单位下的附属单位合并统计（其中中国科学院大学与中科院其他机构性质不一致，不进行合并），此外因研究文献时间跨度较长还出现了部分单位更名的情况，比如浙江林学院更名为浙江农林大学，西南林学院更名为西南林业大学等。如表2－1所示，发文量最多的单位是中国科学院（以下简称"中科院"）系统，累计发表相关论文286篇，这与中科院系统的学术地位相称，目前中科院系统在地理与生态环境、植物学、地球与大气物理等方面保持在国际前沿水平，其次为东北林业大学、北京林业大学、浙江农林大学、国家林业和草原局和西北农林科技大学，分别为139篇、120篇、106篇、88篇和86篇，这些也是目前国内涉林研究的主要高校，此外国家林业与草原局及其附属研究机构在国内林业碳汇研究方面也有重要影响。排名前20位的机构发文量都超过了10篇，总数则达到1340篇，合计占到所有研究机构发文总数的73.95%，其中中科院系统机构在林业碳汇研究方面居于明显的优势地位，其发文量占到研究机构总发文数的15.78%[①]，国内主要涉林高校研究实力表现抢眼。由此可见，总体上，国内林业碳汇研究空间差异较大，相关研究力量分布不均衡，且主要集中在东部地区，这需要引起重视。

表2－1　1993～2019年国内林业碳汇研究机构发文量排名情况　单位：篇

发文机构	中国科学院	东北林业大学	北京林业大学	浙江农林大学	国家林业和草原局	西北农林科技大学	中国科学院大学	中国林业科学研究院	中南林业科技大学	四川农业大学
发文量	286	139	120	106	88	86	86	77	66	52
发文机构	福建农林大学	南京林业大学	福建师范大学	贵州大学	西南林业大学	江西农业大学	华东师范大学	西南大学	广西大学	安徽农业大学
发文量	48	39	35	23	20	18	15	15	11	10

资料来源：笔者根据CNKI数据统计，用Excel表绘制。

① 资料来源：笔者根据CNKI数据统计，用Excel表绘制。

3. 碳汇林业研究热点演变

论文的主题内容可借助于关键词信息来进行反映，为此对检索文献的关键词开展计量分析，将有助于明确国内林业碳汇领域的研究热点。其中领域内相关文献中出现频度较多的关键词可作为林业碳汇领域研究热点的重要体现。为此在 CiteSpcae 关键词共现分析结果中的中心性、词频、时间趋势及关键词突变性等内容能够直观反映林业碳汇领域的研究热点及其演进规律（陈悦，2014）。为明晰国内林业碳汇研究热点及演化态势，研究中对林业碳汇文献开展关键词共现分析，将节点属性选为关键词，时间设置为 1993 ~2019 年，时间分区单位设置为 1 年，得到关键词共现图谱，并分别以聚类视图和时区视图两种模式展现。

一般来说在科学知识图谱中，节点和节点标签字体的大小代表的是关键词共现的频次，而连线颜色的深浅代表的是关键词间的出现联系的时间，另外，连线的粗细代表的是节点之间的关联度（李杰，2017）。此外，热点问题是借由中心性和频次高的关键词显示，这代表这一段时期内学者所共同关注的话题。其中关键词的出现频次越多、中心性越强，表示这个关键词在所在领域越关键。如关键词共现图谱如图 2 -6 和表 2 -2 所示，节点“碳储量”出现频度最高，频次高达 350 次，出现频度超过 100 次的关键词还有“碳汇”“碳密度”“土壤有机碳”“森林碳汇”“生物量”，此外，“森林生态系统”“林业碳汇”“森林”“气候变化”“碳循环”“碳排放”“有机碳”“碳源”“森林土壤”“人工林”“森林碳储量”“空间分布”“土壤”“林龄”“土壤呼吸”“碳贮量”等关键词信息出现频次也都超过了 30 次以上。与此同时，图 2 -6 中显示的“碳密度”“森林”“碳汇”“森林生态系统”“碳循环”等共现频度较高的关键词直接或间接与“碳储量”有较强的共现强度。根据表 2 -2 中的中心性指标可知，林业碳汇领域主要的节点包括“碳汇（0. 21）”“土壤有机碳（0. 19）”“森林（0. 18）”“人工林（0. 16）”“森林生态系统（0. 13）”“森林土壤（0. 13）”“碳储量（0. 12）”“林业碳汇（0. 12）”“土壤（0. 12）”“气候变化（0. 11）”“碳循环（0. 11）”等。为此，可以基本判断国内林业碳汇研究热点主要围绕碳储量的形成、动态发展、空间布局及影响因素开展，具体包括碳储量测算及影响因素、固碳能力变化与空间分布、碳汇与生态系统平衡、森林碳密度估算、碳减排和碳补偿、生态资源保护与开发利用等。

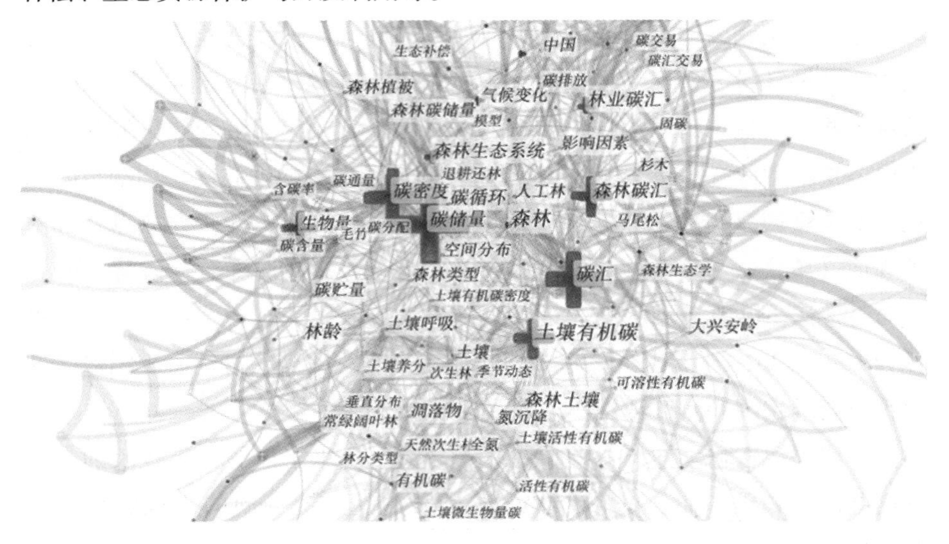

图 2-6　关键词共现网络

资料来源：笔者自行整理。

表 2-2　关键词共现频次情况

中心性	频次	关键词	首次出现年份	中心性	频次	关键词	首次出现年份
0.21	218	碳汇	2002	0.1	30	大兴安岭	2009
0.19	170	土壤有机碳	2004	0.1	24	影响因素	2009
0.18	85	森林	2004	0.09	33	林龄	2011
0.16	38	人工林	2004	0.08	38	森林碳储量	2011
0.13	86	森林生态系统	2002	0.08	21	凋落物	2012
0.13	40	森林土壤	2003	0.07	46	有机碳	2010
0.12	350	碳储量	2002	0.07	33	土壤呼吸	2005
0.12	86	林业碳汇	2006	0.07	22	杉木	2006
0.12	35	土壤	2011	0.06	122	生物量	2007
0.11	213	碳密度	2000	0.06	37	空间分布	2009
0.11	63	气候变化	2006	0.06	25	森林类型	2007
0.11	56	碳循环	2002	0.05	30	森林植被	2005
0.10	161	森林碳汇	2008	0.05	23	退耕还林	2006
0.10	30	中国	2008	0.05	20	碳排放	2007

注：表中选取中心性大于 0.05 的关键词，并按照中心性大小排列。

资料来源：笔者根据相关资料整理得出。

CiteSpcae 中的时区图是把时间相同的关键词节点聚集在同一个时区，横轴代表时间顺序，通过可视化方式呈现林业碳汇领域的演变，因此结合时区图的分析可以明晰这一情况。图2－7所示，共生成节点666个、连线1547条，另外网络密度为0.007，国内林业碳汇研究的演变阶段大致可以分为：第一阶段是发展初期阶段（1993～1996年），在该阶段林业碳汇研究开始起步，并主要就森林和土壤固碳能力和潜能开展分析，该时期我国将可持续发展理念正式引入，与此同时1994年发布了《中国21世纪人口、环境与发展白皮书》；第二阶段是发展期（1997～2000年）涉及碳储量的评估测算、碳汇与气候变化、碳密度和碳循环等问题；第三阶段是快速发展期（2001～2014年），相关研究主要包括森林生态系统功能、林业碳汇和森林碳汇发展及其空间分布、清洁发展机制、碳排放，以及森林碳储量等问题；此外，2015年至今则进入了林业碳汇研究的平稳阶段。

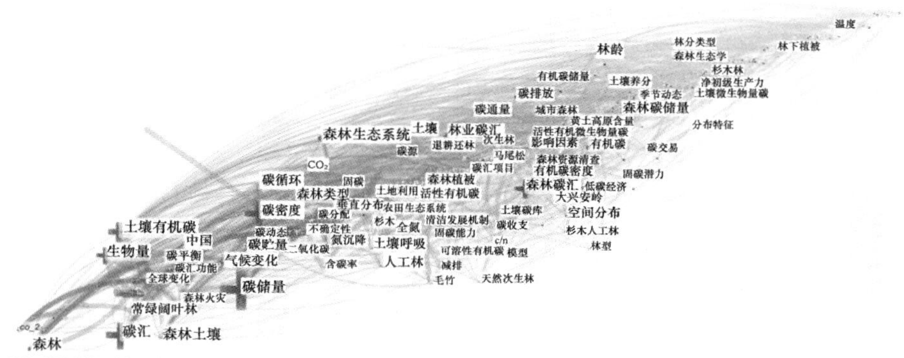

图2－7　1993～2019年林业碳汇研究关键词演变时区

资料来源：笔者根据相关资料整理得出。

4. 研究趋势动态分析

CiteSpcae 通过膨胀词探测算法，找出出现频率高的突变词，其词频的改变是判断所研究领域热点与发展态势的重要指标。CiteSpcae 软件可以采取功能应用膨胀词探测的方法，达成对引用突变（citation burst）的分析，借助该功能，可从突变强度和突变状态持续时间这两个方面直观地发现和观察突变词。在 CiteSpcae 的相关功能和分析的基础上，可挖掘国内林业碳汇研究上前十五项突变较强的突变主题和它的强度、时间，如图 2－8 所示，较为直观地发现突变时间最长的为“碳平衡”和“森林生态系统”，分别从 2000～2008 年、2002～2010 年，突变时长高达 9 年，由此看出国内林业碳汇研究多从这两方面出发，此外“碳循环”“清洁发展机制”“碳贮量”的突变时间分别为 8 年、7 年和 6 年；突变时间为 5 年的包括“森林”“气候变化”“碳汇项目”，持续时间依次为 2004～2008 年、2006～2010 年、2006～2010 年；“森林火灾”突变时长达 4 年，从 2009～2012 年；“人工林”“碳收支”“低碳经济”“低碳农业”的突变时间为 3 年，持续时间分别为 2004～2006 年、2007～2009 年、2010～2012 年、2011～2013 年。图 2－8 中显示“低碳农业”突变的时间对应的是国内碳汇林业研究成果的产出最快的阶段，一直持续到 2013 年，达到“林业碳汇”研

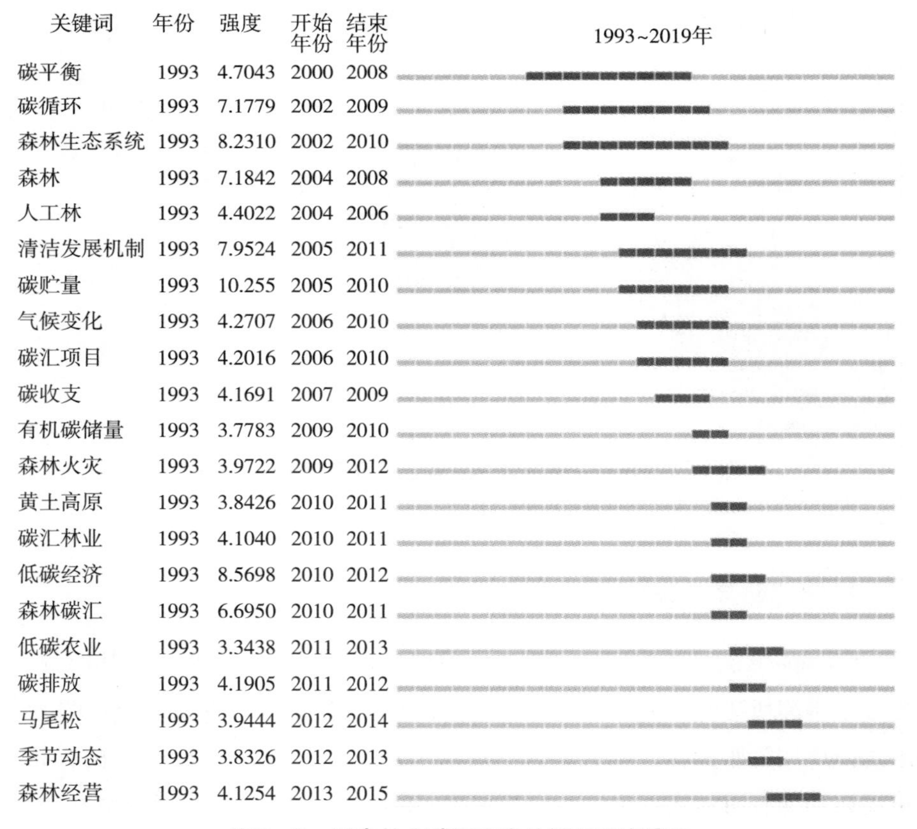

关键词	年份	强度	开始年份	结束年份	1993~2019年
碳平衡	1993	4.7043	2000	2008	
碳循环	1993	7.1779	2002	2009	
森林生态系统	1993	8.2310	2002	2010	
森林	1993	7.1842	2004	2008	
人工林	1993	4.4022	2004	2006	
清洁发展机制	1993	7.9524	2005	2011	
碳贮量	1993	10.255	2005	2010	
气候变化	1993	4.2707	2006	2010	
碳汇项目	1993	4.2016	2006	2010	
碳收支	1993	4.1691	2007	2009	
有机碳储量	1993	3.7783	2009	2010	
森林火灾	1993	3.9722	2009	2012	
黄土高原	1993	3.8426	2010	2011	
碳汇林业	1993	4.1040	2010	2011	
低碳经济	1993	8.5698	2010	2012	
森林碳汇	1993	6.6950	2010	2011	
低碳农业	1993	3.3438	2011	2013	
碳排放	1993	4.1905	2011	2012	
马尾松	1993	3.9444	2012	2014	
季节动态	1993	3.8326	2012	2013	
森林经营	1993	4.1254	2013	2015	

图 2－8　国内林业碳汇研究关键词突变情况

资料来源：笔者根据知识图谱软件导出。

究发文量最高时期，这在某种程度上表明，低碳农业与碳汇林业产业发展理念契合，通过创新体制机制，加快林业发展方式转变，实现碳汇林业可持续发展，对推进生态文明建设具有重要意义。

2.1.5　结论及启示

本书利用文献计量学和统计分析手段，对 1993～2019 年 CNKI 林业碳汇研究文献进行了发文量统计分析和共现分析，系统阐述了国内林业碳汇研究的研究力量、合作网络及分布情况、研究热点和动态演变趋势等内容。综合而言，结论如下：第一，国内林业碳汇的研究总体呈现倒“V”型发展态势，经历了平稳增长—快速增长—相对平缓略有下降等三个阶段。第二，国内林业碳汇研究群体中呈现出“大分散、小集合”的态势，研究核心作者相对集中，其中以周国模、姜培坤等为代表的研究团队合作关系紧密，而其他研究作者群间链接程度不高，部分作者研究网络较独立。第三，国内林业碳汇研究机构联系程度较强，基本形成了以中科院系统，以及东北林业大学、西北农林科技大学、北京林业大学等农林高校为主体的核心研究机构。与此同时，研究机构、学术期刊资源等区域分布差异较大，研究力量分布不均衡这一状况需引起重视。第四，国内林业碳汇研究热点主要围绕碳储量的形成、动态发展、空间布局及影响因素开展，具体包括碳储量测算及其影响因素、固碳能力变化与空间分布、碳汇与生态系统平衡、森林碳密度估算、碳减排和碳补偿、生态资源保护与开发利用等。此外，2000 年后，林业碳汇研究进入快速发展阶段，相关研究主要包括森林生态系统功能、林业碳汇和森林碳汇发展及其空间分布、清洁发展机制、碳排放，以及森林碳储量等问题。

基于以上统计及文献计量分析，为实现理论研究对林业碳汇发展实践的有效支撑，我们获得如下启示：一是坚持问题导向，紧扣林业碳汇产业实践开展学术研究。顺应林业碳汇发展大势，坚持从中国林业碳汇发展实践中去发现和解决问题，不断强化林业研究者的主体性，据此，不断优化林业碳汇研究理论体系，为应对全球气候变化提供“中国方案”。二是加强林业碳汇合作创新，不断提升研究协同水平。目前，国内林业碳汇研究合作层次仍较低，合作紧密程度不够，鉴于该研究领域的学科交叉属性，鼓励开展协同创新和合作，强化林业学术共同体建设。三是强化研究队伍建设，逐步实现研究力量区域布局的均衡性。一方面，要强化中科院系统和重点农林高校等林业碳汇核心研究力量的学术引领作用，促成其在林业碳汇研究领域的充分发展；另一方面，中西部地区作为林业碳汇产业发展的关键区域（其中森林资源总量占比一半分布在西部地区），鉴于其研究力量相对薄弱，可通过政策引导将科研资源适度向中西部地区倾斜，尤其是健全有利于科研人力和物力向中西部地区流动的机制，保障当前阶段中西部地区财政性科技项目经费投入的相对稳定性。四是紧追学术前沿，为林业碳汇发展强化理论支撑。按照当前林业碳汇研究的演进脉络，需强化森林生态系统功能、林业碳汇空间分布、清洁发展机制、碳排放、森林碳储量等关键问题的跟踪研究，有助于完善林业碳汇发展的实践内容，进而通过丰富林业碳汇产业发展形势积极履行发展中国家碳减排有关承诺。

2.2 林业碳汇产业发展绩效研究理论分析框架的推演

本章在对林业碳汇产业发展绩效研究的学术史梳理和文献计量分析的基础上，对当前该领域的研究有了一定系统性地把握，尤其是基于文献计量，明晰了林业碳汇产业发展理论研究及趋势分析，这对开展林业碳汇产业发展绩效分析框架的理论推演有着重要支撑。关于该领域研究的理论分析框架的构建，就是要厘清影响碳汇产业发展绩效的内在理论逻辑，从多维度评估林业碳汇产业发展绩效，进而在理论上要明确影响林业碳汇产业发展绩效的关键因素和行为有哪些，优化产业绩效的路径又将如何设计。

2.2.1 分析框架构建理论基础

（1）外部性理论。

外部性的含义是生产者或者消费者的经济活动对外部个体带来的额外的收益或成本（保罗·萨缪尔森，1999）。根据它们行为产生的后果，把这种外界带来的影响分为两种：正外部性和负外部性。正外部性是强调市场主体带来的正面效益，而负外部性恰恰相反。存在外部性会使私人成本（收益）和社会成本（收益）出现差别，从而会扰乱市场价格机制，致使最终市场状态失衡，实践中可通过征收庇古税和明晰产权的有效手段来解决外部性问题。其中，林业碳汇产业就可通过征收庇古税的手段解决边际社会成本小于边际私人成本的问题，政府通过征税，或对营林经营者进行一定补贴和奖励，使得林业碳汇市场资源配置达到最优。然而现实是，林业碳汇产业发展中，仅靠政府的支持不足以解决碳汇供给成本过高的问题。为此，本书把林业碳汇看作正外部性产品，基于外部性理论，探究外部性对林业碳汇产业发展绩效的作用机制和优化路径。

（2）产业发展理论。

传统的产业发展理论认为产业的产生、成长和进化的过程，不仅是单个产业的产生或进化，也包括整体产业的发展过程。这个过程指的是结构变化的发展过程。产业发展从供需维度上来说，产业是提供同质或具有竞争关系的产品和服务的总和；而从供应角度来说，产业又是提供相关生产产品和服务而衍生的一系列生产活动的总和。此外，还有政府等第三方在产业发展中发挥相关作用。而产业发展强调的是产业结构的合理化和演进过程。林业碳汇产业的进化过程一方面是指林业碳汇组织结构的变化，另一方面是林业碳汇产业结构的变化，重点强调的是林业碳汇产业结构的转化和演进。林业碳汇产业组织特指该市场各类主体间关系的集合，其中横向包括营林企业和购买者之间、营林企业内部关系等，纵向是指企业交易关系、利益关系及所有权等。而林业碳汇产业结构特指产业内部技术经济联系及联系方式，是质量变化的关键。因而，本书在研究中不仅关注林业碳汇产业的组织问题，也从供需和第三方层面划分林业碳汇产业结构，在演进发展数量变化的基础上，重点考虑林业碳汇产业发展质量上的变化。

（3）演化博弈理论。

演化博弈理论是经济学中当前主流的研究方法。继承了博弈论、进化博弈论等基础，如斯密斯（1973）与瑞普斯（1974）发展演化博弈论的相关理论。20世纪末，温布尔（1995）进一步整理了演化博弈论的发展成果，初步构建了演化博弈论的理论体系。在1991年，弗里德曼将演化博弈论应用于经济领域的现实场景中。与传统博弈论不同，演化博弈论具备有限理性的特点，不能够突破知识水平和感知能力的限制，由于信息资源的有限性，不能掌握博弈论全部的知识结构，为此，演化博弈论否定了传统理论中完全信息和完全理性假说。其次，演化博弈论具有动态化的特征，其演化路径是动态形发展，需不断修正和改进相关利益主体的行为策略来达成最终动态均衡。演化博弈论在本书分析中关注的是林业碳汇市场参与主体，通过反复博弈不断调整自己的行为决策，以实现最优的稳定状态。本书在评估林业碳汇产业发展绩效时，将通过演化博弈论分析林业碳汇产业发展三大利益主体的演化博弈行为及影响因素，并将其作为林业碳汇产业发展绩效研究的重要内容。

2.2.2 分析框架推演过程

本章节借助于外部性、产业发展和演化博弈行为的理论，开展了林业碳汇产业发展绩效评价机制的分析以及理论框架的推演。事实在于，林业碳汇产业发展绩效评价机理构建了国内碳汇产业发展的需要和国际国内对碳汇产品供需行为的决策意愿，主要受产业发展经济学理论的指导；而碳汇作为重要的公共物品，具有正外部性，对林业碳汇产业发展绩效的评价又外生于国内外对公共产品供需行为和解决外部性问题的需要，主要受演化博弈论和外部性理论的指导。在此，我们需要强调本书对外部性理论、产业发展理论以及博弈理论的划分纯粹出于研究的需要，实际上这三大理论相互交织，基于外部性理论，共同为林业碳汇产业发展绩效评价提供了理论基础和逻辑支撑。实际上，外部性理论在于碳汇的外部性问题最终会影响产业发展的绩效，但二者并不具有直接的影响关系，厘清其中的影响路径是本书研究的重点和难点。借助相关理论，我们发现外部性问题可以采取多种政策工具和手段以影响碳汇市场的不同主体行为，从而作用于产业发展的不同维度，最终带来产业发展绩效，实现林业碳汇产业的发展。林业碳汇产业发展绩效的评价机制总体是通过“外部性理论—行为博弈—产业发展—绩效评价”路径来实现。林业碳汇产业发展绩效评价机理如图2－9所示，具体实现形式有以下四类。

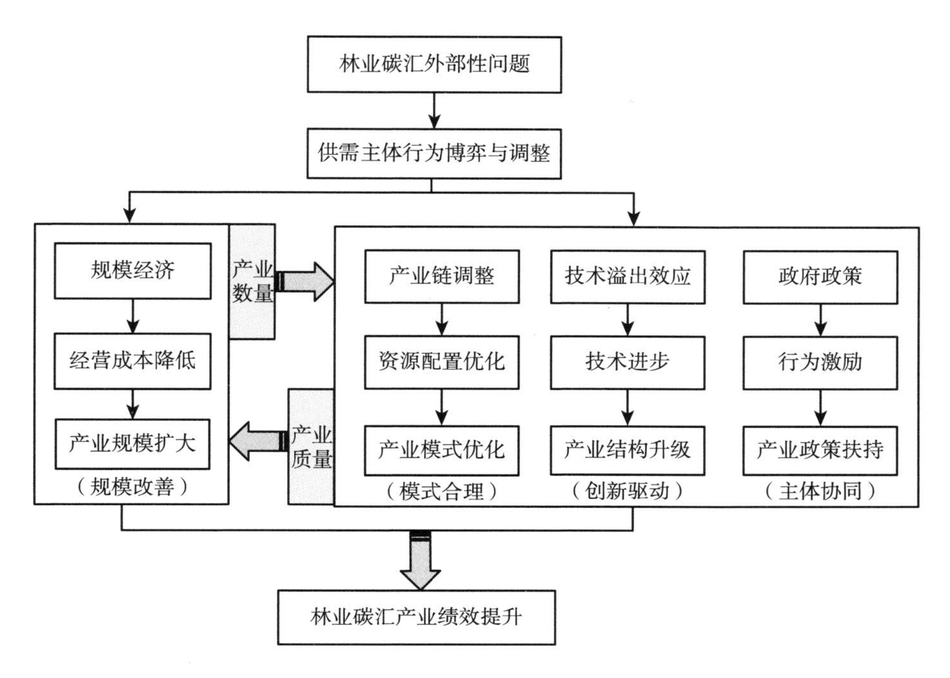

图2-9　林业碳汇产业发展绩效评价机理

资料来源：由VISIO软件绘制。

第一类作用路径为影响林业碳汇产业发展绩效的关键路径。一般是林业碳汇产业结构的转变，是较为直接的路径，产业结构的转变会带来产业发展数量和质量的变化。表现为“外部性理论→行为博弈→技术溢出效应→技术进步→产业结构转变→林业碳汇产业发展绩效提升”。基于外部性问题，政府的干预激发了林业碳汇经营者参与科技创新的热情，通过创新驱动林业碳汇项目的开发、营销、管理等技术水平的提升，推动林业碳汇产业结构的转型升级，带来数量上和质量上的提高，最终影响林业碳汇产业的发展绩效。

第二类作用路径为林业碳汇产业发展绩效提升常规路径。一般影响林业碳汇产业发展的模式，其作用过程相对较慢，表现为“外部性问题→行为博弈→产业链调整→创新产业发展模式→资源配置方式优化→林业碳汇产业发展绩效提升”。外部性问题影响企业、政府、居民三方的行为决策，在决策过程中，政府通过财政补助、搭建平台、设置林业碳汇生产示范基地等政策工具的实施，促进林业碳汇产业链的调整和优化，通过科技创新碳汇生产模式，协同区域发展，实现全产业链上人力、物力、财力资源配合最优，较大程度上提高了林业碳汇产业生产经营水平，进而带动林业碳汇产业发展绩效的提升。

第三类作用路径是林业碳汇产业发展绩效提升的常规路径。通过林业碳汇产业政策来影响产业发展绩效是当前绩效的提升的普遍思路。林业碳汇产业政策是指中央或地方政府从产业组织、结构、保护、技术等维度谋求产业全局和长远利益，进而干预产业获得的若干措施。基于碳汇产业的正外部性问题，征收庇古税是其重要的解决手段，政府的补贴可以弥补经营者的亏损，激励碳汇从业者的积极性，从而增加碳汇供给。具体表现为“外部性问题→产业政策实施→行为激励→产业供给增加→碳汇产业发展绩效提升”。以林业碳汇产业政策实施为例，有效的金融支持政策可以加大产业建设的资金投入，缩小区域间的补贴差距，有效激励碳汇产业供给水平和供给能力，在发挥市场资源配置的基础上，政府的产业政策支持为碳汇产业发展提供了重要支撑，进而最大化地提升林业碳汇产业发展绩效，实现产业主体协同发展。

第四类作用路径也是林业碳汇产业发展绩效提升的直接路径。直接影响林业碳汇产业的产业数量，即产业规模，其横向扩展是林业碳汇产品生产、经营的规模扩大，纵向是指技术创新、市场营销、产学研一条龙的扩张。由于林业碳汇产品的正外部性问题，产业规模提升的有效前提是降低林业碳汇经营者的私人成本。而林业碳汇产业的规模发展能带来碳汇供给者经营成本和交易成本的降低。具体表现为“外部性问题→企业规模生产→经营成本降低→经营方式转变→碳汇产业发展绩效提升”。以林业碳汇产业规模扩张为例，在健全林业碳汇产业交易机制的前提下，通过规模生产降低林业碳汇产品的供给成本，通过营销手段和技术创新，形成创新驱动林业碳汇产业高质量发展的良好氛围，进而实现林业碳汇产业规模提升带来的绩效增长。

2.3 本章小结

本章基于林业碳汇产业发展相关理论研究回顾展望、产业绩效产业机理分析框架的理论推演及历史资料的验证，希望为研究的开展搭建一个整体的理论分析框架，尤其是重点关注林业碳汇产业发展绩效的理论机理及作用路径，以一定程度上支持林业碳汇产业发展绩效分析，包括评价方法和因素指标的选择，支撑林业碳汇产业发展机制的优化，具体包括林业碳汇产业发展的构成维度，发展绩效的现状，如何通过优化作用路径及相关要素提升林业碳汇产业发展绩效。

第3章

林业碳汇产业及支持政策的历史演变及发展态势分析

第2章通过理论分析与文献计量结合的方式，构建起了中国林业碳汇产业发展绩效及其增进策略研究的总体分析框架，本章主要就林业碳汇产业发展及其支持政策的历史演变情况进行全面分析，并借助于林业期刊学术共同体，从知识交流视角论证了林业碳汇政策传播效率的问题。

3.1 我国林业碳汇产业发展历程、现状及趋势分析

以气候变暖为特征的全球气候变化问题已成为当前国际政治、经济、环境保护等领域的焦点，如何有效应对该问题将关系到人类的可持续发展。联合国政府间气候变化专门委员会第四次报告指出，林业不仅可减缓气候变化的进程，同时具备适应气候变化的功能。发展林业作为增加碳汇、减少碳排放成本以及经济可行性高的有效途径广受全球各国关注。作为负责任的大国，长久以来，中国将把持续发展林业事业作为应对气候变化的重要战略性举措，通过大量的植树造林、林木资源保护及提高森林经营管理能力等方式来增加林业碳汇，使得我国林业碳汇产业发展取得初步成效。以1978年三北防护林体系第一期工程建设为标志，中国相继启动一系列区域性防护林体系建设工程，面向21世纪，于1998年陆续实施了六大林业重点工程，其中包括野生动植物保护和自然保护区建设工程、退耕

还林工程、“三北”和长江中下游地区等重点防护林建设工程、天然林保护工程、京津风沙源治理工程、重点地区速生丰产用材林基地建设工程等。此外在全国范围内于自 1981 年我国开展全民义务植树行动以来，共有 164.3 亿人次参与该项绿色发展行动[①]，这些举措对改善生态环境、实现可持续发展发挥了重要作用，更是为全球生态安全贡献出了卓越的智慧和力量。中国应对气候变化及林业碳汇发展大事件如表 3－1 所示。

表 3－1　　　中国应对气候变化及林业碳汇事业发展大事件

年份	标志性事件
1990	国务院成立气候变化对策协调小组
1992	首届联合国环境与发展大会通过《联合国气候变化框架公约》，中国是缔约国之一
1994	中国在颁布《中国二十一世纪议程》中首次提出适应气候变化概念
1997	《联合国气候变化框架公约》第三次缔约方大会通过《京都议定书》，首次将林业增加碳汇、减少排放作为履约重要措施
2003 年始	林业碳汇发展行政主管部门之一的国家林业局相继成立了气候办、碳汇办、能源办等一系列林业应对气候变化管理机构
2004	我国向《联合国气候变化框架公约》第十次缔约方大会提交《中华人民共和国气候变化初始国家信息通报》
2006	全球第一例在联合国清洁发展机制（CDM）理事会成功注册的碳汇造林项目——中国广西珠江流域治理再造林项目在中国广西正式实施
2007	国家应对气候变化及节能减排工作领导小组成立； 《中国应对气候变化国家方案》出台； 《节能减排综合性工作方案》颁布； 国家林业局成立应对气候变化和节能减排工作领导小组及其办公室； 中国绿色碳基金成立
2009	制订了《应对气候变化林业行动计划》； 中国政府向国际社会承诺了三个碳减排目标； 当年开始，陆续编制全国碳汇计量监测体系、营造林项目方法学、林业碳汇审定核查指南等相关技术标准； 熊猫标准 PS：中国首个自愿减排标准
2010	成立中国绿色碳汇基金会（由中国绿色碳基金发展而来）； 上海环境能源交易所成立，这是我国首个自愿碳减排交易平台

① 资料来源：央视新闻网和《中国青年报》。

续表

年份	标志性事件
2011	国家发展改革委在北京、天津等7个省（区、市）开展碳排放权交易试点； 国家林业局印发《林业应对气候变化"十二五"行动要点》； 国内首个能够进入碳市场交易的CCER项目——广东长隆碳汇造林项目获国家发改委备案
2012	国务院印发《节能减排"十二五"规划》； 北京、天津、广东、浙江、山西、青海、云南等17个省（区、市）开展全国林业碳汇计量监测体系建设试点； 明确了自愿减排项目的具体管理规则和制度
2013	国家发展改革委印发《国家适应气候变化战略》； 林业碳汇计量监测体系建设实现全国覆盖
2014	国家发展改革委印发《国家应对气候变化规划（2014—2020年）》； 国家林业局启动第一次全国林业碳汇计量监测
2015	中国向《联合国气候变化框架公约》秘书处提交应对气候变化国家自主贡献文件
2016	国务院印发《"十三五"控制温室气体排放工作方案》； 国家林业局发布《林业应对气候变化"十三五"行动要点》《林业适应气候变化行动方案（2016—2020年）》； 华东林业产权交易所计划通过发售模式上市的全国首个国际自愿碳标准（简称"VCS"）林业碳汇项目得到肯定，这是国际上最高的碳减排标准
2017	国家林业局启动第二次全国林业碳汇计量监测
2018	国家林业和草原局完成第一次全国林业碳汇计量监测，形成成果报告
2019	国家林业和草原局启动草原碳汇计量监测试点； 中国绿色碳汇基金会林业草原生态扶贫专项基金宣布成立
2020	国家林业和草原局编制印发《2019年林业和草原应对气候变化政策与行动》白皮书
2021	中华人民共和国生态环境部发布《碳排放权交易管理办法（试行）》，于2021年2月1日起施行

作为积极履行国际碳减排承诺的重要内容，国家林业和草原局不断提升森林资源保护管理水平和能力，同时巩固前期绿化造林的成果。2003年起，该局陆续设立气候办、碳汇办、能源办等相关减缓和适应气候变化的林业管理组织和机构，并统筹和安排了相关工作和计划，推进林业行业碳汇管理水平和能力以及行业标准体系跻身世界前列。2006年，世界首个清洁发展机制碳汇造林项目落地广西；2009年，国家林业和草原局开展了《应对气候变化

林业行动计划》，同年建立了中国碳汇计量监测体系、编制了营造林项目方法学等碳汇技术标准；随后的2010年，中国绿色碳汇基金会成立，开创了全国性公募基金会以增加碳汇、减排为目标的先河，搭建了兼具增加林农收入、存储碳信用等多功能的公益性平台，加快了社会力量参与营林活动的进程；2012年1月，国家发展改革委批准北京市、广东省、天津市、重庆市、湖北省、上海市、广东省（深圳市）7个省份可正式开展碳排放权交易试点工作，同时初步建立中国碳排放交易市场。由此，中国林业碳汇交易逐步得以重视，越来越多的碳汇减排量进入碳市场交易中。然而目前，中国国内的碳汇交易均处于项目层面的核证减排量交易，其中囊括了清洁发展机制（CDM）下的林业碳汇项目、中国核证减排机制（CCER）下的林业碳汇项目①和其他自愿类项目②。从2004年广西珠江流域治理再造林项目启动，国家发展改革委陆续通过了六个林业清洁发展机制项目，包括5个已在CDM执行理事会成功注册，2项首期核证减排量得以签发，被世界银行生物碳基金购买了一些减排量。同时，截至2017年3月底，中国自愿减排交易信息平台公布了百来件项目设计文件，其中只成功备案13项、成功签发3项核证减排量、出售仅1项首期签发量③。同一时期，在BCER途径下，三项林业碳汇项目首次监测期内60%的核证减排量获得预签发的资格，其中，72615吨挂牌获得了265.5万元的交易额；在FFCER途径下，7项林业碳汇项目成功备案，118万吨核证减排量获得签发，其中的27.4万吨成交额达到25万元④。截至2017年底，国内其他自愿类项目上，中国以VCS标准成功注册6项林业碳汇项目，其中2项核证减排量获得签发；同时，云南省、福建省和内蒙古自治区的项目负责人与相关企业开展了碳汇交易，其中内蒙古卓尔林业局的碳汇收益高达40万元碳汇收益；而广东省区域碳市场中7项林业项目生产的省级PHCER成功发售，并获得近400万元的交易收益⑤。除此以外，中国绿色碳汇基金会作为主要发起者，推进了多项林业碳汇项目的实施开

---

① 包括北京林业核证减排量项目（BCER）、福建林业核证减排量项目（FFCER）和省级林业普惠制核证减排量项目（PHCER）等。

② 包括林业自愿碳减排标准（VCS）项目、非省级林业PHCER项目、贵州单株碳汇扶贫项目等。

③④⑤ 何桂梅，陈绍志．林业碳汇交易：两类市场并进 多种机制革新（世界林业）［N］．中国绿色时报，2019-03-01.

展，其涵盖了碳中和项目、竹子造林碳汇项目、森林经营碳汇项目等，并早在2011～2017年相继进行了一些减排量的交易。事实上，在不断推进生态文明建设和普及绿色发展理念的背景下，林业碳汇开展的形式和活动内容越来越丰富多元，同时，其他林业碳汇交易行动，譬如支付宝的蚂蚁森林植树造林减排、通过支付碳汇履行植树义务等多种形式得到了大众的积极响应和参与，不仅提升了居民参与林业增汇减排的意愿，也获得了良好的综合效益，这些实践都为林业碳汇产业高质量发展提供了宝贵经验。2020年7月，在林业碳汇实践和理论的不断探索下，国家林业与草原局发布的最新数据显示，全国森林覆盖率达到22.96%、森林面积达33亿亩、森林蓄积量达175.6亿立方米，森林植被总碳储量达91.86亿吨[①]，由此可见我国森林生态系统固碳贡献成就瞩目，林业碳汇事业取得重要进展，发展潜力巨大。

与此同时，也注意到虽然我国碳交易市场已形成初步格局，但林业碳汇产业可持续发展方面仍存在不足，还面临着制度建设缺陷、碳交易机制不成熟、碳汇技术和方案供给不足、气候和自然灾害威胁等发展障碍。为此，我们需要不断吸取国外经验，更加合理地规划自愿减排量进入配额市场，通过政府引导、市场驱动进一步完善林业碳汇交易机制，促进碳交易市场平稳运行。另外，在加快植树造林进程的同时提升造林质量，减少低效林等资源利用率低的情形。当然，还要认真汲取经验，充分利用国内在森林经营管理方面的优势，探索新方向、新业态和新模式，实现多元化发展。

3.2 中国林业碳汇政策动态演进及发展趋势分析

改革开放以来，我国林业建设取得巨大成就，不但为减缓全球气候变暖做出贡献，也为我国经济社会发展、生态保护、碳排放空间拓展等方面发挥了战略性作用。当前，生态文明建设正处于压力叠加、负重前行的关键期。与此同时，为稳步解决好人民日益增长的美好生活需要和

① 资料来源：国家林业与草原局第九次全国森林资源清查成果：《中国森林资源报告（2014—2018）》；李松龄，何宇．应对气候变化 林草行业展现大国担当［N］．中国绿色时报，2020－07－03.

不平衡不充分的发展之间的矛盾对生态保护提出了更高要求，而加快推进林业高质量发展则成为必由路径。囿于国情和所处发展阶段的差异性，我国林业创新发展的体制机制在不同时期有着较大区别，呈现出由国家主导型向市场需求引导型渐变的发展趋势。我国发起增汇减排、应对气候变化为目标的林业碳汇市场化探索较早，并在 CDM 碳汇造林项目、林业碳汇技术标准编制和绿色碳汇基金设立方面取得了明显成效，极大地提升了我国林业发展的国际影响力，但从目前各地林业碳汇实施的实际效果来看，林业碳汇发展离高质量发展目标还有较大差距，其中就包括相关政策与制度引导不够的问题。这表明林业碳汇发展的体制机制还不健全，尚不能完全满足美丽中国对林业高质量发展的战略需求，与此同时林业碳汇发展支持引导政策实施过程还存在“梗阻”现象，进而影响了政府的公信力和执行力，因此需强化现有的林业碳汇政策体系。此外，进一步打开“两山”转化通道，助推乡村振兴战略，更是发挥林业和生态建设对农业农村现代化、建设生态文明的支撑作用。为此，构建完备且有效的林业碳汇政策体系对加快实现农业农村优先发展非常关键。那么，发布及实施怎样的林业碳汇发展政策才有助于激发市场需求的引导作用、增强林业生产经营主体的主人翁意识、激发各创新主体的能动性、增强林业高质量发展的内生动力？基于此，有必要对我国林业碳汇政策实施效果及动态演进特征做梳理分析，从时序和区域角度明确其演进态势和发展趋势及不足之处，进而优化林业碳汇政策目标定位，完善绿色和可持续发展的政策框架体系。

众所周知，我国林业发展的阶段性、区域性、结构性和不确定性特征日益凸显，不同情境下发展资源禀赋、物质基础、人才技术条件也存在较大差别，使得不同发展阶段或发展区域林业政策需求也存在差异。当前，阶段学术界关于建立健全林业碳汇交易机制和政策体系，完善生态补偿机制的讨论和研究较为深入，相关研究主要体现在适应和减缓气候变化上国际政策的研究、国内外碳汇交易市场和交易机制的探索（孔凡斌，2010）、“天保”工程政策影响（曹玉昆，2011）、林业政策协调与合作（刘金龙，2014）、林业政策绩效（刘伦武，2004）等方面。总体来看，当前有关于林业政策，较多文献定性化研究描绘了林业政策演进的特征、作用及存在问题（胡运宏，2012；傅一敏，2018），少量以政策文本分析（潘丹，2019）、期刊文献可视化分析（尹丽春，2014），还有借助事件研究法分析林场改革对林业相关股票的影响（林淑君，2020）。事实上，目前探讨林业碳汇政策的系统文献尚不多见，本节从实际问题出发并以此为切入点，主要基于中国林业碳汇政策发展历史阶段划分和特征分析，使用文本分析的手段，对具体的林业碳汇政策进行系统梳理，并关注林业发展部门发文规律、碳汇林业政策工具类型和不同经济区域政策工具选用的差异，以期明晰对林业碳汇政策实施基本面的认识。

3.2.1 数据来源和方法选取

1. 数据来源

2008～2009 年中国政府分别在第七届亚欧首脑会议、第 17 次 APEC 会议、联合国气候变化峰会和哥本哈根会议等多个重要场合，对实现碳减排目标多次作出正式承诺，包括森林蓄积量，截至 2005 年，预计增加 13 亿立方米，实现森林碳汇和森林蓄积量同步增加的目标。以上述行动为标志，中国林业在减缓和适应气候变化上发挥着前所未有的作用，国际影响力得到空前提升，大力发展林业碳汇正成为国民共识。此后，随着林业碳汇管理、检测与交易平台体系的逐步健全，作为国家生态文明建设重要的支撑内容林业碳汇发展政策体系也更趋成熟。本书以 2008 年第七届亚欧首脑会议《可持续发展北京宣言》为碳汇林业政策文本分析数据的起始点，按照时间顺序搜集整理了 2008 年 10 月 25 日～2019 年 12 月的政策文本。本书的政策文本来源于中国知网法律法规数据库、国家林业和草原局等政府网站，并于 2019 年 12 月 15 日～2020 年 2 月 5 日采用“林业碳汇”或“森林碳汇”为主题词开展多次的全文检索，随后进行了数据清洗，删除部分重复法条、判决或纠纷案、硕博士论文、会议、新闻资讯等条目，最终得到 735 条林业碳汇政策文本，其中中央层面文本 60 件，31 个省区市（不含中国台湾地区、香港和澳门特别行政区）的文件 675 件。文本政策内容包括文件名称、发布机关、发布或实施日期（失效日期）、发文字号、效力级别以及政策全文，为科学反映不同区域林业碳汇体系建设情况，在充分考量各地区的资源禀赋基础、经济发展条件和研究目标等，研究中将全国31个省区市（不含中国台湾地区、香港和澳门特别行政区）划分为四大经济区域，包括东部地区、中部地区、西部地区和东北地区，参见国家统计局2011年的划分依据。

2. 研究方法

为避免政策文本定性研究的主观性和不确定因素的影响，文本量化分析的方法应用空间得以提升。而事实上，学术界对政策法规的关注已久，研究贯穿林业政策法规的整个生命周期。具体量化分析时多基于数理统计的内容分析、社会网络分析等研究方法，这也符合政策文本内容的特性，能够适应外部结构要素的特点，进而借助创造性地拓展相关研究方法，通过编码分析和计量分析方法分析政策研究主题的变迁过程、研究过程的主体合作网络以及对政策文本的组合决策等（黄萃，2015）。对政策文本的研究量化方法不仅适用于单个或少量的政策文本研究（张毅，2016），还能对某个领域大量的政策文本数据进行分析（毛世平，2019）。政策文本分析手段较为简约且所得的结论相对客观，除了有助于把握政策演变的历史和发展趋势外，还有利于对政策目标、作用路径、政策绩效的把握。本书选取碳汇林业政策作为研究对象，广泛参考已有研究成果，采取内容分析的角度，从发文规模和发布时间、发布单位特征、政策工具类型、区域政策差异等方面对我国林业碳汇政策开展探讨。

3.2.2　中国林业碳汇政策文件发布动态演进特征

1. 林业碳汇政策发布数量动态分析

（1）发文量的时序变化。从图3－1看，2008～2019年我国林业碳汇政策发布及实施情况，发现其年度间波动比较频繁，其中分别在2011年和2017年政策发布数量达到波峰位置，并以这两个年度为界总体上呈现“M”发展态势。从时序变化的分阶段情形看，有4个明显的发展周期：首先，自《可持续发展北京宣言》发布开始，林业碳汇政策发布的频率明显加快，其中2009年发布18件，2010年达到58件，截至2011年则达到近些年的一个高峰，可能的原因在于为实现向国际社会的碳减排承诺，结合经济社会发展的实际，从国家到地方均提升对林业碳汇发展的关注度，刺激了相关政策文件的出台，如为贯彻落实“十二五”规划、《应对气候变化林业行动计划》以及《林业发展“十二五”规划》，2011 年国家林业局发布《林业应对气候变化“十二五”行动要点》。进而，在 2012 ~ 2015 年，碳汇林业政策发布量相较于 2011 年的波峰大幅减少，并始终在 60 件左右的年发布数徘徊，与此同时，党的十八大报告从全局出发，正式将生态文明建设纳入“五位一体”的总局中，全面部署了生态文明建设，并陆续发布了《推进生态文明建设规划纲要》《国家应对气候变化规划（2014—2020 年）》《关于推进林业碳汇交易工作的指导意见》等一系列支持林业碳汇发展的重磅文件，并于 2013 年出台相关林业白皮书①，这对实现林业减排和应对气候变化的重要作用起到了关键的指导作用。此后的 2016 ~ 2017 年，林业碳汇发文数量显著增长，其中 2016 年发布了 116 件，2017 年则达到近 12 年的峰值（119 件），在此期间召开的党的十九大，坚持人与自然和谐共生首次纳入基本方略，并强调“建设生态文明是中华民族永续发展的千年大计”，开启了生态文明建设的新格局。除此以外，该阶段国家相继启动了福建、贵州、江西等一批国家生态文明试验区的建设，并发布了《中国生态文化发展纲要（2016 – 2020 年）》《关于完善集体林权制度的意见》《“十三五”控制温室气体排放工作方案》《“十三五”应对气候变化科技创新专项规划》等一批重要文件。最后，从 2018 ~ 2019 年碳汇林业相关政策发布量明显下降，这可能与相关政策文本在数据库更新中存在时滞有关，但就政策文本收录的情况来看，在上述期间国家也相继出台了《关于进一步放活集体林经营权的意见》《关于积极推进大规模国土绿化行动的意见》等重要政策，并发布了两次《林业和草原应对气候变化政策与行动白皮书》。此外，我们还发现地方政府发文数量的时序变化与总体林业碳汇政策文件发布时序变化一致，而中央部门层面发文趋势更多体现为主要节点年份上的基本相符。并且，地方政府发文较中央部门发文明显较为密集，这符合政策发布主体的数量特点。

① 《2013 年林业应对气候变化政策与行动白皮书》。

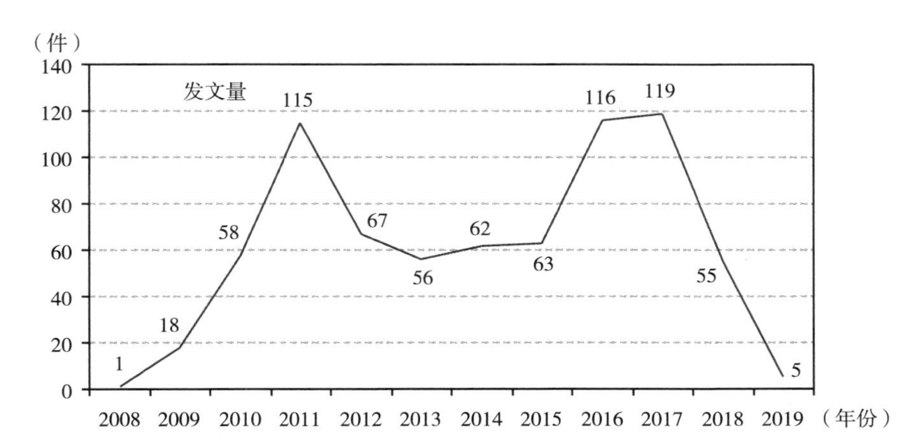

图 3－1　2008～2019 年各年度林业碳汇政策发布实施情况

资料来源：笔者根据相关数据自行整理。

（2）分区域的发文量变化情况。从我国四大经济区域林业碳汇政策发布情况来看，不同区域政策发布量存在较大差距，其中东部地区和西部地区林业碳汇政策发布较多，中部次之，东北地区仅为 30 件，其占比仅为东部地区发布量的 8.75%，占西部地区 17.96% 的比重。从每年度区域发布情况来看，体现出如下特征（见图 3－2）。

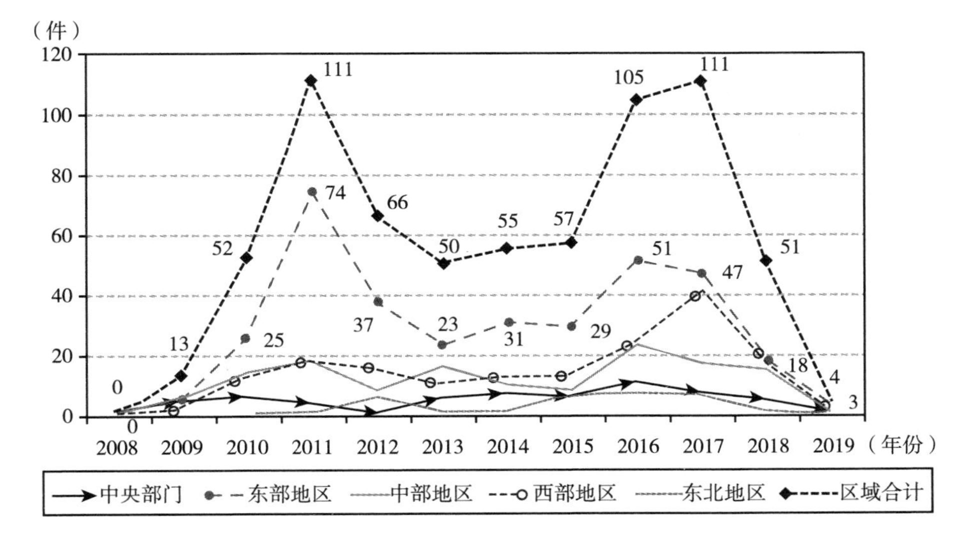

图 3－2　2008～2019 年分区域的发文量变化情况

资料来源：笔者根据相关数据自行整理。

总体而言，自2009年来，各经济区域发布量较为密集，其中在2011年和2017年均达到111件/年的峰值，但同时期不同经济区域发布量差距也较明显，以碳汇林业政策发布量峰值的2017年为例，当年东部地区和西部地区政策发布量分别达到47件和41件，分别是同期中部地区发布量的2.76倍和2.41倍，其中东北地区当年政策发布量为6件，仅有东部地区发布量的12.77%。各经济区域政策发布量总体演进趋势与中央部门发布量相吻合，但多集中在2012~2016年，相对应的是东部地区和西部地区在2011年和2017年等年度内发布量波动幅度较大。包括中央部门和四大经济区域在内其林业碳汇政策发布量均在2016~2017年处于峰值状态，此外研究还发现，东部地区和西部地区政策发布趋势演变情况较趋近，而中部地区和东北地区仅从政策发布量来说趋同程度较弱（见图3-2）。

2. 林业碳汇政策发布机构分析

（1）机构联合发布情况。由林业碳汇政策文本内容的统计分析可知，当前中央部门和地方政府层面联合发布林业碳汇政策的情形都比较少见，但总体而言中央部门联合发布政策文件的频度较地方政府联合发布文件的频度要高。分析发现，我国林业碳汇政策联合发布在2015年后出现情况较多，其中国家发展改革委员会于在2014年9月出台了《国家应对气候变化规划（2014—2020年）》，此后专门就气候变化的联合政策发布明显增多，2016年中国气象局联合国家发展改革委发布了气象发展的“十三五”规划，除此以外，2017年科技部联合环境保护部和气象局出台了《“十三五”应对气候变化科技创新专项规划》，而其他林业碳汇政策联合发文情况仍比较少见。经梳理发现可能的部分原因有，鉴于林业碳汇发展意义重大，更多情形下由中央直接做顶层设计，多以单独行文为主，包括《关于完善集体林权制度的意见》《推进生态文明建设规划纲要》等重要政策文本多是如此。具体谈及林业碳汇政策联合发布的机构组成，在中央部门层面常见的组合包括中共中央与国务院、全国绿化委员会与国家林业局、国家发展改革委与国家气象局或国家统计局、科技部与环境保护部或气象局；地方发布政策的部门组合，则多以林业厅与财政厅、绿化委员会与林业厅、发改委与经信委或环保厅，或表现为省委（市委或县委）与省政府

（市政府或县政府）等组合形式。

（2）不同经济区域发布机构类型的分析。就中央部门和4大经济区域的林业碳汇政策发布机构情况进行了统计，并选取发文频次较高的4种单位类型。分析可知，中央和地方层面林业碳汇政策主导部门有其相对一致性。如在中央部门发布方面，基本由国务院及其政府组成部门中的国家林业局（现国家林业与草原局）、国家发展改革委、科技部和国家气象局主导全国林业碳汇发展问题，而中共中央和国务院往往联合发布《关于实施乡村振兴战略的意见》等纲领性文件，与此对应发布部门多以这些机构单独发文或联合发布为主，国务院单独颁布《“十三五”控制温室气体排放工作方案》等重要的林业碳汇发展文件的情况也比较常见。地方层面，主要由市级人民政府和省级人民政府、绿化委员会和林业厅来牵头组织实施本地区的林业碳汇发展等创新性工作，其中市级政府部门的作用相当关键。另外在四大经济区域中，市级人民政府对该区域林业碳汇发展的引导作用相对一致，但具体到林业碳汇政策发文机构也表现出了一定差异，如财政部门在东部和中部地区都是核心力量，但在东北地区和西部地区，从发文情况来看体现得不够充分，且各级人民政府在不同区域间呈现的状态也有差异，其中东部地区省级以下政府发文情况更为常见，西部和中部地区则多以省级政府发文为主；农业厅（农业委员会）在东部和东北地区林业碳汇发展中依然承担了重要角色，但其他区域上似乎并未得到体现。

3. 林业碳汇政策类别与总体特征分析

当前，学术界关于政策工具类型的研究表现出多元化的趋势，其中较早的分析依托于模式不同将政策划分为：渐进式、突破式、自发性及适应性政策，也有学者通过政策历史演进的阶段性将其分为：科学政策、产业政策、企业政策、创新政策和科技政策，其中罗斯威尔和泽格维尔德（Rothwell & Zegveld，1981）公共政策工具被纳入我国政策类型分析中，进而出现了政策工具供给型、需求型和环境型的三分法（李健，2016）。此外，布雷兹尼茨日和阿莫斯泽哈夫（Dan Breznitza & Amos Zehav，2010）的研究则将政策分为立法监管、技术经济和财政、决议与刺激性方案、公开披露信息4个内容，鉴于碳汇林业发展本质上是林业发展机制的重大创新，基于此特点，结合研究诉求，即使用了布雷兹尼茨日和阿莫斯泽哈夫（Dan Breznitza & Amos Zehav，2010）的划分办法。就林业碳汇政策所属类型划分过程中，笔者经过了相关文献阅读、专业意见征集和政策文本的全文通读，提取了各条次文件内容中的关键词，并按照关键词信息进行了编码。具体政策类型及主要信息萃取内容：（1）立法监管。体现为国家顶层设计、立法及国务院行政规章，如“中共中央、国务院关于实施乡村振兴战略的意见”，全国人民代表大会常务委员会《关于积极应对气候变化的决议》及和林业碳汇政策相关的中华人民共和国国务院令，譬如国务院《关于印发“十三五”控制温室气体排放工作方案》等。（2）技术经济与财政政策。一般由国务院政府组成部门或省级人民政府发布，在全国或一定区域内属于权威性指南，能就推进生态文明建设、应对气候变化、节能减排与促进林业碳汇交易、林地保护与森林经营等提供宏观层面的指引，由国家林业局在2010年出台的《全国林地保护利用规划纲要（2010—2020年）》等。（3）决议和刺激性方案。一般表现为激励性政策安排，措施、计划、规划等，其指导碳汇林业发展的实践作用较强。如A市的“十三五”控制温室气体排放工作方案或某市人民政府关于健全生态保护补偿机制的实施意见等。（4）公开披露信息。本质上此类政策监督效力和激励性较弱，多为指导性文本，一般性适用于公开的工作通知、具体方案、表决决议、讲话文稿，如《某同志在千万亩森林增长工程建设领导小组第二次全体会议上讲话》和《S省森林碳汇重点生态工程建设资金竞争性分配实施方案的通知》等。

对上述林业碳汇政策的划分，结合本书研究政策文本进一步分析发现，如图3-3所示，从中央部门及四大经济区域总体上看，林业碳汇政策类型首先以决议和刺激性方案为主，合计432件，占到58.78%的比重。其次则是技术经济与财政政策和公开信息披露信息，分别为192件和108件，立法监督类政策仅3件；按照上述政策类型划分，还注意到中央部门发布的政策类型主要以技术经济与政策、决议和刺激性方案为主，两者合计超过80%，分区域来看东部地区、西部地区和东北地区均以决议和刺激性方案为主要内容，占比均超过了56%，其中东部地区决议和刺激性方案发布量更是接近70%的比重，技术经济与财政政策在中部地区和西部地区林业碳汇政策体系中也扮演着关键角色，该类政策发布量分别占到各自区域政策发布总数的32.59%和27.54%。最后还需要强调的一点是，立法监督型林业碳汇政策的发布主体集中于中央部门，但其在中央部门所发布的政策文件中所占比重并不高，仅为20%。

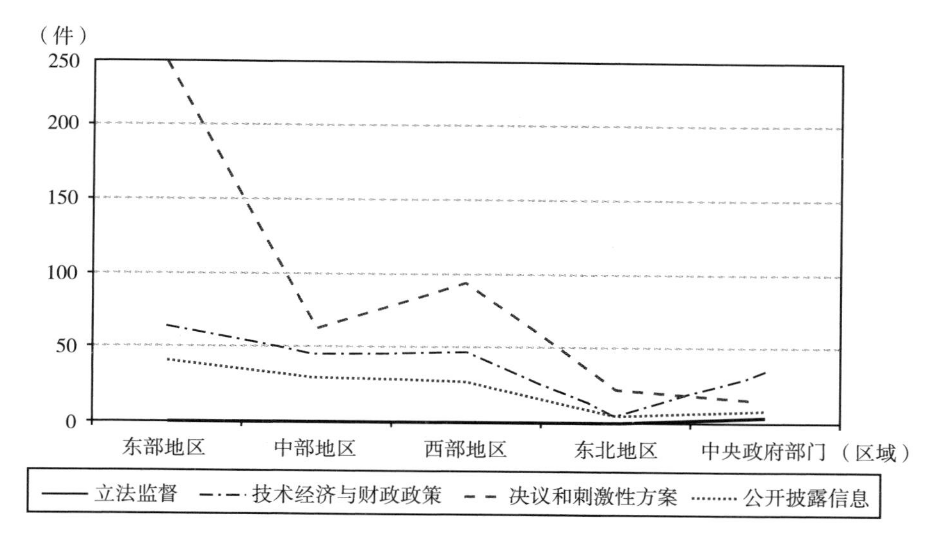

图3-3　中央部门和不同区域林业碳汇政策发布类型

资料来源：笔者根据相关资料整理绘制。

3.2.3　小结及启示

通过自《可持续发展北京宣言》发布开始至今的林业碳汇政策文本分析得出结论如下结论：（1）我国林业碳汇政策发布数量在时序上波动频繁，其中分别在2011年和2017年发布数量达到波峰位置，并以这两个年度为界总体上呈现“M”型发展态势，而从时序变化的分阶段情形看，有4个明显的发展周期；（2）分区域来看林业碳汇政策发布，则表现为不同区域政策供给差异明显，其中东部地区和西部地区林业碳汇政策发布较多，中部次之，东北地区仅为30件，各年度区域发布情况来看，综合判断自2009年来各经济区域发布量较为密集，其中在2011年和2017年均达到111件/年的峰值，但同时期不同经济区域发布量差距也较大；此外各经济区域政策发布量总体演进趋势与中央部门基本吻合，但多集中在2012～

2016年区间内，此外研究还发现东部地区和西部地区政策发布趋势演变情况较趋近，而中部地区和东北地区仅从政策发布量来说趋同程度较弱；(3)机构联合发布情况。统计分析可知，当前中央部门和地方政府层面联合发布林业碳汇政策的情形都比较少见，但总体而言中央部门联合发布政策文件的频度较地方政府联合发布文件的频度要高；具体谈及林业碳汇政策联合发布的机构组成，在中央部门层面常见的组合包括中共中央与国务院、全国绿化委员会与国家林业局、国家发展改革委与国家气象局或国家统计局、科技部与环境保护部或气象局；地方发布政策的部门组合，则多以林业厅与财政厅、绿化委员会与林业厅、发改委与经信委或环保厅，或表现为省委（市委或县委）与省政府（市政府或县政府）等组合形式；(4)不同经济区域发布机构类型的分析可知，中央和地方层面林业碳汇政策主导部门有其相对一致性，地方层面，主要由市级人民政府和省级人民政府、绿化委员会和林业厅来牵头组织实施本地区的林业碳汇发展工作，其中市级政府部门的作用相当关键；(5)中央部门及四大经济区域总体上看林业碳汇政策供给类型以决议和刺激性方案为主，合计432件，其次为技术经济与财政政策和公开信息披露信息；按照上述政策类型划分，还注意到中央部门发布的政策类型主要以技术经济与政策、决议和刺激性方案为主，分区域来看东部、西部和东北地区均以决议和刺激性方案为主要内容，技术经济与财政政策在中部和西部地区林业碳汇政策体系中也扮演着关键角色。最后还发现立法监督型林业碳汇政策的发布主体集中于中央部门，但所占比重并不高。

基于以上结论，在加快生态文明建设，建设美丽中国的现实背景下，为推动林业草原事业的高质量发展，实现林业现代化，提出以下建议：其一，气候变化问题事关我国经济社会事业发展全局，鉴于我国林业碳汇政策发布和实施过程中缺乏部门统筹、协同度有待提高的问题，需积极开展制度创新，加强林业政策供给顶层设计，并着力强化部门协同程度；其二，协调好政策供给与政策需求之间的关系，精准施策，实现林业碳汇政策体系建设的充分性和区域平衡性，并注重发挥市场机制在资源配置中的决定性作用；其三，强化林业碳汇政策实施的监督和效果评价，并根据反馈情况及时调整政策内容，最大限度保障政策有效服务于绿色发展。

3.3　我国林业碳汇政策传播效率分析：基于林业学术共同体知识交流视角

林业政策的传播作为产业发展过程中的重要一环，是产业发展绩效的重要内容之一，林业政策若无法进行有效传播，将直接影响产业发展目标的实现。目前政策研究内涵已经较为成熟，具备了学术内核和形态，有着自身的一套知识结构和体系（樊春良，2017）。基于此，本节从专题研究的角度，在将林业碳汇政策作为一个知识体系的基础上，分析了林业碳汇政策的传播绩效问题。

事实上，新常态将会是引领我国各项事业发展迈入新阶段的关键之举，林业学类期刊作为我国学术期刊的重要组成内容和前沿学术阵地，在引导人们全面认识我国林业科技事业发展阶段性特征、准确把握林业行业发展新常态、主动适应新常态等方面发挥着积极作用。当前，学术共同体作为文化软实力的重要体现，在推动国家经济社会可持续发展方面有着突出作用，科学知识增长和共同体发展的前提基础是科学共同体的建立，这是实现人的意识发展和自身观念进步的关键来源（汪涌豪，2016）。从大的方面来讲，整个学术界被认为是学术共同体，往小的方面来说，诸如中国林学会等学术性社团、学科、科研团队等往往具备科学学术共同体的普遍特征，是实现学术共同体的重要职责，在学术共同体内部中，相关成员必须按照同样的范式，遵循相同的价值体系，通过学术共同体内部的专业交流产生知识的交流传递（Kuhn & Thomas S.，1962），因此学术共同体是知识产生的重要来源及传播途径，与此同时知识管理也是共同体建设和发展的重要目标（刘乃美，2016）。事实上，关于学术共同体与知识交流依存关系的论证，学者们做了多方面的探索并达成共识。就学术共同体对知识交流的影响上，有着较为一致的意见，其中杨瑞仙（2016）就认为学术共同体和科学知识结构，促进知识交流和知识传播，对知识创新和国家知识体系的健全和发展具有重要意义；关于知识交流对共同体反向作用方面，温运城（2012）表示，有效的知识沟通和共享是科技共同体内部实现技术创新的必备前提和基础。而在学术共同体与知识交流的相互影响上，唐如前（2012）表示，借助文化管理、构建“扁平化、网络化”的学习型组织及有效的干预机制，来激发共同体功用，能达成教师知识增值和价值的最大化，进而提升教师知识的科学管理，实现教师网络学习共同体发展的可持续性。在此肯定学术共同体与知识交流紧密联系的基础上，具体论及学术共同体知识交流的研究内容尚不多见，现有研究可概括为：一是学术共同体知识交流的作用方面。如范丹红（2013）探讨了学术共同体带来的知识交流和分析可帮助老师实现高效的学习，实现创新合作和学习互助这两者的结合。其中，邱均平（2011）重点阐述了以好友链接关系的学科间和学科内部知识交流情况为基础，并认为热门学科好友链接频次较多的博主对博客社区内知识的产生、流动、共享以及创新都有非常大的贡献，此前杨卉（2008）重点关注了网络学术共同体知识交流建设过程的传播方式，其中涵盖了知识传播要素内涵、知识传播的关系以及知识传播的过程和知识交流在传播中所处的地位和作用，值得重视的是，学术研究成果通过学术期刊才能得以传播，因此评价学术期刊的结果对学术期刊的建设也至关重要。然而当前评价结果差异大，影响评价的权威性，不利于学术共同体的形成，必须科学谋划学术期刊评价体系（林娜，2015）。二是学术共同体知识交流效果方面，相关研究多倾向于论证团队或创新网络知识交流与创新绩效的相关关系（陈国栋，2014；晋琳琳，2012），关于学术共同体知识交流绩效，目前探讨有限，同时依托学术期刊在学术资源整合上的能力，能够帮助找到共同的研究主题、方法以及学术共同体知识交流的模式，以此提升学术知识服务的效率（魏霄，2016）。与此同时，鉴于学术期刊作为学术共同体知识交流的重要载体，论文间的引用与被引用关系构成了相关学科学术共同体知识传播和扩散的主要形式，因此通过期刊引证状况探索学术共同体内外部知识交流较为可行。其中，曾倩（2013）运用引文分析法和社会网络分析法，从期刊之间的引证关系出发，横向对图书情报学科的知识交流情况进行了比较分析，彭继东（2011）的研究范式也大体如此，此后张垒（2015）基于DEA的方法，以19种图书情报学核心期刊为调查数据，建立期刊投入和产出的指标模型，进而估算期刊知识文化知识交流的效率。王惠（2017）采用非参数 Kernel 密度动态分析所选期刊知识交流效率值的变化情况，还探讨了影响期刊知识交流效率的相关因素。另外，柯青等（2017）还关注图书情报学科跨学科引用现象，借助于科技期刊引证报告的多维度指标分析，以期揭示各社会学科对图书情报学科知识贡献的推进效应。推动林业学科发展作为当前中国学术界话语体系建设的组成部分，更是传播生态文明新理念、新知识的重要窗口，系统性探索学科共同体学术知识交流绩效和能力，将对如何明确学科内涵和扩展方向起到至关重要的作用，本书基于《中国科技期刊引证报告（扩刊版）》，结合 Dea - Tobit 模型，就林业学术共同体知识交流绩效进行评价。实证中基于论证的科学性和可行性，遵循学术期刊是“学术共同体”的社会组织形式和重要构成内容的逻辑（刘金波，2017；侯冬梅，2016），将以林学期刊作为林业学术共同体的具体表现形式，重点就林学期刊知识交流效率进行测算，并论证分析了影响知识交流效率的因素，以期为林业学科发展及共同体建设提供一些参考。本节内容安排如下：一是重点介绍研究方法、指标和数据来源；二是展示具体的实证过程及讨论结果；三是主要结论和启示。

3.3.1　研究方法及指标选择

1. 研究方法

本章基于林学类科技期刊引证报告，结合 DEA 的使用来评价林业碳汇政策传播效率问题，作为知识交流和学习创新的重要载体，期刊引文和来源在不完全竞争市场、政策指令和财政约束下难以达到最佳规模。因此一些学者积极拓展了 VRS 在 DEA 模型中的使用（Afriat，Fare，Grosskopf，Logan，Banker，Charnes，Cooper）。VRS 能不受规模变动的影响而测算出技术效率，使得估计结果更符合实情，为此本节基于林业期刊引证报告为知识交流绩效评价时使用的是 VRS 模型。此外，由于具体评价期刊知识交流绩效要实现一定的学术产出，学术投入端变量更容易被控制，因而学者们多倾向使用面向投入模型，本节研究所使用的模型如下：

$$
\begin{cases}
\underset{\theta,\lambda}{\mathrm{Min}}\theta^{k} \\
\mathrm{s.t.}\ \ \theta^{k}x_{n,k} \geqslant x_{n,k}\lambda_{k} \\
y_{m,k}\lambda_{k} \geqslant y_{m,k} \\
\lambda_{k} \geqslant 0(k=1,2,\cdots,68) \\
\sum_{k=1}^{68}\lambda_{k} = 1
\end{cases}
\tag{3-1}
$$

式（3-1）中一共涉及68个DMU，对每个DMU而言有n个投入、m个产出，对第k个DMU，用列向量$x_{n,k}$、$y_{m,k}$分别表示林学类期刊的学术投入与学术产出。N×1的投入矩阵$x_{n,k}$和M×1的产出矩阵S就代表了k个DMU的投入产出情况。λ_k是第n项投入和第m项产出的加权系数；θ^k是第k个DMU的相对效率值，其范围处于［0，1］之间，当值靠近1时说明效率值越高。此外，还定义x≥0、y≥0，且n=2、m=5。

为了明晰林学类期刊知识交流绩效的影响因素及程度，研究中使用了DEA-Tobit两步法。该方法在前述国内林业期刊知识交流绩效评价的基础上将效率值作为因变量，再对各影响因素进行回归，此方程中的系数和符号能够判断绩效评价的方向和程度。该模型如下所示：

$$
\begin{aligned}
&Y_i^{*} = \beta X_i + \varepsilon_i \\
&Y_i = Y_i^{*},\ \text{if}\ Y_i^{*} > 0 \\
&Y_i = 0,\ \text{if}\ Y_i^{*} \leqslant 0
\end{aligned}
\tag{3-2}
$$

式（3-2）中，Y_i^*是因变量向量，Y_i是效率值向量，X_i是自变量向量，β为相关系数向量，此外界定$\varepsilon_i \sim N(0,\delta^2)$，$y_i^* \sim N(0,\delta^2)$。

2. 数据及指标选取说明

（1）选取投入产出变量。

为尽量满足DEA方法的使用条件，基于指标设计的科学性要求，研究指标选取主要来自《中国科技期刊引证报告（扩刊版）》，这项报告能够通过定量分析期刊评价的学术特征和地位，可较为科学地展现期刊知识交流的规律和发展态势，进而客观地反映期刊知识交流的规律和发展趋势。在具体选取知识交流绩效的被评价期刊时，做了如下处理：经梳理《2017年版中国科技期刊引证报告》归类在林学（C07）的期刊有75本，其中《林业与生态》《内蒙古林业》《甘肃林业》《广西林业》《森林生态系统（英文版）》《竹子研究汇刊》《国际木业》在引证报告中以“扩展影响因子”“扩展即年指标”“来源文献量”等期刊引用，或上述期刊的部分指标在引证报告中明显较实际情况少，如甘肃林业和国际木业来源文献量仅有1篇和6篇，为此在实证分析时只考虑相对同质化的68本期刊，并假定所有被评价期刊营运中面临的概率一样。基于此，其指标在选取上要确保一定的高度关联度且满足以下条件：首先，投入产出要素相同且都是正值；其次，该指标要能够展现期刊知识交流的过程；再次，不同学术产出投入指标的量纲具有一定差异性；最后，综合考量指标科学性、合理性和完整性，本章选择评价指标体系如表3－2所示。

表3－2　林学期刊知识交流绩效学术“投入”与“产出”指标

指标分类	学术投入指标		学术产出指标				
指标	来源文献量	平均引文数	篇均被他刊引用频次	扩展影响因子	扩展H指标	扩散因子	扩展学科影响指标
量纲	篇	篇	次/篇	–	–	–	–
均值	188.676	13.254	6.906	0.593	5.853	34.018	0.566
标准偏差	262.329	8.396	5.006	0.364	2.402	11.469	0.187
最大值	2086.000	39.430	24.299	1.572	15.000	75.000	0.860
最小值	19.000	1.130	1.084	0.140	2.000	11.080	0.040

注：小数点后数值采取了四舍五入并尽量保留三位。
资料来源：《中国科技期刊引证报告（扩刊版）》。

林学类期刊学术投入指标选择了来源文献量（篇）、平均引文数（篇），以上两个指标都显示了对绝对量和相对量的统一，在本书中来源文献量指的是在统计当年所评价期刊发表的论文数量，展现所选期刊学术投入的广度。其中平均引文数（篇）解释为每一篇期刊平均引用的参考文献数量，能够反映所选期刊学术投入的深度。

产出指标涵盖了篇均被他刊引用频次（次/篇）、扩展影响因子、扩散因子、扩展H指标、扩展学科影响指标，其中评价期刊使用率和受重视程度的指标是期刊他刊引用次数与来源文献量的比值。目前，衡量期刊学术产出水平和影响能力的指标是扩展影响因子和扩展 H 指标，这是当前最具权威和公允的指标。以上 3 项指标都可以展现期刊知识交流学术产出的能力和水平，其中扩散因子指标展现的是期刊当年每被引一百次所包含的期刊数量，能够展现期刊总被引频次扩散的范围，此外扩展学科影响指标代表的是学科内部引用本刊的数量相对所有期刊数量的占比，均不同程度地反映了科技期刊知识交流的学术产出广度。

（2）影响因素设置。

一般而言，研究中影响期刊知识交流绩效因素的选择，需要考虑期刊知识交流内外部的各种因素，包括刊物专业质量、文献新颖性、期刊合作度、国际化水平、期刊论文机构及地区分布、办刊时间等内部因素，外部因素则要考虑期刊所在地区经济状况。综合考虑引证报告指标设计构成特征及合理性诉求，选取如下变量：①期刊学术质量。期刊论文是知识传播的主要载体，其学术质量决定了学术知识交流的效率水平，在此通过“基金论文比”即各类基金资助的论文占全部论文的比例来表示。②作者利用文献的新颖度。当下知识更新速度快，大多期刊论文通过追求学术前沿面的创新为发展动力，看中论文创新程度，这同样是期刊质量的关键指标，在本书用“引用半衰期”来表示。③期刊合作化程度。论文合作是学术共同体交流和分享学术共识的基本来源，对新型技术和创新性知识后续成长转化至关重要，在本书以期刊论文“平均作者数”为指标。④期刊的国际化水平。目前期刊发展的重要趋势是以知识交流的全球化为代表，这是评价期刊影响力的关键指标，采用“海外论文比”表示。⑤期刊论文机构及地区分布。该项因素评价的是期刊在论文知识传播方面的影响力和区域（整体）覆盖能力，也是期刊论文内在质量的表现，书中使用“机构分布数”和“地区分布数”来表示。⑥办刊时间。学术期刊办刊时间代表期刊的历史文化和办刊理念的日新月异，是长时间期刊质量的积累，在本书中选用从期刊创刊时间到 2016 年的年数来表示。⑦期刊所在地区经济状况。一般来讲，期刊知识交流及传播水平作为地区文化软实力的体现，同该地区经济状况存在正相关关系，本书使用期刊办刊地所在地区 2016 年经济状况（GDP）来表示。

表3－2和表3－3列出了期刊知识交流绩效投入产出指标，还有影响因素赋值说明和统计值，结果发现：在学术期刊知识交流中，来自不同期刊的文献来源数量、平均引文数等学术投入量及扩散因子、篇均被他刊引用频次、扩展H指标等学术产出量数额波动影响较为明显，这受到了期刊知识交流的学术生态、期刊管理模式及随机干扰因素的影响。在影响期刊知识交流效率的因素中，统计结果显示：期刊所在地区多处于全国各省会城市或全国重点城市，为此办刊所在地的经济水平普遍较好，但是不同地区的经济总量存在显著差异，比如《世界林业研究》等杂志办刊来源地是北京，该地区经济状况最好达24899.3亿元，《中国林副特产》办刊所在地牡丹江市最低，为1231.2亿元；期刊论文来源机构及地区分布广泛，平均机构和地区数分别达到144.779个和16.809个，其中《绿色科技》论文来源机构数高达1587家，《林业科技》来源机构数最少也达到了17家，此外《黑龙江生态工程职业学院学报》论文在地区分布上有31个省份；林学类期刊办刊时间较长，《林业科学》《安徽林业科技》均达到了62年，《东北林业大学学报》和《林业科技通讯》也分别达到了60年和59年；即使国内林业期刊出刊语言主要为中文，但期刊论文合作化趋势也较明显，论文篇均作者数为3.385个，但与此同时，林学期刊国际化较滞后，所有刊物平均海外论文比仅4%，仅《林业研究（英文版）》海外论文比超过了50%。

表3－3　　影响因素的描述性统计分析

解释变量	赋值说明	平均值	标准偏差	最小值	最大值	预测方向
期刊学术质量	选取“基金论文比”即各类基金资助的论文占全部论文的比例来表示	0.557	0.330	0.008	1	+
作者利用文献的新颖度	引用半衰期表示	8.25	1.347	4.38	11.58	–
期刊合作化程度	期刊论文“平均作者数”（个）	3.385	1.177	1.11	5.39	+
期刊国际化水平	选用“海外论文比”	0.04	0.101	0	0.52	+
期刊论文机构分布	使用“机构分布数”来表示（个）	144.779	194.542	17	1587	+

续表

解释变量	赋值说明	平均值	标准偏差	最小值	最大值	预测方向
期刊论文地区分布	使用“地区分布数”来表示（个）	16.809	7.827	1	31	+
办刊时间	由期刊创刊时间到2016年的时长来表征（年）	38.265	11.434	7	62	+
期刊所在地区经济状况	使用期刊办刊地所在地区2016年经济状况（GDP）来表示（亿元）	9697.609	7938.056	1231.2	24899.3	+

资料来源：《中国科技期刊引证报告（扩刊版）》。

3.3.2 林学期刊知识交流绩效测度实证分析

1. 期刊知识交流绩效测度

书中利用DEAP2.1软件对林学类期刊知识交流绩效进行测算。研究结果表明，当参考管理无效、随机干扰以及内外环境等因素后，68个样本期刊总体技术效率均值是环境0.561，平均规模效率是0.67，平均纯技术效率值是0.851。因而如果维持现有学术投入水平不变，期刊知识交流绩效还有43.90%的优化空间（见表3－4）。

表3－4 林学类期刊知识交流各类型技术效率均值

	总体效率		
效率类型	技术效率	纯技术效率	规模效率
平均值	0.561	0.851	0.67

表3－5给出的是样本期刊知识交流技术效率分布，68个被评价样本期刊中，总体绩效水平不高，技术效率值小于0.5以下区间的共计32个，占总体47.059%。技术效率值在0.6－0.7区间的样本也较多，占33.824%的比例，技术效率值高于0.7的只有13个，不到期刊总数的19.118%，其中知识交流技术效率值为1的期刊有《林业勘察设计》《林业劳动安全》《森林防火》《山西林业》《水资源开发与管理》。

表3-5　　林学类期刊知识交流技术效率值区间分布

技术效率值	<0.3	0.3-0.4	0.4-0.5	0.6-0.7	0.7-0.8	0.8-0.9	0.9-1.0
数量	1	9	22	23	4	4	5
比例（%）	1.471	13.235	32.353	33.824	5.882	5.882	7.353

资料来源：DEAP 软件运行结果。

表3-6和表3-7分别为林学类期刊知识交流纯技术效率和规模效率的区间分布情况，其中纯技术效率分布比例可看出0.9-1的区间上占比较多，综合来讲效果尚可，所占总体52.941%，而且在这个区间段里纯技术有效出现了29次如《林业科学》《世界林业研究》等林学重要刊物，与此同时，效率值在0.7以下的次数为16次，占被评价期刊总数的23.539%。

表3-6　　林学类期刊知识交流纯技术效率值区间分布

纯技术效率值	<0.5	0.5-0.6	0.6-0.7	0.7-0.8	0.8-0.9	0.9-1.0
数量	1	8	7	7	9	36
比例（%）	1.471	11.765	10.294	10.294	13.235	52.941

资料来源：DEAP 软件运行结果。

就期刊知识交流规模效率分布状况来讲，累计有超过57.352%比例落在<0.7区间上，其中0.4-0.5、0.5-0.6、0.6-0.7区间各自占到14.706%、19.118%、17.647%比重，与此同时，0.7-0.8、0.8-0.9、0.9-1.0区间上所占比重分别是16.176%、14.706%、11.765%，技术有效期刊数为5本，其中《林业勘察设计》《林业劳动安全》《森林防火》《山西林业》《水资源开发与管理》在列。

表3-7　　林学类期刊知识交流规模效率区间分布

规模效率值	<0.4	0.4-0.5	0.5-0.6	0.6-0.7	0.7-0.8	0.8-0.9	0.9-1.0
数量	4	10	13	12	11	10	8
比例（%）	5.882	14.706	19.118	17.647	16.176	14.706	11.765

资料来源：DEAP 软件运行结果。

综上，结合表3-8内容，统计结果显示林学类期刊知识交流技术效率、纯技术效率和规模效率分别有43.9%、14.9%和33%的优化空间，期刊知识交流绩效受规模效率不高影响较大，当然纯技术效率也是期刊知识交流绩效提升时需要重点注意的内容。

表 3－8　　林学类期刊知识交流技术效率详细情况

期刊名称	辽宁林业科技	林产工业	林区教学	林业工程学报	林业机械与木工设备	林业建设	林业勘查设计	林业勘察设计	林业科技	湖南林业科技
技术效率	0.511	0.451	0.302	0.39	0.448	0.556	0.54	1	0.657	0.322
纯技术效率	0.763	0.63	0.546	1	0.547	0.761	0.691	1	1	0.669
规模效率	0.67	0.717	0.553	0.39	0.818	0.731	0.782	1	0.657	0.482

期刊名称	林业科技情报	林业科技通讯	林业科学	林业科学研究	林业劳动安全	林业调查规划	林业研究（英文版）	林业资源管理	绿色科技	华东森林经理
技术效率	0.766	0.532	0.445	0.456	1	0.418	0.166	0.483	0.372	0.576
纯技术效率	1	1	1	1	1	1	0.168	0.962	1	0.829
规模效率	0.766	0.532	0.445	0.456	1	0.418	0.983	0.502	0.372	0.695

期刊名称	木材工业	南方林业科学	南京林业大学学报（自然科学版）	内蒙古林业科技	内蒙古林业调查设计	热带林业	森林防火	森林工程	森林与环境学报	吉林林业科技
技术效率	0.898	0.472	0.497	0.488	0.715	0.605	1	0.699	0.772	0.537
纯技术效率	1	0.743	0.889	0.556	1	0.85	1	0.86	1	0.715
规模效率	0.898	0.636	0.559	0.878	0.715	0.712	1	0.812	0.772	0.751

期刊名称	山东林业科技	山西林业	山西林业科技	陕西林业科技	世界林业研究	世界竹藤通讯	水资源开发与管理	四川林业科技	西北林学院学报	江苏林业科技
技术效率	0.531	1	0.474	0.427	0.499	0.502	1	0.35	0.407	0.487
纯技术效率	1	1	0.58	0.688	1	0.519	1	0.643	0.894	0.873
规模效率	0.531	1	0.818	0.621	0.499	0.968	1	0.544	0.456	0.558

期刊名称	西部林业科学	西南林业大学学报	浙江林业科技	浙江农林大学学报	中国城市林业	中国林副特产	中国林业经济	中国森林病虫	中国园林	经济林研究
技术效率	0.361	0.412	0.452	0.511	0.476	0.451	0.523	0.881	0.662	0.896
纯技术效率	0.532	1	0.914	0.979	0.537	0.642	0.836	1	1	1
规模效率	0.678	0.412	0.494	0.522	0.886	0.703	0.626	0.881	0.662	0.896

续表

期刊名称	中南林业科技大学学报	中南林业调查规划	安徽林业科技	桉树科技	北京林业大学学报	东北林业大学学报	防护林科技	风景园林	福建林业	湖北林业科技
技术效率	0.574	0.742	0.648	0.697	0.427	0.323	0.575	0.586	0.891	0.443
纯技术效率	1	1	1	1	0.982	0.927	1	0.697	1	0.877
规模效率	0.574	0.742	0.648	0.697	0.434	0.348	0.575	0.841	0.891	0.505
期刊名称	福建林业科技	甘肃林业科技	广东林业科技	广西林业科学	贵州林业科技	河北林业科技	河南林业科技	黑龙江生态工程职业学院学报		
技术效率	0.319	0.504	0.388	0.453	0.573	0.549	0.673	0.415		
纯技术效率	0.916	0.541	0.719	0.789	0.786	0.874	1	0.948		
规模效率	0.348	0.933	0.539	0.574	0.729	0.629	0.673	0.438		

资料来源：DEAP 软件运行结果。

2. Tobit 回归结果

为进一步明晰影响林学类期刊知识交流绩效的因素及作用大小，借助于 EVIEWS8.0 软件包，以 DEA 测度的效率值为因变量，另以作者利用文献的新颖度、期刊论文机构分布、期刊合作化程度、期刊论文地区分布、期刊学术质量、办刊时间、期刊国际化水平、期刊所在地区经济状况为自变量，做回归分析，结果如表 3－9 所示。

表 3－9　　Tobit 回归实证结果

影响要素	模型 1（技术效率为因变量）	模型 2（纯技术效率为因变量）	模型 3（规模效率为因变量）
C	1.337*** (4.232)	0.935*** (3.109)	1.403*** (4.8)
期刊学术质量	－0.111 (－0.48)	－0.06 (－0.271)	－0.1 (－0.466)
作者利用文献的新颖度	－0.0886** (－2.51)	－0.024 (－0.721)	－0.081** (－2.495)

续表

影响要素	模型 1（技术效率为因变量）	模型 2（纯技术效率为因变量）	模型 3（规模效率为因变量）
期刊合作化程度	0.004 (0.069)	-0.002 (-0.043)	0.016 (0.321)
期刊国际化水平	0.02 (0.056)	-1.205*** (-3.504)	1.388*** (4.154)
期刊论文机构分布	-0.0002 (-1.422)	-1.67E-06 (-0.012)	-0.0002* (-1.771)
期刊论文地区分布	-0.003 (-0.428)	0.006 (1.012)	-0.004 (-0.77)
办刊时间	0.001 (0.421)	0.002 (0.851)	-0.001 (-0.391)
期刊所在地区经济状况	1.02E-06 (0.283)	3.76E-06 (1.1)	-9.07E-07 (-0.273)
似然值	15.688	17.015	17.776

注：数据均采取了四舍五入，部分数据使用科学记数法；括号内为 Z 统计量，且 ***、**、*所对应的显著水平分别是 1%、5%、10%。截距项均为正值且均在 1% 水平上显著。

资料来源：DEAP 软件运行结果。

依据回归模型 1、模型 2、模型 3 实证结果，首先，总体而言作者利用文献的新颖程度越高其期刊知识交流绩效水平越高，即引用半衰期越小将有利于期刊知识的传播和扩散，其中技术效率和规模效率均在 5% 统计水平上显著。其次，作为当前知识交流的重要趋势，伴随着期刊合作化程度和期刊国际化水平的增强，我国林学类期刊知识交流绩效总体在提升，这在期刊知识交流技术效率和规模效率方面表现得较为明显，与此同时从期刊合作化和国际化情况对期刊知识交流的纯技术效率的负向影响来看，可能受到期刊办刊及管理过程中“走出去”战略贯彻不够彻底的影响。目前的现实状况在于林学类期刊合作论文依然以国内作者为主，办刊国际化上也较为滞后，这从样本期刊平均 4% 的“海外论文比”上可窥一斑；接着仅就期刊论文机构分布和地区分布的广泛性来看，该状况并未带来期刊知识交流效率的同步提高，这与预期研究方向差异较大，可能的原因在于当前林学类期刊论文覆盖广泛性和学术影响力仍显不够，期刊品牌需要提升，相应期刊论文阅读的受众需要进一步增加。再次，办刊时间和期刊所在地区经济状况总体对期刊知识交流效率有正向影响，与预期大体相同。总体而言，林学类期刊办刊所在地多为省会城市（含北京）或各省份经济强市，但也应看到办刊内容和形式体现着较强的地域性和专业性，如林业大省黑龙江省相关机构主办了《林业机械与木工设备》《林业科技》《林业科技情报》《森林工程》等15本林学期刊，占样本期刊总数的22.059%，这可作为对规模效率影响不大的部分解释。最后，以“基金论文比”为衡量指标的期刊学术质量对知识交流绩效的影响为负，与预期方向相反，但均未通过显著性检验，表明“基金论文比”作为公认评价期刊知识传播能力构成的重要方面，对提升林学类期刊学术影响力作用可能已经饱和，加快林学类期刊内涵建设较之办刊形式更为关键。

3.3.3　结论及启示

为探索性分析林业学科学术共同体知识交流能力水平，本书利用《中国科技期刊引证报告》，重点就林学类期刊知识交流效率进行了评价，并论证研究了影响期刊知识交流效率的因素，发现结论如下：林学类期刊知识交流技术效率总体水平不高，绩效水平仍有43.90%的优化空间，其中规模效率均值不高占主要原因；引用半衰期（作者利用文献的新颖度）、期刊合作化程度、期刊国际化水平对期刊知识交流效率总体呈正向影响，但期刊合作化程度、期刊国际化水平在影响知识交流纯技术效率上存在负向作用；办刊时间和期刊所在地区经济状况总体对期刊知识交流效率有正向影响，与此同时，期刊论文机构分布和地区分布的广泛性对林学期刊知识交流绩效提升作用不明显。

获得的启示主要有：（1）要始终树立精品名栏意识，在重“基金论文比”“期刊作者合著”等论文表现形式基础上更重视内涵建设，逐步提升期刊学术影响力和传播范围，进而不断增进林业学科共同体话语权；（2）围绕中国林业本土化实践，创新办刊机制，积极发挥林学学科共同体在期刊评价的作用，促成刊物等传播物在专业化、标准化和特色化方面走得更远；（3）时刻把握林业学科前沿研究领域及方向，加快期刊内容、栏目设置及传播渠道上的创新，最大化提升学科普世价值；（4）加快“走出去”步伐，面向国内和国外共同学术圈，吸引优质稿源、拓展期刊论文阅读受众，最终服务于林学相关学科知识交流及传播效能的提升。

第4章

林业碳汇产业发展绩效的宏观方面及影响因素分析

第3章对林业碳汇产业发展及政策的历史沿革进行了梳理，明确了林业碳汇产业发展及政策支持的基本面，在此基础上，本章进入林业碳汇产业发展绩效分析，研究中借助于历次全国森林资源清查数据（1973～2018年）等统计资料，从宏观视野，利用DEA－Tobit两步法，对我国碳汇林业产业发展技术效率进行了测算。另外，本章节后半段内容，还以碳汇造林项目为例，实证考察了林业碳汇产业发展对县域经济增长的效应问题。

4.1 引言

近年来，气候变化获得全球范围内的广泛关注。为了应对气候问题，完成各自国家的减排承诺，包括中国等发展中国家在内的多数国家已明确将发展低碳经济和林业碳汇产业提升到了国家战略的高度，寻求合作共赢的增长机制成为众多国家强烈的诉求。自20世纪90年代以来，针对气候变暖带来的负面效应，国内外采取了多种形式和举措。在诸多减缓气候变化的举措中，低成本和高回报的林业碳汇始终成为最佳减排增汇的措施之一。林业碳汇因具有工业减排不可比拟的优势，综合效益好、成本低、易操作，可适应气候的变化，增加生态系统碳汇储量，有效降低二氧化碳排放的特点，逐渐被各方所重视，尤其是随着《京都议定书》将林业碳汇写入了议定书规定的清洁发展机制（CDM），它所蕴藏的巨大经济、社会和生态效益被进一步挖掘，并由此带来了关于林业碳汇的经济评价、贸易相关研究的迅速发展（伍楠林，2011；Alexandra Marques，2013；A. Bussoni Guitart，2010）。国际上，以巴西为首的拉丁美洲国家和印度，凭借着得天独厚的自然资源禀赋，在林业碳汇方面成果颇丰（Marcos Alexandre Teixeira，2006；Giles Atkinson，2006），中国实施林业碳汇项目进程相对落后，但近期发展紧跟国际步伐，具备良好的发展势态，2001 年，中国开启全球碳汇项目，不断增加碳汇林业项目的试点和研究数量，同时还开展了首项 CDM 森林碳汇项，国内林业碳汇发展据此突飞猛进。虽然在当前，中国已取得初步成效，然而作为一项新兴领域，我国碳汇林业市场规模有限，存在的问题较多，突出表现在：如碳汇项目发展的非持久性、产业发展机制不顺、科技支撑和人才培养不完善、资金支持力度不够、市场机制与监管不健全等问题（叶绍明等，2006；陆霁等，2013；陈英，2012）。这一系列弊端，在森林碳汇项目实施过程中不断显现，严重制约着我国碳汇林业产业发展。如何加快我国碳汇林业产业又好又快的发展，成为一个现实而又紧迫的任务。为此，国内学者开展了大量的探索性研究。在市场机制构建方面，何英等（2007）认为，要充分利用中国社会政治稳定、森林发展空间大、森林固碳能力增长潜力大等优势，促进中国碳汇交易市场的发展。李淑霞和武曙红等（2010）等也肯定了碳汇交易市场机制建立在碳汇产业发展过程中的重要性，其中李淑霞还认为界定森林碳汇产权是市场机制建立健全的基础。在优化政策制度方面，蓝虹等（2013）认为开展林业碳汇交易顺应绿色环保潮流，具有持续化解农村金融排斥的作用，为此应进一步强化国内碳金融发展机制。李怒云等（2012）指出建议考虑减免参与碳汇项目企业的碳税，并提出了碳税税收应后置于林业碳汇，从而提高企业参与的积极性，减轻项目实施的负担。另外，颜士鹏（2011）表示在国内森林法制发展中的紧要问题是在森林碳汇上所采取的制度选择，持同样观点的林旭霞（2013）进一步强调，林业碳汇市场规则的建立需以国内法尤其是私法配置为基础。国际经验研究方面，陈叙图等（2009）、吴秀丽等（2013）对美国、新西兰等发达国家的碳汇林业交易的具体做法和主要经验进行了阐述，也提供了利用市场机制激励排放主体，以较低成本完成减排目标等经验启示。

纵观上述研究，现有文献更多地采取了定性研究的形式，且研究视角往往以碳汇林业发展的意义、市场机制构建、法律政策制度的健全等为切入点，而定量研究碳汇林业产业发展问题的文献较少，本章以碳汇林业产业为研究对象，利用中国历次森林资源清查数据，对碳汇林业产业发展的技术效率及影响因素进行了定量分析，是对既有理论文献的补充，获得的一些论证结论对碳汇林业实践也有一定借鉴意义。下文研究内容主要有：一是交代数据和研究方法；二是基于 DEA – Tobit 模型的碳汇林业产业发展技术效率及影响因素分析；三是给出了简要结论及相应对策。

4.2　变量说明与模型构建

4.2.1　数据来源及指标选取说明

研究选用中国 1996 ~ 2018 年的时间序列数据，数据选自《中国林业统计年鉴》[①]（1996 ~ 2018 年）、《中国农村统计年鉴》（1994 ~ 2019 年）、历次的森林资源清查数据（1973 ~ 2018 年）及《中国农业年鉴》（1994 ~ 2019 年）。此外，基于全国农林牧渔业总产值指数中的林业产值指数，将货币作为单位的数据折算为以 1996 年为基期的实际可比值，以剔除价格波动的影响。全国（不含港澳台地区）森林资源清查基本情况如表 4 – 1 所示。

表 4 – 1　全国森林资源清查基本情况

序号	经历时间	活立木蓄积量（亿立方米）	森林面积（亿公顷）	森林蓄积量（亿立方米）	森林覆盖率（%）
1	1973 ~ 1976	95.32	1.22	85.56	12.70
2	1977 ~ 1981	102.61	1.15	90.28	12.00
3	1984 ~ 1988	105.72	1.25	91.41	12.98

① 因机构改革，2018 年该年鉴更名为《中国林业和草原统计年鉴》，于 2019 年 10 月出版。

续表

序号	经历时间	活立木蓄积量（亿立方米）	森林面积（亿公顷）	森林蓄积量（亿立方米）	森林覆盖率（%）
4	1989 ~ 1993	117.85	1.34	101.37	13.92
5	1994 ~ 1998	124.88	1.59	112.67	16.55
6	1999 ~ 2003	136.18	1.75	124.56	18.21
7	2004 ~ 2008	149.13	1.95	137.21	20.36
8	2009 ~ 2013	164.33	2.08	151.37	21.63
9	2014 ~ 2018	190.07	2.20	175.60	22.96

资料来源：历次全国森林资源清查（从20世纪70年代初开始，中国使用世界公认的方法，成立了以五年为周期的森林资源连续清查制度，1973 ~ 2018年，总计进行9次森林资源清查）。

1. 投入产出变量

本章的研究对象是具有同质性的1998 ~ 2017年中国林业碳汇，并利用林业碳汇产业发展投入产出变量来建立DEA模型。此外，如果所有样本都具备同样的创新环境或运气。基于绩效决策单元要具有同质性的前提，投入产出指标通常采用与林业碳汇生关联度密切的指标，与此同时，指标设定及赋值需满足以下条件：首先，所有决策单元采取相同的投入、产出要素，同时每个指标均是正值；其次，所选用指标必须能够展现碳汇林业的发展核心过程；最后，不同投入、产出指标的量纲不同。因此，主要变量设定如下：（1）产出变量。选用的是碳汇林业历年测算值。（2）投入变量。采用的是土地资源投入用森林面积；劳动力资源投入通过林业系统年末从业人数；资金投入采用自年初累计完成林业固定资产投资额，包括年度内生态建设与保护、林业支撑与保障、林业产业发展、林业民生工程及其他投资；科技资源投入用涉林各类学校年度在校学生数来表示。

表4-2　　林业碳汇产业发展技术效率投入产出要素构成

指标分类	投入指标				产出指标
研究指标	土地资源投入	人力资源投入	物力资本投入	科技资源投入	碳汇产出
具体表述	森林面积	林业系统年末从业人数	自年初累计完成林业固定资产投资额	各类涉林学校年度在校学生数	林业碳汇量
量纲	亿公顷	人	万元	人	十亿吨

如表4－2所示，研究中投入指标选择了森林面积（亿公顷）、林业系统年末从业人数（人）、自年初累计完成林业固定资产投资额（万元）、各类涉林学校年度在校学生数（人）四项指标，分别表征了碳汇林业产业发展过程中的土地资源和人力资源、物力资本、科技资源等要素的投入。产出指标为碳汇林业值，当前关于森林生态系统碳循环研究中首要解决的问题便是准确估算它的碳汇功能，截至目前，森林碳汇的计量方法包括蓄积量法基于蓄积量法、生物量法和生物量法的生物清单法，由于计量方法采纳的差异，计算结果也出现很大差别，比如顾凯平（2008）采取植物分子式的方法，估算不同树种的含碳数量。由此，动态预测了对我国森林碳汇量功能，其估算方法简单可行、有理论依据。因此，研究中使用了该方法所获得的林业碳汇值，各指标具体数值如表4－3所示。

表4－3　林业碳汇发展技术效率投入产出指标具体情况

年份	森林面积（亿公顷）	林业系统年末从业人数（人）	自年初累计完成林业固定资产投资额（万元）	各类学校年度在校学生数（人）	林业碳汇量		
					碳汇量（十亿吨）	碳汇强度（毫克/万元）	碳汇密度（十亿吨/亿公顷）
1996	1.59	3000477	295283.00	105469	18.65	1092.07	11.73
1997	1.59	2852261	380278.75	113309	18.80	1012.60	11.82
1998	1.59	2358630	573916.68	129302	18.93	737.95	11.91
1999	1.75	2212298	836351.38	134804	19.10	981.83	10.91
2000	1.75	1978195	1305905.59	147328	19.27	626.91	11.01
2001	1.75	1823332	1671747.65	169661	19.44	545.78	11.11
2002	1.75	1711326	2563739.43	186705	19.58	519.51	11.19
2003	1.75	1620237	3095524.82	229036	19.72	737.49	11.27
2004	1.95	1560896	3069052.91	263126	19.82	385.92	10.16
2005	1.95	1507363	3316565.34	260337	19.94	326.49	10.23
2006	1.95	1474689	3390493.06	274436	20.04	275.10	10.28
2007	1.95	1438952	4023124.42	291028	20.15	258.05	10.33
2008	1.95	1380585	5695737.61	300499	20.25	243.64	10.38
2009	2.08	1358347	7310044.90	332459	20.36	215.15	9.79
2010	2.08	1373069	8115154.38	514412	20.46	171.92	9.84

续表

年份	森林面积（亿公顷）	林业系统年末从业人数（人）	自年初累计完成林业固定资产投资额（万元）	各类学校年度在校学生数（人）	林业碳汇量		
					碳汇量（十亿吨）	碳汇强度（毫克/万元）	碳汇密度（十亿吨/亿公顷）
2011	2.08	1353961	4456066.45	487987	20.59	138.54	9.90
2012	2.08	1329057	5798055.80	523362	20.72	115.40	9.96
2013	2.08	1281649	5834113.78	481680	20.86	104.00	10.03
2014	2.2	1227780	5638834.71	480674	20.99	97.51	9.54
2015	2.2	1204304	4807690.75	528071	21.13	94.80	9.60
2016	2.2	1180888	4822258.75	494008	21.28	94.48	9.67
2017	2.2	1162382	4572460.14	520814	21.42	92.56	9.74
2018	2.2	1240494	3240414.58	588474	21.55	92.68	9.80

注：各类学校年度在校学生数根据年初普通中、高等林业院校和其他中、高等院校林科基本情况中获得；林业碳汇量值来源于顾凯平（2008）的研究估算。碳汇密度由碳汇量与森林面积比值得到，碳汇强度由碳汇量与林业总产值的比值得到，其中林业总产值和固定资产投资额均以1996年为基期进行了可比化处理。碳汇计量单位中 $Gt = 10^9 mg$。表中数据以四舍五入保留小数点至后两位。

资料来源：历年《中国林业和草原统计年鉴》（机构改革前该年鉴叫《中国林业统计年鉴》）；林业碳汇量值来自顾凯平（2008）研究估算。

2. 影响因素相关指标选取

在研究中选择影响林业碳汇产出技术效率的相关因素上，通常选择那些影响产出技术效率但在短期内无法控制或改变的要素。一般而言，影响碳汇林业生产技术效率的因素包含社会经济条件、政策制度因素及自然资源禀赋等方面的内容，参考田杰（2013）和李春华（2011）等人的研究，再加之样本容量的限制，初步选定4个变量作为影响碳汇林业生产技术效率的主要因素。（1）经济社会条件类指标。林业第三产业产值表征林业产业发展水平与开放程度。（2）政策制度因素指标。财政林业固定资产投资表征政府的林业宏观政策，财政林业固定资产投资变量选择由林业固定资产投资中的国家投资部分来表示；制度虚拟变量，此处主要考虑林权制度改革对碳汇林业生产效率影响，林改前取值为0，林改后取值为1。（3）自然资源禀赋因素。全国平均日照时数（取全国主要城市年均降水量的合计值的均数，因每年统计城市数在31座、34座或35座不等），反映气候资源等自然因素对碳汇林业生产技术效率的影响。自变量的描述性统计分析如表4－4所示。

表4－4　自变量的描述性统计分析

自变量	量纲	最小值	最大值	平均值	标准差
林业第三产业产值	万元	940411.34	50896362.94	13728616.24	15865521.34
财政林业固定资产投资	万元	92031.00	3893420.41	1564225.44	1138312.18
是否进行林业改革	–	0	1	0.4348	0.51
平均日照时数	小时	1920.62	2111.98	2011.10	52.67

注：林业第三产业涵盖林业旅游与休闲服务、林业专业技术服务、林业公共管理、林业生态服务和其他相关服务。平均日照时数均取全国主要城市年平均日照时数的合计值的均数，因统计报表中的城市数在历年中并非常量，各年度在31座、34座或35座不等，是否进行林业改革赋值规则为：林改前赋值为0，林改后赋值为1。另外，以货币度量的指标均以1996年林业产值指数为基期100进行了可比化处理，部分统计指标如林业固定资产投资在2001年前后统计名称略有差异。

资料来源：历年《中国统计年鉴》和《中国气象年鉴》。

表4－3和表4－4均列出了林业碳汇生产技术效率投入、产出指标及相关影响因素的赋值说明及数理统计值，可以看出：在林业碳汇发展过程中不同年份的土地资源和人力资源、物力资本、科技资源等要素的投入和林业碳汇量，有着较大差别，这受到了诸多方面的影响，包括碳汇林业发展的经济社会条件、政府对林业产业发展的宏观政策、自然环境因素及不可忽视的随机因素。在影响碳汇林业生产技术效率的环境要素和投入产出要素中，统计数据表明：样本年度林业第三产业产值、财政林业固定资产投资、自年初累计完成林业固定资产投资额、各类学校年度在校学生数、林业碳汇量均随时间呈上涨态势，与此同时碳汇林业产业发展投入产出要素中的林业系统年末从业人数、林业碳汇强度和碳汇密度总体上均呈不断下降的趋势。

4.2.2　研究模型构建

在模型构建中，如果评价对象都以最优状态发展林业碳汇产业时，在这种情形下假设规模报酬不变是有意义的。然而当达不到最优状态时，评价主体将受政策、市场条件、财政所限制。为此，学者完善补充了DEA模型，进而解决规模报酬可变的情形，并得以大量应用。由此，参考已有文献，为了研究结果的科学性和适用性，本章通过规模报酬可变模型对各年度林业碳汇发展技术效率进行测算。在多数研究中，由于投入量作为评价单元的决策变量较易受控制，因此学者们倾向选择面向投入的模型，然而本书更多考虑是在投入既定的前提下，如何最大限度地获得碳汇林业产出，为此本书实证环节采取了面向产出的模型。

$$\begin{cases} \underset{\theta,\lambda}{\mathrm{Min}}\theta^k \\ \mathrm{s.t.}\ \ \theta^k x_{n,k} \geqslant x_{n,k}\lambda_k \\ y_{m,k}\lambda_k \geqslant y_{m,k} \\ \lambda_k \geqslant 0(k=1,2,\cdots,23) \\ \sum_{k=1}^{15}\lambda_k = 1 \end{cases} \tag{4-1}$$

式（4-1）中一共涉及23个评价单元（DMU，1996～2018年共计23个年度），对每个决策单元而言有n个投入、m个产出，对第k个评价年度，用列向量$x_{n,k}$、$y_{m,k}$分别代表其投入与产出。换句话说，$N\times1$的投入矩阵$x_{n,k}$和$M\times1$的产出矩阵Q就代表了k个样本所有的投入产出数据。λ_k表示第n项投入和第m项产出的加权系数；θ^k表示第k个决策单元的相对效率值在［0，1］水平上，越接近于1则效率越高，如$\theta^k=1$的样本其创新效率即在总体中时最高的。此外，$x\geqslant0$、$y\geqslant0$，且$n=4$、$m=1$。

为了进一步论证林业碳汇产业发展技术效率的影响因素及影响程度，两阶段法在一步法的基础下出现并使用，两阶段法首先是测算碳汇年度效率值，再将其作为因变量，同时将各种影响因素作为自变量。通过回归判断系数符号，表明各种影响因素对效率的影响和程度。通常而言，效率指数的值的范围为0～1，如果使用OLS进行回归，参数值可能会倾向于0，因此本书采取了Tobit回归模型，其中因变量受限，模型内容如下：

$$\begin{aligned} &Y_i^* = \beta X_i + \varepsilon_i \\ &Y_i = Y_i^*, \quad \text{if } Y_i^* > 0 \\ &Y_i = 0, \quad \text{if } Y_i^* \leqslant 0 \end{aligned} \tag{4-2}$$

式（4-2）中，Y_i^*为因变量向量，Y_i为效率值向量，X_i为自变量向量，β为相关系数向量，且$\varepsilon_i \sim N(0,\delta^2)$，$y_i^* \sim N(0,\delta^2)$。

4.3 实证分析过程

4.3.1 基于DEA方法的林业碳汇发展技术效率分析

基于面向产出的VRS模型，本书利用DEAP 2.1软件对碳汇量、碳汇强度和碳汇密度的技术效率进行计算。测量结果显示，当全面考察管理无效率、环境因素和随机扰动项等因素时，技术效率均值为0.994，纯技术效率均值为0.996，平均规模效率为0.998。这表明在现有的经济社会条件、政策制度环境和投入水平上，技术效率仅有0.6%的提升空间，但同时还应注意到林业碳汇产业发展在2009~2012年、2014~2015年6个年度内均呈规模报酬递减状态；林业碳汇强度技术效率均值为0.481，纯技术效率均值为0.860，平均规模效率为0.547，为此，林业碳汇强度技术效率还有51.9%的提升空间，但也应该看到同林业碳汇生产情况所不同的是，大多数年份里林业碳汇强度生产均为规模报酬递增阶段；林业碳汇密度技术效率均值为0.979，纯技术效率均值为0.989，平均规模效率为0.990，为此，林业碳汇密度技术效率还有2.1%的提升空间。另外，需要重视的是，林业碳汇密度在2009年后呈规模报酬递减的情形较多，2009~2012年、2014年上碳汇密度生产表现为规模报酬递减态势（见表4-5）。

表4-5 1996~2018年我国碳汇林业发展技术效率

年份	碳汇林业发展效率											
	林业碳汇量（1）				林业碳汇强度（2）				林业碳汇密度（3）			
	技术效率	纯技术效率	规模效率	备注	技术效率	纯技术效率	规模效率	备注	技术效率	纯技术效率	规模效率	备注
1996	1	1	1	-	1	1	1	-	1	1	1	-
1997	1	1	1	-	0.953	1	0.953	irs	1	1	1	-
1998	1	1	1	-	0.774	1	0.774	irs	1	1	1	-
1999	1	1	1	-	1	1	1	-	0.945	1	0.945	irs

续表

年份	碳汇林业发展效率											
	林业碳汇量（1）				林业碳汇强度（2）				林业碳汇密度（3）			
	技术效率	纯技术效率	规模效率	备注	技术效率	纯技术效率	规模效率	备注	技术效率	纯技术效率	规模效率	备注
2000	1	1	1	–	0.711	1	0.711	irs	0.996	1	0.996	irs
2001	1	1	1	–	0.669	1	0.669	irs	1	1	1	–
2002	1	1	1	–	0.674	1	0.674	irs	1	1	1	–
2003	1	1	1	–	1	1	1	–	1	1	1	–
2004	1	1	1	–	0.543	1	0.543	irs	0.933	1	0.933	irs
2005	1	1	1	–	0.476	1	0.476	irs	0.964	1	0.964	irs
2006	1	1	1	–	0.410	1	0.410	irs	0.984	1	0.984	irs
2007	1	1	1	–	0.394	1	0.394	irs	0.991	1	0.991	irs
2008	1	1	1	–	0.388	1	0.388	irs	1	1	1	–
2009	0.991	0.997	0.994	drs	0.348	0.870	0.400	irs	0.946	0.948	0.998	drs
2010	0.960	0.971	0.988	drs	0.275	0.442	0.623	irs	0.929	0.942	0.986	drs
2011	0.974	0.978	0.996	drs	0.225	0.437	0.514	irs	0.961	0.961	0.999	drs
2012	0.980	0.985	0.995	drs	0.191	0.353	0.541	irs	0.960	0.967	0.993	drs
2013	0.995	0.996	1	–	0.178	0.419	0.426	irs	0.990	0.990	1	–
2014	0.974	0.990	0.985	drs	0.174	0.528	0.330	irs	0.951	0.958	0.993	drs
2015	0.983	0.988	0.996	drs	0.173	0.736	0.235	irs	0.975	0.976	1	–
2016	1	1	1	–	0.176	1	0.176	irs	0.990	1	0.990	irs
2017	1	1	1	–	0.175	1	0.175	irs	1	1	1	–
2018	1	1	1	–	0.164	1	0.164	irs	1	1	1	–
均值	0.994	0.996	0.998	–	0.481	0.860	0.547	–	0.979	0.989	0.990	–

注：irs 和 drs 分别表示规模报酬递增和规模报酬递减。

资料来源：根据 DEAP 软件运行得出。

延续表 4－5 的内容，表 4－6 给出的是三类林业碳汇产业生产技术效率分布情况，在林业碳汇产业生产技术效率的 23 个评价年度内，类型（1）和类型（3）的技术效率均处于（0.9－1]，类型（2）的技术效率相对较低，效率总体均值处于 0.5 以下，仅 1996 年、1999 年和 2003 年三年为技术有效，究其原因主要受制于规模无效年份较多。

表4－6　　林业碳汇产业发展技术效率分布

碳汇技术效率（1）	<0.5	0.5－0.6	0.6－0.7	0.7－0.8	0.8－0.9	0.9－1
样本数	0	0	0	0	0	23
比例（%）	0	0	0	0	0	100
碳汇强度技术效率（2）	<0.5	0.5－0.6	0.6－0.7	0.7－0.8	0.8－0.9	0.9－1
样本数	14	1	2	2	1	3
比例（%）	60.87	4.35	8.70	8.70	4.35	13.04
碳汇密度技术效率（3）	<0.5	0.5－0.6	0.6－0.7	0.7－0.8	0.8－0.9	0.9－1
样本数	0	0	0	0	0	23
比例（%）	0	0	0	0	0	100

资料来源：根据DEAP软件运行得出。

表4－7和表4－8分别是三类林业碳汇产业的纯技术效率和规模效率的分布情况，统计结果表明评价年度内碳汇林业纯技术效率总体上处于(0.9－1]，其中林业碳汇纯技术效率和碳汇密度纯技术效率均在（0.9－1]上，同时碳汇强度纯技术效率73%以上的评价年度内处在0.8效率值以上，且在（0.9－1］上也高达69.57%。

表4－7　　林业碳汇产业发展纯技术效率分布

碳汇纯技术效率（1）	<0.5	0.5－0.6	0.6－0.7	0.7－0.8	0.8－0.9	0.9－1
样本数	0	0	0	0	0	23
比例（%）	0	0	0	0	0	100
碳汇强度纯技术效率（2）	<0.5	0.5－0.6	0.6－0.7	0.7－0.8	0.8－0.9	0.9－1
样本数	4	1	0	1	1	16
比例（%）	17.39	4.35	0	4.35	4.35	69.57
碳汇密度纯技术效率（3）	<0.5	0.5－0.6	0.6－0.7	0.7－0.8	0.8－0.9	0.9－1
样本数	0	0	0	0	0	23
比例（%）	0	0	0	0	0	100

资料来源：根据DEAP软件运行得出。

就评价样本的规模效率而言，林业碳汇发展效率较好，总体上评价年度内类型（1）和类型（3）的林业碳汇产业纯规模效率主体上仍处于（0.9－1］上，其中林业碳汇规模效率和碳汇密度规模效率值均在（0.9－1］范围内，然而林业碳汇强度规模效率值表现不尽如人意，近半数评价年度效率值在0.5以下，（0.9－1］范围内仅占到了17.39%的评价样本。

表 4-8 林业碳汇产业发展规模技术效率分布

碳汇规模效率（1）	<0.5	0.5-0.6	0.6-0.7	0.7-0.8	0.8-0.9	0.9-1
样本数	0	0	0	0	0	23
比例（%）	0	0	0	0	0	100
碳汇强度规模效率（2）	<0.5	0.5-0.6	0.6-0.7	0.7-0.8	0.8-0.9	0.9-1
样本数	11	3	3	2	0	4
比例（%）	47.83	13.04	13.04	8.70	0	17.39
碳汇密度规模效率（3）	<0.5	0.5-0.6	0.6-0.7	0.7-0.8	0.8-0.9	0.9-1
样本数	0	0	0	0	0	23
比例（%）	0	0	0	0	0	100

资料来源：根据 DEAP 软件运行得出。

4.3.2 Tobit 回归分析过程

为进一步检验经济社会条件、林业制度政策及自然要素对林业碳汇生产技术效率的影响方向及程度，下面借助于 EVIEWS10 软件包，分别以第一阶段的 DEA 测度林业碳汇三个维度的技术效率值为因变量，以经济社会条件、政策制度因素、自然资源禀赋类共计 12 个指标为解释变量做 Tobit 回归，论证结果如表 4-9 所示。

表 4-9 Tobit 回归结果

因变量	回归模型 1（碳汇技术效率为因变量）	回归模型 2（碳汇强度技术效率为因变量）	回归模型 3（碳汇密度技术效率为因变量）
常数	0.8380*** (17.21)	1.5365 (1.22)	1.0486*** (6.30)
林业第三产业产值	4.41E-10*** (3.20)	-9.55E-09*** (-2.69)	1.18E-09** (2.50)
财政林业固定资产投资	-8.61E-11 (-0.08)	-9.74E-08*** (-3.49)	-5.28E-09 (-1.43)
是否进行林业改革	-0.0277*** (-7.04)	-0.2457** (-2.42)	-0.0447** (-3.33)
平均日照时数	8.05E-05*** (3.31)	-0.0003 (-0.53)	-2.89E-05 (-0.35)

注：括号内表示 Z 统计值，此外 *、**、*** 所对应的显著水平分别是 1%、5%、10%。
资料来源：根据 DEAP 软件运行得出。

根据模型2分析可得，碳汇强度技术效率受财政林业固定资产投入、是否进行林业改革的显著影响，分别在1%和5%水平上为正向影响，林业第三产业产值和平均日照时数对碳汇技术效率的影响均为负值，其中林业第三产业产值的影响显著为负，平均日照时数的影响则可以忽略不计。模型3的回归结果表明，林业第三产业产值、财政林业固定资产投资、是否进行林改对碳汇密度技术效率的影响为正，其中碳汇产业发展开放程度和林业财政政策的影响分别在5%和10%水平上显著，平均日照时数的影响虽呈负向关系，但影响作用可以忽略。

模型1回归结果表明，一方面，林业第三产业产值、平均日照数对林业碳汇产业技术效率的影响均为正，根据各变量的取值或赋值，经济发展开放程度、自然资源禀赋对林业碳汇产业发展技术效率提高成正向关系，且两个变量的系数分别在1%水平上呈显著影响；另一方面，财政林业固定资产投资、是否进行林业改革对林业碳汇技术效率呈负向影响，其中是否进行林业改革通过1%显著性检验，财政林业固定资产投资影响系数极小且未通过显著性检验。模型2回归结果表明，碳汇强度技术效率受林业第三产业产值、财政林业固定资产投入、是否进行林业改革的显著影响，分别在1%、1%和5%水平上为负向影响，而平均日照时数对碳汇技术效率的影响方向为负但并不显著。模型3的回归结果表明，林业第三产业产值的影响为正且在5%水平上显著，财政林业固定资产投资、是否进行林改、平均日照时数对碳汇密度技术效率均为负向影响，但仅是否进行林改的影响通过显著性检验，财政林业固定资产投资和平均日照时数的影响作用可以忽略。

综上，上述三个模型回归结果较为一致的意见包括，财政林业固定资产投资虽对于林业事业发展非常必要，但其对林业碳汇产业发展具有一定挤出效应，相应的方程变量系数为负值，与此同时系数趋近于0，表明这种负向效应很微弱，是否进行林业改革等政策制度性变量对碳汇林业生产技术效率提升总体呈显著负向影响，与以林权改革为切入点，激活林业碳汇生产动力，促进经济社会可持续发展的趋势判断相反，一定程度上说明当前林业改革应该做一定调整，比如通过加强西部生态脆弱区的林业碳汇产业发展，进一步优化林业生产力布局。总体上，林业第三产业产值对碳汇林业发展技术效率影响显著为正，但系数均较小，可能的原因是我国碳汇市场发育还很不成熟，不能积极影响林业从业者的利益分配和参与程度，因此对碳汇林业技术效率正向影响还未显现。此外，从综合回归系数及显著性检验结果来看，平均日照时数等自然要素对林业碳汇产业技术效率的影响不大，一方面体现在影响系数很小，可以忽略，另一方面在于2个方程对应变量的回归系数均未通过显著性检验。

4.4 简要结论与对策建议

本书借助于历次全国森林资源清查数据（1973～2018年）等统计资料，从宏观视野，利用DEA－Tobit两步法，首先对我国碳汇林业产业发展技术效率进行了测算，并对相关影响因素进行了探讨。效率测度的实证结果表明，虽然在评价年度内我国林业碳汇市场规模依然有限，但我国林业碳汇生产技术效率总体处于较快发展阶段上，其中技术效率和纯技术效率表现较为稳健，林业碳汇规模效率值相对较低，与此同时，近年来林业碳汇发展处于规模报酬递减的情况也不容忽视。其次，通过林业碳汇产业发展技术效率的影响因素探究结果显示，政策制度要素对林业碳汇发展比较紧要，但制度执行方向也非常关键，平均日照时数等自然禀赋对碳汇林业发展的影响相对作用有限。此外，以林业第三产业产值表征的产业发展开放度总体对碳汇林业发展技术效率影响显著为正，但系数均较小，可能的原因是我国碳汇市场发展滞后，不能很好地协调林业利益分配及调动广大营林者的参与热情，因此对林业碳汇产业发展积极影响尚未显现。

基于以上论证结果，给予的启示有：一是紧紧围绕“五位一体”建设，继续强化财政支林政策，不断提升森林发展质量和森林碳汇功能，通过全面深化林业改革，为中国融入国际碳汇市场交易奠定良好基础；二是积极引进吸收国际的有益经验，加快国内金融制度创新，强化责任监管，不断完善碳交易方式，推进碳汇交易市场发展，推动我国碳汇林业走上可持续发展道路；三是在地区间、林业产业内部间合理配置土地、人力、物力、财力、科技及政策等资源，最大化进行集约利用，以此充分发挥投入资源的产出绩效。

专题4.1：林业碳汇产业发展与县域经济增长：以碳汇林项目为例

专4.1.1 引言

全球气候变化对地球生态和人类社会经济系统都带来了重要影响，尤其是伴随着人类社会活动日益增长导致的二氧化碳等温室气体排放增加的问题成为全球气候变化的关键因素，而利用森林的碳存储功能，通过造林、再造林和森林管理，进而按照相应规则开展碳交易等林业活动是缓解全球气候变化的重要手段，也是中国林业高质量发展和生态文明建设的重要举措。事实上，关于林业碳汇在应对全球气候变化、改善生态环境和社区功能方面的作用已得到广泛认可（胡会峰、刘国华，2003；张萍，2008；Markowski-Lindsay M. et al.，2011），除了定性的价值判断外，部分学者也对林业碳汇的生态价值做了量化分析，所采取的方法包括森林碳密度法、条件价值法（CVM）、CO_2fix动态模型、碳收支模拟模型等，朱震锋和曹玉昆（2012）分析了通过对天保生态工程的碳汇功能的评价和价值分析，使用森林碳密度法，详细测算了黑龙江国有森林在2007年的碳储量。而黄宰胜和陈钦（2017）通过温州市碳控排企业的前期数据，从碳减排企业支付意向出发，分析林业碳汇所产生的经济价值和其影响因素。还有部分学者综合应用了多种方法，如张旭芳等（2016）利用蓄积量法、单指数衰减模型、生物量消耗法及储量变化法等方法对我国林业碳库进行核算，龚荣发等（2015）基于生态和经济效益，通过生长曲线、市场价格法等，动态化对未来十年川西北CDM碳汇项目的碳汇价值情况进行预测和分析，得出相关因素对碳汇的影响，国外学者特纳等（Turner D. P. et al.，1995）通过耦合森林经济模型、森林清查模型和森林碳模型，预测了美国毗连的林地在未来50年的森林碳库和通量。另外，还有学者重点关注于林业碳汇经济效益问题，其中罗小锋等（2017）通过森林蓄积量扩展法测算并排序了2013年中国各省份林业碳汇经济总产值情况，进而基于DEA模型，评价和分析碳汇投入产出情况；从成本效益角度上，唐晓川等（2009）表示CDM项目一方面可以使林农获得经济收入，改善居民的生活水平，另一方面可以改善生态环境，提升综合效益。甘庭宇（2020）的研究观点与此较为类似，其通过分析发现，林业碳汇发展能给农户，尤其是为贫困山区农户提供发展机会，进而使得他们能够在生态服务提供中实现经济收益，但与此同时他也提出，林业碳汇交易需要经营者具备较高的技术和管理能力。林业碳汇产业发展具有多重有益属性，兼生态效益、经济效应和社会效应，正如张译等（2019）认为森林碳汇项目具备应对气候变化和扶贫双重功能，并探索了“农户主体型”和“集体经济主导型”两种精准扶贫带动模式，以不断推进生态贫困区森林碳汇扶贫集成与示范，挖掘以农户为主体和以集体经济为主导两种实现精准扶贫的新型模式，从而促进森林碳汇扶贫示范区的进一步发展。目前，林业碳汇的精准扶贫价值是各界关注的焦点，《生态扶贫工作方案》中指出，要通过贫困地区开发和生态保护建设，达到精准扶贫和生态文明建设的共同目标。

当然，森林碳信用额作为一个潜在的新收入来源（Conti DSJ.，2008），也要意识到碳汇交易在全球碳汇市场上占比不高，林业碳汇并未实现其该有的功能（高沁怡，2019），这其实也涉及林业碳汇发展的交易机制与体系完备性问题。国外有学者即提出向森林土地所有者支付固碳税，并以碳排放征税来增加森林碳汇的方式（Pukkala T.，2020）。具体到实践层面上，为了促进中国森林生态效益价值化，必须发展好国内森林碳汇市场培育中国森林碳汇市场。预计在2001年，中国就开始实行碳汇项目，加大支持一系列碳汇项目，早在2004年林业碳汇在多省份开展试点。

当前普遍的观点认为，林业碳汇需要采取市场化从事林业碳汇交易才能够实现经济价值，其中包括碳汇造林和经营性碳汇两种模式（黄东，2008）。本书鉴于数据获取可得性、实证分析可操作性等多方面的考虑，主要考虑碳汇造林这一方式。然而，林业碳汇产业发展能否推动县域农业经济增长？影响机理如何？具体效应如何？基于对以上问题的思考，为数不多的文献对林业碳汇与经济增长之间动态关系进行了论证（李鹏和张俊飚，2013），但通过分析已有研究，多从理论层面探讨林业碳汇产业发展的经济效应问题，定量研究主要集中在微观和宏观层面，尚未从中观的县域层面量化分析其经济效果，且相关研究往往未考虑林业碳汇项目实施前后分析样本经济效果的变化状况，无法排除其他控制因素对项目实施经济效果的影响。此外，项目实施往往存在一定的滞后性，还存在长短期及静态和动态效果的影响，这些方方面面的内容都要综合考虑。鉴于此，本书以碳汇造林项目开展为例，采用双重差分（DID）方法探讨开展碳汇造林项目对县域农业经济增长的净效应，估算实施该项目对县域农业经济增长的平均效应、动态和长期效应，最后还对其影响县域农业经济增长的内在机制进行了实证上的剖析。

专4.1.2　研究背景、分析框架与研究假说

1. 碳汇造林项目的政策背景

实践中工业化进程会带来大量的二氧化碳问题，而由于土地利用结构的改变带来地球固碳能力的衰退，碳源和碳汇无法达到平衡的状态，直接影响了大气中的碳循环，导致全球气候变化问题，尤其是温室效应。有效降低或稳定二氧化碳浓度主要可以通过碳减排和碳存储（碳吸收），而碳存储与林业碳汇有着紧密联系，通过造林项目的实施，能够有效固碳并增加林业碳汇，而且其实施成本远低于通过工业技术升级而实现减排的成本，是节能减排最经济、有效的方式之一（王倩和曹玉昆，2015；Pohjola J. et al.，2018），因此成为广大发展中国家应对碳循环失衡的重要举措。作为负责任的大国，中国始终重视林业碳汇发展问题，也是全球开展植树造林项目最多的国家之一，为全球气候治理做出了巨大贡献。

根据国家发展改革委应对气候变化司官网统计，截至2017年底，我国正在开展且在国家发展改革委员会备案的林业碳汇项目有96个，具体名称包括碳汇造林、森林经营碳汇、竹林经营碳汇、碳汇生态工程项目。湖北省宜林地资源丰富，生态区位极其重要，是国家重要的碳库，也是国家发展改革委确定的七个国家碳排放权交易试点地区（省市）之一，2008年，中国绿色碳基金在国家林业局的批准下率先成立，同时在全国7个省份陆续试点。因此，本书选取湖北省作为研究对象，探究林业碳汇产业发展对县域经济发展的影响，具体分析中以碳汇造林项目实施情况为例。截至目前，在湖北省正式实施且在国家发展改革委员会备案的碳汇造林项目有

7个，均为CCER项目[①]。项目共涉及11个县，其中含国家级贫困县1个（大悟县，2020年退出贫困县序列），省级贫困县2个（通山县和崇阳县，两县均在2019年退出贫困县序列）、无少数民族县（见表专4－1）。

表专4－1　　湖北省碳汇造林项目实施县基本情况

县市	项目名称	实施年份	贫困县状况		是否民族县	计入期/a	面积/亩	预计温室气体年均减排量（吨二氧化碳当量）
			国定/省定	退出时间				
监利县	湖北昌兴碳汇造林项目	2007	非贫困县	/	否	20	2702.43	218498
洪湖市		2007	非贫困县	/	否	20	73776.76	
仙桃市		2007	非贫困县	/	否	20	6892.60	
天门市		2007	非贫困县	/	否	20	65465.98	
嘉鱼县		2007	非贫困县	/	否	20	1700.00	
大悟县	湖北省孝感市碳汇造林项目	2006	国定	2020	否	20	80604.00	66608
云梦县		2006	非贫困县	/	否	20		
汉川市		2006	非贫困县	/	否	20		
孝南区		2006	非贫困县	/	否	20		
嘉鱼县	湖北省嘉鱼县碳汇造林项目	2014	非贫困县	/	否	30	67192.00	62249
通山县	湖北省通山县竹林经营碳汇项目	2014	省定	2019	否	30	425097.00	146041
	湖北省通山县竹子造林碳汇项目	2015	省定	2019	否	20	10514.00	6556
	湖北省通山县碳汇造林项目	2014	省定	2019	否	20	10.5054	126190

① 资料来源：原国家发改委应对气候变化司主办的中国资源减排交易信息平台、CDM项目数据库系统、中国清洁发展机制网，目前数据只更新到2017年；2018年机构改革，气候变化司成为生态环境部组织机构之一。

续表

县市	项目名称	实施年份	贫困县状况		是否民族县	计入期/a	面积/亩	预计温室气体年均减排量（吨二氧化碳当量）
			国定/省定	退出时间				
崇阳县	湖北省崇阳县碳汇造林项目	2014	省定	2019	否	30	83078.8	73138

注：2017年拟退出的国定贫困县神农架林区、红安县和省定贫困县远安县符合贫困县退出标准，拟退出贫困县序列（2018年公示）；2018年申请退出的阳新县、丹江口市、保康县、秭归县、团风县、罗田县、英山县、宣恩县、来凤县、鹤峰县等10个国定贫困县，十堰市茅箭区、十堰市张湾区、南漳县、谷城县、兴山县、崇阳县、通山县等7个省定贫困县（2019年公示）；2019年拟退出的郧阳区、郧西县、竹山县、竹溪县、房县、长阳县、五峰县、孝昌县、大悟县、蕲春县、麻城市、恩施市、利川市、建始县、巴东县、咸丰县等16个国定贫困县（市、区）和省定贫困县通城县（2020年公示），这标志着湖北省37个贫困县全部脱贫摘帽；湖北10个民族县（市）为恩施市、利川市、建始县、巴东县、宣恩县、咸丰县、来凤县、鹤峰县、长阳县、五峰县，其中湖北省人民政府于2020年4月批准长阳县、五峰县、恩施市、利川市、建始县、巴东县、咸丰县等民族地区7个县（市）退出贫困县，至此湖北民族地区十县（市）全部脱贫摘帽。是否贫困县以项目实施年份年度为准，另外贫困县分国定和省定贫困县，其中湖北省历史上曾有国定贫困县28个，省定贫困县9个。其他内容根据中国林业温室气体自愿减排项目设计文件整理得到。

2. 作用机理、实现路径及假说

林业碳汇产业发展的目标之一就是通过增加营林主体收入，减少贫困发生率，最终实现地方经济社会持续增长。为此不难发现，实施包括碳汇造林项目在内的各类林业碳汇项目对县域经济的发展也具有较强的推动作用，借鉴现有文献，本书将从产业结构调整、发展能力提升、收益机会增加（个人和企业）、财政状况改善4个维度讨论碳汇造林项目对县域农业经济增长的作用机理和可能的实现路径。

第一条作用路径：林业碳汇发展有助于县域农业产业结构性调整，最终作用于县域农业经济增长。一方面，林业碳汇产业发展往往伴随着退耕还林，营林人员减少并向其他行业转移，进而对农业经济增长有一定的挤出效应，但也有利于提升潜在农业从业人员的素质；另一方面，林业碳汇产业发展中所产生的碳汇有利于中和工业和服务行业的碳排放问题，实现一定区域上的碳平衡，进而有助于推进其他行业的发展，反过来能促进农业经济增长。因此，综合判断，碳汇造林项目实施对县域农业产业优化升级具有积极作用。

第二条作用路径：碳汇交易市场作为林业碳汇产业发展的关键构成和重要的金融创新方式，有助于拓宽林业碳汇发展的融资渠道，进而提高县域农业经济领域的融资能力，这是县域农业经济增长的积极因素。

第三条作用路径：林业碳汇产业发展有利于为县域从业人员提供就业机会，进而为其带来一定收入。一方面，林业碳汇产业往往需要依托一定的项目开展，比如碳汇植树造林等，而且项目运行管理方面还需要一些配套服务，这都能产生一定的新工作岗位；另一方面，林业碳汇产业发展，多对其参与者的文化素养和职业技能要求较高，某些情况下还涉及金融创新工作的使用，这对提升县域从业人员的劳动素质和人力资本都大有裨益，进而对县域农业经济增长带来积极影响。

第四条作用路径：林业碳汇发展能使营林企业获益，也有利于改善当地财政收支结构。一方面，作为一项兼具市场性和公益性的行业，林业碳汇发展往往需要多元化的政策支持，目前较为成熟的做法包括企业税费减免和补贴等，这些举措都将使得企业碳汇造林实施项目获得一定额外收益；另一方面，碳汇交易可以将项目所在地的碳汇资源转化为经济收益，对地方财政收入有积极效果，但与此同时，随着林业碳汇产业发展，各地政府部门也会积极调整财政支出事项，增加绿色方面的支出，进而实现可持续财政收支机制。

总体来看，林业碳汇产业发展对县域农业产业结构调整、发展能力提升、收益机会增加（个人和企业）、财政状况改善等都有积极影响。与此同时，因林业碳汇产业发展往往持续周期较长、成本回收周期也较长，因此短期来看，农户参与积极性、政府支持力度等方面都有待提升，需要从总体上构建一个具体可行的机制。鉴于以上路径分析，本节构建实施碳汇造林项目对县域农业经济增长的理论机理如图专 4 – 1 所示。

综上，我们提出以下研究假设：

假设 1：从一定程度上来说，开展碳汇造林项目可以促进县域经济增长。

假设 2：短期内，项目产生的经济效益不是很显著，但长期而言，其促进作用不断加强。

假设 3：开展项目推动县域经济增长的实现路径有：调整县域经济产业结构、提升县域经济融资水平、增加县域经济收入获取机会、优化地方政府财政收支状况。

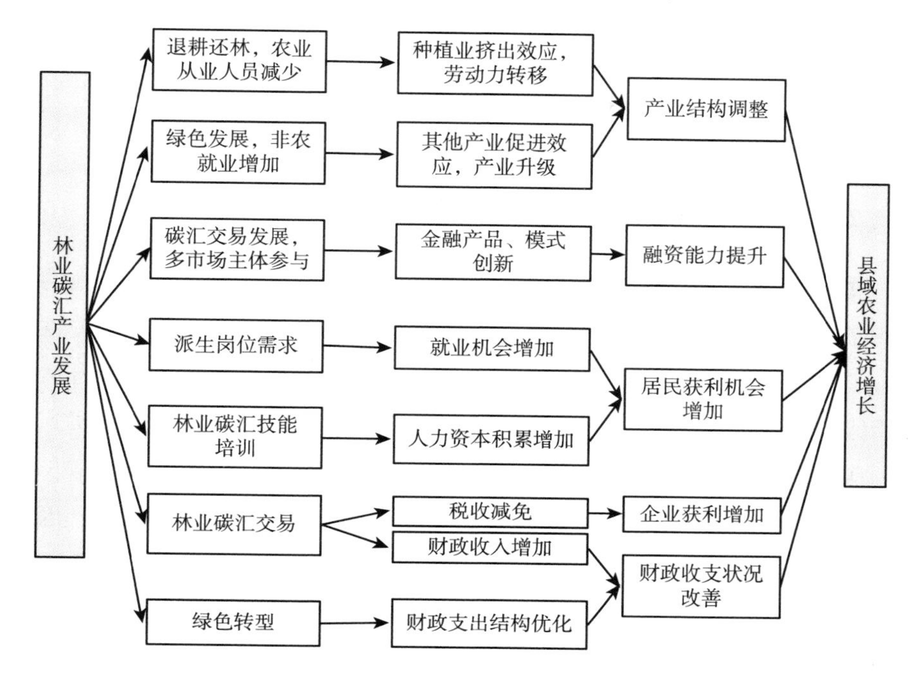

图专4－1　林业碳汇发展对县域经济增长的作用机理及实现路径

专4.1.3　研究数据与研究方法

1. 研究数据说明

鉴于研究数据的可获得性和客观性，本书将样本时间设置为1999～2018年。截至2020年5月，湖北省共有16个县市区先后实施碳汇造林项目，其中经国家发展改革委备案项目7个，涉及12个县市。鉴于地级市辖区与其他县市区域在经济发展程度和其他方面差异明显，结合《中国县域统计年鉴》的统计口径，地级市城市辖区未纳入分析（包括其中部分县域调整或更名，如2014年郧县撤销，设置郧阳区，又如2000年6月设立地级市随州市），与此同时考虑到统计数据完整和连续性的情况①，神农架林区也予以剔除，进而收集整理了湖北省59个县域的样本数据。

---

①　沙洋县、江陵县、团风县统计数据无法保持一贯连续性，如1999年县域年鉴相应数据缺省，因此分析时予以剔除。

笔者把各县域开展项目的年份当作外部政策冲击时点，而以 10 个碳汇造林项目开展县域为处理组①，对照样本为其余 49 个县域，最终共计 1180 个样本观测值②。

2. 研究设计与模型设定

根据上述分析，碳汇造林项目实施区域的选择首要考量的是当地的自然资源禀赋，与此同时，自然因素与县域经济增长间有着明显的相关性影响，为此模型设定过程中亦不容忽视存在的反向因果的可能或遗漏自然禀赋因素引致的内生性问题。为此，借鉴相关经验，将碳汇造林项目实施作为一项政策实验，为相对明确且客观估算碳汇造林项目对县域经济增长的净效应，分析时采用了双重差分法（differences-in-differences，DID），该方法可很大程度上避免内生性问题的困扰，也缓解了遗漏变量偏误问题，难能可贵的是该方法的原理和模型设置很简单，能满足客观评估政策效应的需要。在此基础上，鉴于湖北省各县域经济发展条件存在较大不同，样本处理组和对照组可能有着较大差异，进而带来一定的估算偏误。所以，笔者在为处理组匹配对照组的基础上③，利用双重差分法估算了碳汇林业政策项目实施对湖北县域经济增长净效应。基准模型设定如下：

$$G_{it} = \alpha + \beta \times city_{it} \times year_{it} + \gamma \times X_{it} + \lambda_i + \eta_t + \varepsilon_{it} \qquad (4-3)$$

式（4－3）中，G_{it} 变量表征湖北县域经济发展水平，α 为常数项。$city_{it}$ 和 $year_{it}$ 是两个虚拟变量，city＝1 表示项目实施县域，city＝0 表示其他县域，year＝1 是指开展项目后的年份，year＝0 是指项目开展前的年份，$city_{it}$ 和 $year_{it}$ 的交互项是碳汇造林项目实施政策效果的核心解释变量，β 即表示碳汇造林项目对县域经济增长的净效应。X_{it} 为控制变量，包括县域产业结构、发展能力、收益机会（个人和企业）、财政状况等维度的指标，γ 为各个控制变量的系数。λ_i 和 t 分别表示县域固定效益和年份固定效益，

① 孝南区作为地级市城区，未纳入《中国县域统计年鉴》。

② 数据主要来自 2000～2019 年的《中国县域统计年鉴》以及的《湖北农村统计年鉴》，部分缺失数据通过各县历年国民经济和社会发展统计公报或政府工作报告进行补充。

③ 不同县域受项目实施影响大小不一样，一般而言，受影响较大的县域设为处理组，影响较小的县域设为对照组，本书分析时即将实施碳汇造林项目的县域设定为处理组，其余为对照组。

ε_{it}是随机干扰项。为估算碳汇造林项目影响县域经济发展的动态效应，模型设定如下：

$$G_{it} = \alpha + \sum \beta_j \times after_j + \sum \beta_x \times X_{it} + \lambda_i \quad (4-4)$$

其中，$after_j$ 为交互项，表示某县（市）开展碳汇项目以来，第 j 年的虚拟变量。比如，某县在开展项目以来，到了第 j 年，设定变量 $after_j$ 为 1，将其余年份设置为 0。β_j 是指项目开展后的第 j 年后对县域经济增长影响带来的效应水平。

此外，为验证碳汇造林项目对县域经济增长的影响机理，设定模型：

$$X_{it} = \alpha + \beta \times city_{it} \times year_{it} + \delta_{it} \quad (4-5)$$

式（4-5）各控制变量表示为被解释变量，陆续对 $city_{it} \times year_{it}$交互项采取最小二乘法回归，进而考察碳汇造林项目实施对县域经济增长各因素的影响。

3. 变量选取

本书重点在于探讨碳汇造林项目对县域农业经济增长的影响效应，其中碳汇造林项目为核心解释变量（该变量为虚拟变量），县域农业经济增长为被解释变量（agdp 用第一产业增加值来表示，单位为万元），同时考虑到县域农业经济增长还受到其他条件的影响，为此在模型设计时，除碳汇造林项目解释变量外，还纳入其他控制变量，进而能相对客观估算碳汇造林项目实施的对县域农业经济增长的净效应，其中被解释变量为各县域按照相关文献分析和前述理论框架构建，并结合数据可获取性和延续性等多方面的考虑，本书论证分析时选取的控制变量如下。

（1）产业结构（str）使用乡村从业人口占人口总数的比例表示，一般而言随着县域农业经济结构调整，多伴随着农业劳动力转移至非农部分就业，为此该比例的变化能一定程度反映县域农业产业结构变动情况。

（2）发展能力（dev）使用农业机械总动力（万千瓦特）来表示，在县域范围内该指标是农业经济增长的主要物质支撑，一定程度上体现了一定区域的农业现代化水平，能衡量县域的可持续发展能力。

（3）收益机会（rev）这一变量拟从企业和个人角度来衡量，其中衡量指标之一为年末金融机构各项贷款余额（万元，rev1），因贷款主要投向企业和居民个人，而一般而言贷款余额越高，表明当地融资渠道越畅通，经济富有活力，地方未来收益机会越多，另外还使用了城乡居民储蓄存款余额（万元，rev2）指标来衡量居民年度个人收益情况。

（4）财政状况（fin）使用县域当年度财政收入和财政支出的余额来度量，适宜的财政收支比例和结构，对当地经济社会可持续健康发展大有裨益，也是县域经济重要发展目标。

此外，在使用双重差分法具体论证分析时，还纳入了人口密度（den）、是否贫困县（pov，含国家级和省级，其中1表示是贫困县，否则为0）如表专4－2所示。此外，湖北省贫困县变迁情况如表专4－3所示。

表专4－2　　数据统计特征分析

变量类型	名称	界定	样本数量	均值	标准差	最小值	最大值	备注/预测方向
被解释变量	农业经济增长（agdp）	第一产业增加值（万元）	1180	236344.3	199134.1	27268	2216000	－
核心解释变量	县域是否实施碳汇造林项目（city）	虚拟变量，实施碳汇造林项目为1，否则为0	1180	0.1695	0.3753	0	1	该变量与年份组成交互项，year表示项目实施与否的虚拟变量，项目实施后赋值为1，否则为0
控制变量	产业结构（str）	乡村从业人口/人口总数	1180	0.4060	0.0730	0.0537	0.6169	一定程度衡量县域产业结构调整情况，一般越小越好
	发展能力（dev）	农业机械总动力(万千瓦特)	1180	35.6412	50.9930	2	1384	县域经济增长重要物质基础，一般越小越好
	收益机会（rev）	年末金融机构各项贷款余额（万元，rev1）	1180	483439.3	537644.8	11563	4678131	经济活力的重要体现，一般越大越好
		城乡居民储蓄存款余额（万元，rev2）	1180	706964.6	780620.5	12169	5122500	居民年度个人收益情况，一般越大越好

续表

变量类型	名称	界定	样本数量	均值	标准差	最小值	最大值	备注/预测方向
控制变量	财政状况（fin）	财政收入余额（万元，fin1）	1180	55422.77	70508.51	3052	461845	合理的财政收支状况是县域经济重要发展目标，一般越大越好
		财政支出余额（万元，fin2）	1180	171579.6	176647.7	7488	906688	
	人口密度（den）	年末总人口（万人）/行政区域面积（平方公里）	1180	321.9478	187.9591	64.9789	1009.934	+
	贫困县（pov）	贫困县取值1，非贫困县取值0	1180	0.3860	0.4869	0	0	–

注：样本为59个县域20年的面板数据。阳线县和公安县2009年统计年鉴中无相关数据，此外极个别指标的数据默认的，相应数据采用上下相邻年份算术平均数插空或比照后一年数据插空。

资料来源：2000～2019年的《中国县域统计年鉴》以及《湖北农村统计年鉴》，部分缺失数据通过各县历年国民经济和社会发展统计公报或政府工作报告进行补充。

表专4－3　　湖北省国定贫困县历史变迁

时间	入选名单	重要情况说明
1986年	13个：宣恩，利川，巴东，咸丰，鹤峰，郧西，郧县，房县，大悟，红安，麻城，罗田，英山	1986年，国家首次划出273个国家贫困县；1987年国家扶贫专项贷款300县
1994年	25个：宣恩，恩施，利川，巴东，建始，咸丰，鹤峰，来凤，竹山，竹溪，郧西，郧县，丹江口，房县，孝昌，大悟，长阳，秭归，阳新，红安，麻城，罗田，蕲春，英山，神农架林区	国家启动“八七扶贫攻坚计划”，名单扩大到592个
2001年	25个维持不变	《中国农村扶贫开发纲要（2001—2010年）》发布，取消了沿海发达地区的所有国家级贫困县，增加了中西部地区的贫困县数目，总数依然为592个，同时将贫困县的提法改为扶贫开发工作重点县
2011年	28个：较上一次新增保康、五峰和团风县	《中国农村扶贫开发纲要（2011—2020年）》发布，国家确定14个集中连片特困，共有680个县入围

续表

时间	入选名单	重要情况说明
2018 年	26 个	神农架林区、红安县退出
2019 年	16 个	阳新县、丹江口市、保康县（2011）、秭归县、团风县（2011）、罗田县、英山县、宣恩县、来凤县、鹤峰县
2020 年	0 个	郧阳区、郧西县、竹山县、竹溪县、房县、长阳县、五峰县（2011）、孝昌县、大悟县、蕲春县、麻城市、恩施市、利川市、建始县、巴东县、咸丰县

注：根据中国政府网和中国知网等相关资料整理。

专 4.1.4　实证分析

1. 碳汇造林项目对县域农业经济增长的平均效应

依据式（4 – 3）模型 agdp 是被解释变量，用来估算碳汇造林项目的实施对县域农业经济增长的净效应，也即相较对照组而言，实施碳汇造林的平均处理效应。表 4 – 13 显示了不纳入其他控制变量的结果。其中，列（1）未纳入控制变量，列（2）则是包含控制变量的结果。列（1）和列（2）交换项 city × year 的系数均在 1% 水平上显著为正，表明碳汇造林项目实施对湖北县域农业经济增长具有积极影响。在纳入控制变量后的回归方程中，根据表专 4 – 4 显示：乡村人口就业结构、农业机械化水平对县域农业经济增长有着正向影响，其中农业机械化水平在 1% 上统计显著；城乡居民储蓄存款余额对县域农业经济增长有着促进作用，且系数通过了 1% 水平上的显著性检验，而年末金融机构各项贷款余额则对县域农业经济增长影响作用相反，一定程度上说明在看待金融存贷款余额时，应持辩证的态度，一方面要肯定金融存贷款余额在有效支持县域农业经济平稳发展中的重要作用，另一方面也要审慎对待其潜在的风险因素，特别是金融机构贷款的坏账问题，避免出现系统性的风险；地方政府财政状况均有利于促进县域发展，无论财政收入余额增长还是财政支出余额对县域农业经济的增长都是显著的正向影响。此外，人口密度和是否为国定贫困县对县域农业经济增长的影响分别显著为正和负，这与预期影响方向大体一致。

表专 4-4　　碳汇造林项目对县域经济增长的平均效应

变量	agdp（1）	agdp（2）
city × year	264467.7 *** （13.81）	68428.89 *** （6.14）
str	/	16848.18 （0.37）
dev	/	456.7781 *** （6.96）
rev1	/	-0.0654 *** （-5.57）
rev2	/	0.1437 *** （15.20）
fin1	/	0.27211 *** （3.16）
fin2	/	0.2952 *** （6.21）
den	/	30.7351 * （1.69）
pov	/	-51215.38 *** （-7.15）
时间效应	控制	控制
地区效应	控制	控制
_CONS	213483.5 （37.93）	81465.34 （4.36）
N	1180	1180
R^2	0.1394	0.7780

注：t 值是（）内的数字，1%、10% 显著性水平分别用 *** 、* 表示。

2. 碳汇造林项目对县域经济增长的动态效应

上述结果展示了碳汇造林项目实施对湖北县域农业经济增长的平均效应，但考虑到项目实施存在一定周期性，且项目效果的出现往往也存在滞后性，为此需要考虑动态的影响。具体分析时，按照式列（2）的模型框架，笔者设计了各县域碳汇造林项目实施滞后3年、5年和8年时的情形，分别设定为after3、after5、after8，以此来估算项目实施对县域农业经济经济增长的动态效应，初步反映项目执行的短期和较长期的效应，并据此衡量短期和长期效应的差异性。据分析结果显示，见表专4－5所示，列（1）未纳入其他控制变量时，碳汇造林项目随着实施的推进，其对县域农业经济增长的动态效应是增长的，且均通过了显著性检验，表明碳汇造林项目实施的经济效果是明显的；列（2）纳入控制变量后，项目实施后的第3年（系数为正，且未通过显著性检验）和第5年，呈现为效应增加的趋势，到第8年后项目实施的效应则是显著为负，可能的原因在于，碳汇造林项目在长期来看，一方面随着营林地的增加相应耕地减少，进而减少了土地产值，另一方面农村剩余劳动力不断向非农行业转移，多重原因交织致使项目实施对县域农业经济增长在长期形成一定负向效应。因此，总体来看，碳汇造林项目实施对县域农业经济增长存在一定的滞后效应，长期来看，其实施对农业经济增长还存在一定的挤出效应。

表专4－5　　碳汇造林项目对县域农业经济增长动态效应

变量	（1）agdp	（2）agdp
after3	127261.5*** （3.10）	24370.86 （1.09）
after5	134435.2** （2.44）	73642.16** （2.54）
after8	148860.9*** （3.14）	－59095.9** （－2.35）
控制变量	不纳入	纳入
时间效应	控制	控制
地区效应	控制	控制
_CONS	215643.3 （39.30）	71988.31 （3.83）
N	1180	1180
R^2	0.1683	0.7760

注：括号内数字为计算的t值，1%、5%显著性水平分别用***、**表示。

3. DID 结果稳健性检验

为明确倍差法估算碳汇造林项目实施对县域农业经济增长影响效应的有效性，分析中将采取单差法进行估计结果稳健性检验，具体操作时，保留了开展碳汇造林项目的县域，同时使用单差法估计检验，继而将实施项目前后县域经济增长情况进行比较，得出相关结论（见表专 4－6）。

表专 4－6　基于单差法的估计结果

变量	（1） agdp	（2） agdp
city × year	324020. 60 *** （12. 65）	104817. 40 *** （5. 21）
控制变量	不纳入	纳入
时间效应	控制	控制
地区效应	控制	控制
_CONS	153930. 5 （8. 41）	194406. 7 （3. 47）
N	200	200
R^2	0. 4468	0. 8651

注：括号内数字为计算的 t 值，1% 显著性水平用 *** 表示。

将表专 4－6 和表专 4－4 比较后得知，无论是否纳入其他控制变量——各项影响因素，city × year 系数顺利通过 1% 的检验，显示为正。此外列（1）和列（2）的两个系数相对 DID 估计而言，单差法的估算结果都要明显高 DID 的估计结果，为此一定程度上表明，DID 结果相对稳健，一方面在于作用方向上保持一致，另一方面在于单差法估计结果可能存在高估碳汇造林项目效应的情形。

4. 剔除较晚实施项目县的稳健性检验

按照上述分析，样本县中，12 个项目实施县域（处理组）碳汇造林开展时间并不统一，其中大悟县、云梦县、汉川市和孝南区 2006 年开始实施，监利县、洪湖市、仙桃市、天门市、嘉鱼县 2007 年开始实施，而通山县和崇阳县 2014 年开始实施。为消除不同项目实施时间可能带来的潜在因素对各县域农业经济增长的影响，分析时将通山县和崇阳县两个样本去除，同时保留其他 8 个县（市），进而得到 8 个县域 160 个样本。由表专 4 -7 可知，检验结果与前述基本一致，且总体碳汇造林项目实施对县域农业经济增长的效果随时间呈增长态势。但也需要看到碳汇造林项目实施滞后 3 年在是否纳入控制变量中的回归方程中系数都为正但并不显著，与此同时纳入控制变量的方程中 after8 为负值（并未通过统计显著性检验），这再次说明碳汇造林项目实施对促进县域农业经济增长来说具有一定滞后性，即项目实施情况并不能立即产生效果。

表专 4 -7　　剔除部分县域（较晚实施项目）的稳健性检验

变量	agdp（1）	agdp（2）
city × year	116259.7*** (2.63)	78990.54*** (4.16)
after3	73664.5 (1.31)	4738.992 (0.21)
after5	125690.7** (2.40)	66584.33*** (3.08)
after8	125520.9*** (2.94)	-30841.2 (-1.48)
str	-	-259180.9 (-1.51)
dev	-	98.06778* (1.91)
rev1	-	0.1294*** (4.48)
rev2	-	0.0441** (2.06)
fin1	-	-1.6923*** (-7.97)
fin2	-	0.8158*** (8.37)
den	-	-70.9231 (-1.6)

续表

变量	agdp（1）	agdp（2）
pov	–	–115524.6*** （–4.66）
时间效应	控制	控制
地区效应	控制	控制
_CONS	185065.1 （9.58）	271120.3 （5.39）
N	160	160
R^2	0.5724	0.9371

注：括号内数字为计算的t值，1%、5%、10%显著性水平分别用***、**、*表示。

5. 碳汇造林项目促进县域农业经济增长的机理分析

基于以上研究结果显示，实施碳汇造林项目对县域经济增长存在促进作用，进而研究其影响机理。基于此，通过验证假说3，借助模型3分析实施该项目作用于县域农业经济增长各项因素的影响，结果如表专4–8所示。city × year的系数在实施该项目后，显示出其对农业经济增长各关键作用要素的影响情况。列（1）和列（2）的系数显著为正，并与表专4–4相对照，一定程度上说明，碳汇造林项目实施有利于县域农业就业结构调整，对促进县域农业物质基础建设方面大有裨益。列（3）至列（6）的系数都为正，且均通过1%的显著水平检验，表明该项目的开展对县域农业经济增长的融资水平有显著提升，以及对县域财政收支的总量和结构都有促进作用，在评价碳汇造林项目实施效果上，这些因素均需要重点考量。列（7）和列（8）分别通过正向和负向显著性水平检验，结合表专4–4的检验结果，一定程度上表明，其中的项目开展对县域人口密度提升有一定促进作用，而其是否对贫困县影响作用有限，实际上贫困县摘帽是个系统性工作，受到多重因素的综合影响，并不仅仅取决于碳汇造林这一项目的落地实施。

总体来说，项目的开展对县域农业经济增长中的农业产业结构、县域农业融资能力、财政收支水平等都具有积极作用。

表专 4－8　　碳汇造林项目推动县域农业经济增长的机理检验

变量	Str (1)	dev (2)	rev1 (3)	rev2 (4)	fin1 (5)	fin2 (6)	Den (7)	Pov (8)
city × year	0.027*** (3.59)	57.906*** (11.56)	413819.500*** (7.61)	851190.7*** (11.05)	39410.850*** (5.46)	141567*** (7.94)	224.788*** (12.25)	－0.283*** (－5.68)
_CONS	0.404 (182.49)	30.636 (20.81)	447668.5 (27.99)	633387.100 (27.98)	52016.070 (24.52)	159342.500 (30.39)	302.517 (56.09)	0.410 (28.01)
N	1180	1180	1180	1180	1180	1180	1180	1180
F 值	12.890	133.690	57.870	122.180	29.820	62.990	150.140	32.210

注：括号内数字为计算的 t 值，1% 显著性水平用 *** 表示。

专 4.1.5　结论与政策建议

本节基于 1999～2018 年湖北省 59 个县的面板数据，以各地碳汇造林项目的实施为例，采用双重差分（DID）方法，探索性分析了碳汇项目的开展对县域经济增长的影响。结果显示：（1）碳汇造林项目存在积极影响，结果通过稳健性检验；（2）基于林业碳汇项目收益显现周期相对较长，存在一定时滞，为此，项目开展对县域农业经济增长短期效应可能表现的不一定明显，实证发现长期来看其存在促进作用是显著存在的；（3）从产业结构调整、发展能力提升、收益机会增加（个人和企业）、财政状况改善 4 个维度上，碳汇造林项目助推了县域农业经济增长。为此，获得的启示有：一是林业碳汇产业作为一项具有公益属性的积极事业，无论是在生态环保、社会发展还是经济绩效方面其外部性都较强，加之该类项目实施的投资回报周期长，不能单纯以市场手段来引导，而需要加大对营林个体和企业的政策支持，所含方式包括但不限于财政补贴、税收减免、支付碳税、免费技能培训等。二是在深入推进林业碳汇产业受益覆盖面基础上，要有意识地向扶贫攻坚任务较重的地区，尤其是老少边穷地区倾斜，通过外部资源引入和内部挖潜，提升各地农业经济增长的内生动能。三是改善县域营商环境，尤其是建立以符合当地实际的林业碳汇交易机制，激励广大居民和企业广泛参与林业碳汇投融资活动，进而通过促进碳汇造林项目开展实现县域农业经济增长的可持续性。四是要实现对林业碳汇项目实施的闭环管理，既要做好项目的顶层设计及具体实施，还要做好项目效果评估及反馈，最大程度发挥项目实施绩效，实现县域经济增长、生态保护和社会发展的有机统一。

第5章

林业碳汇产业发展绩效评价的微观方面：基于营林企业数据分析

第4章利用省域面板数据，从宏观角度测算并分析了林业碳汇产业发展绩效及影响因素问题，并以专题的形式论证了林业碳汇产业与县域经济发展的互动关系。作为一个问题的两个方面，本章则从微观视角开展林业碳汇产业发展绩效研究，系统性分析营林企业碳汇经营绩效问题。

5.1 引言

作为应对气候变化问题诸多成本效益组合中的一种，林业碳汇方式值得关注。通俗来讲，营林企业作为碳排放权交易的重要参与主体，其碳汇经营效率是林业碳汇产业发展绩效的重要内容之一，将营林企业纳入碳排放市场范畴，政府通过规范的碳限额制度，一方面提高了营林主体参与碳汇生产能动性，另一方面还能增加企业碳减排技术投入额，最终将有助于经济和环境的协调发展（陈紫菱和贝淑华，2019），而且有学者也证实，无论是放牧主导还是种植主导的农业耕作系统，林木要素都有利于抵消农业温室气体排放（Flugge F. et al.，2005）。然而，鉴于营林企业碳汇经营效率受自然条件、政策环境、营林技术水平、劳动力素质等综合因素的影响，为此，如何合理并相对科学的综合评判营林企业碳汇经营效率，对于提升林业碳汇产业发展绩效将有切实依据，在此基础上促进生产生活方式的绿色化转型，带来经济增长与环境改善的良性互动，促使生态文明建设迈入更高阶段，为世界可持续发展和生态安全做出贡献、提出方案。

5.2　研究综述

从企业角度分析碳汇发展问题是近年的一个关注热点，学者们运用多种方法和视角对其进行了分析，综合来看，健全林业碳汇市场，重点要关注林业碳汇项目的供求机制和价格机制（刘铭、孙铭君，2020），这也是探寻林业碳汇市场交易的发展潜力和趋势的必然途径。一方面，从林业碳汇供给侧来看，企业进行林业碳汇生产具有正外部性，为此政策手段有着较强的激励作用，学者余光英和员开奇（2013）借助委托代理理论论证分析了林业碳汇产业发展的激励机制，研究发现，企业获得的补贴情况、碳汇产品的价值达成程度、高效率企业出现概率、高效率与低效率企业的效率差异等将影响企业参与林业碳汇生产的主动性，国外学者（Hunt Colin，2008）也关注到林业碳汇生产激励问题，其研究核心内容是新兴的碳市场是否能够为私人土地所有者提供足够的经济激励，让他们在不依靠补贴的情况下重新造林，这其实是考虑了激励机制的另一个维度。叶松和洪俊鹏（Ye Song & Hongjun Peng，2019）则研究了森林保险机制下林业企业和保险公司的最优策略，以及政府补贴、森林砍伐概率和碳限制水平对林业企业和保险公司决策以及利润的影响，其中碳限额越大、限制政策越松，导致林业企业碳汇森林规模缩小，保险公司降低其保费水平，而直接补贴林业企业的保费有利于扩大碳汇林的规模，则会导致保险公司提高保费。此外，碳汇供给、森林砍伐和森林面积已被证实为碳汇成本的关键营销因素，这在撒哈拉以南的非洲国家有所体现（Adetoye & Ayoade Matthew et al.，2018）。另一方面，从林业碳汇需求侧来看，潘瑞和沈月琴等（2020）在分析得出森林碳汇市场需求不足的基础上，进一步论证发现企业森林碳汇需求受内部特征、外部动力和市场机制三大因素的影响较大，另外，辨识影响控排企业林业碳汇需求意愿的关键要素，是针对合理引导控排企业选择相对绿色的履约方式，对达成市场化、生态化生态补偿拥有重要的实践价值。邹玉友和李金秋等（2020）借助计划行为理论框架及企业的自然资源基础观，得出绝大多数控排企业存在林业碳汇选择意愿的情况之下，将更多地使用林业碳汇减排量，且管理者生态观念、合作伙伴、林业碳汇双重优势、碳减排成本和政策扶持为影响控排企业林业碳汇需求意愿的主要因素，黄宰胜和陈钦（2017）也有较为类似的研究，该项研究从碳控排企业支付意愿维度分析了林业碳汇经济价值及其影响因素，并发现碳控排企业对林业碳汇的付款意愿为“是否愿意支付”和“愿意支付的额度”两个决策的辩证统一。此外，碳汇定价决定机制也对减排企业是否购买森林碳汇存在重要影响，而按照龙飞和沈月琴等（2020）的发现，企业碳汇总量不超过基准年排放量的抵扣比例、减排企业买方市场集中情况、碳税率和企业社会责任系数等变量变化对森林碳汇市场均衡价的影响较为凸显，龙飞和祁慧博（2019）的另一项研究则使用了森林碳汇需求决策模型就碳汇需求的构成机制，对不同的碳减排政策效应评估展开了研究。实际上，如何改善企业对森林碳汇抵消机制的响应情况，进而履行森林价值的生态市场补偿，已是推进中国林业碳汇可持续发展的重要时代课题，对拓展森林碳汇交易潜力，加快森林碳汇实现可持续发展具有重要价值（张镇鹏和龙飞等，2020）。与此同时，因林业碳汇市场为政策诱导性、需求拉动型市场，不同参与主体对碳汇产品供需存有一定的特殊性，因此要努力探索林业碳汇价值实现平台，森林碳汇外部效应的内部化，加强林业碳汇领域的金融措施创新等（陈建成和关海玲，2014），当谈到企业层面上碳汇的性质和作用方面，目前阶段碳汇交易的会计核算是一大焦点，其中姚文韵和叶子瑜等（2020）对企业碳资产识别、确认与计量开展了研究，研究表明碳排放权是碳资产重要构成，此外还包含碳汇资产及企业为减排而持有的其他固定或无形状态的各类经济性资源。为测量布拉格捷克生命科学大学的学校森林企业总碳足迹和碳平衡时，库博娃帕夫拉等（Kubova Pavla et al. , 2018）也采用了企业会计准则方法。当然也不能忽视林业企业同时存在碳汇生产和碳源制造两方面的内容，如卡梅伦·瑞安等（Cameron Ryan E. et al. , 2013）对北美东北部一家森林管理公司的排放量和碳存量变化进行了量化，发现随着收获水平的增加，碳排放将在85年内超过碳汇。

上述研究反映了企业林业碳汇经营的状况，进而对有效评价它们的碳汇发展绩效具有较强的参考价值。然而，现有研究关注于分析营林企业碳汇的供需和价格形成机制及影响因素问题等，并使用了支付意愿和仿真等实证分析手段，但未能将企业林业碳汇发展情况进行定量化表达，进而对影响企业层面林业碳汇经营绩效的关键因素进行深入剖析，实际上关于企业林业碳汇生产缺乏量化的问题，施卢赫·梅克等（Schluhe Maike et al.，2019）在研究中就专门提到，其认为"森林企业还缺乏一种可靠和易于理解的计算工具"，并提出气候计算器工具估计森林企业对气候的影响以及下游对木材的使用。目前，诸学者对我国碳汇价值开展了论证研究，并取得了一定成果。但已有的评价成果仍存在以下局限性：在评价样本上，多以地区（李帅帅和孙贞昌，2019）、林业工程（郑芊卉和韦海航等，2019）、造林树种（林玮和白青松等，2020）、碳汇项目（计薇和顾蕾等，2020）为基础，未能将企业林业碳汇经营层面纳入评价范围；在评价内容上，现有评价更加侧重对企业自身经营绩效的分析，且对林业企业的经营类型未做明确区分，因而缺乏对企业林业碳汇发展方面信息的充分挖掘。针对以上局限，本书立足于营林企业林业碳汇经营实际，在构建营林企业碳汇经营绩效评价体系的前提下，利用因子分析法从多个维度对营林企业碳汇经营绩效开展论证分析，并给出了相应的对策建议。在理论上，进一步丰富了林业碳汇产业发展绩效评价体系，在实践上，从整体到局部的绩效分析能更系统地为林业碳汇产业发展提供切实可行的对策建议。

5.3　研究数据与方法说明

5.3.1　分析数据来源说明

因《林业及相关产业分类（试行）》采用《国民经济行业分类》对林业的界定，结合我国林业管理实情，将林业及相关产业划分成林业生产、林业旅游与生态服务、林业管理和林业相关活动（主要为林业相关产品的加工）四个方面，上述环节均与林业碳汇产业发展高度相关，固碳贡献大，并产生了较多的林业碳汇数量，其中针对林业相关产品的加工，已有研究表明，木质林产品是一个碳储量一直在增长的碳库，其碳素储存作用很大，成为林业碳汇生产的重要内容，这一点在本书中进行了充分考量。为此根据该情况，并考虑到数据的可获取性和延续性，本书将2019年12月31日以前的所有“新三板”营林类挂牌企业作为研究的总体，为尽可能获取齐整的数据集，重点收集了相关企业财务年报数据，数据采取截至时点为2020年11月23日。本书的营林类挂牌企业名单来源于全国中小企业股份转让系统。依据数据的可比性，本书剔除了非营林类林业企业以及数据时序短或不延续或数据缺省严重的挂牌营林企业，最终选定41家营林类挂牌企业作为分析样本，具体企业样本信息如表5-1所示。

表5-1　　林业碳汇发展绩效评价样本企业

公司代码	公司简称	交易方式	主办券商	地区	主要业务
831439	中喜股份	做市	光大证券股份有限公司	山东省	生态苗木（盐碱沙化治理、土壤改良、生态修复、城乡绿化及环境美化）的研发、培育、种植和销售
832458	红枫高科	集合竞价	中原证券股份有限公司	河南省	植物基因改良、珍稀濒危植物保护开发、植物新品种研发培育、生产销售、专利授权及市场终端应用
832809	九森林业	集合竞价	海通证券股份有限公司	湖北省	自主造林、自主培育，收购森林资源并抚育，林木销售
832902	花木易购	集合竞价	兴业证券股份有限公司	福建省	指导苗木按不同品种、不同区域就近种植，构建苗木生态圈和行业诚信体系
832942	名品彩叶	集合竞价	民生证券股份有限公司	河南省	彩叶苗木繁育种植、生产销售、园林绿化工程施工和园林养护
833443	皇达科技	集合竞价	湘财证券股份有限公司	宁夏回族自治区	景观园林绿化与生态系统修复的花灌木、林木种苗的引种驯化、培育繁殖及销售业务
833881	一森股份	集合竞价	川财证券有限责任公司	河北省	造林苗木培育、城镇绿化苗木销售、园林绿化工程

续表

公司代码	公司简称	交易方式	主办券商	地区	主要业务
836856	ST 华煜	集合竞价	方正证券承销保荐有限责任公司	山东省	集玫瑰苗木与园林树木种植和销售业务为一体的综合性企业
870697	银丰园林	集合竞价	恒泰证券股份有限公司	湖南省	香樟、桂花树（八月桂）、丹桂、黄山栾树等绿化苗木的培育、种植及销售（于市政、道路及地产景观）
871934	绿湖股份	集合竞价	恒泰证券股份有限公司	广东省	经营园林工程业务、苗木销售业务和园林养护
872979	森源股份	集合竞价	开源证券股份有限公司	安徽省	林木的生产与销售、林地经营及转让
836624	新圆沉香	集合竞价	湘财证券股份有限公司	广东省	沉香树的种植和采香，沉香的精加工和销售
834577	雨田润	集合竞价	国元证券股份有限公司	安徽省	苗木花卉种植、研发和销售、市政园林绿化工程、生态治理工程
873459	鼎丰股份	集合竞价	开源证券股份有限公司	河南省	刨花板（三剩物、次小薪材）生产销售
873360	嘉骏森林	集合竞价	江海证券有限公司	广东省	木质胶合板的研发、生产与销售
873315	新联和	集合竞价	浙商证券股份有限公司	浙江省	新型竹纤维符合环保材料餐具等日用品的研发、生产及销售
873211	木链网	集合竞价	开源证券股份有限公司	广东省	原木、单板、半成品、火灾防护产品、研发、生产、销售、品牌运营、互联网技术服务、信息技术、区块链技术、人工智能及林业地产、建材供应链、建材新零售、家居定制连锁直营为一体
873190	云木新材	集合竞价	浙商证券股份有限公司	浙江省	竹木纤维集成墙面的研发、设计、生产及销售
873010	海垦林产	集合竞价	东北证券股份有限公司	海南省	原木采伐、木材运输、木材锯解、木材改性、木材加工、家具制造、柔性定制处理到产品销售

续表

公司代码	公司简称	交易方式	主办券商	地区	主要业务
872302	和邦盛世	集合竞价	东莞证券股份有限公司	广东省	木地板、定制家居产品的研发、生产和销售
872132	羽健股份	集合竞价	东莞证券股份有限公司	浙江省	竹木制品、农产品的生产、加工和销售
871696	安捷包装	集合竞价	东吴证券股份有限公司	江苏省	木质包装制品的设计、生产及销售
871264	速丰木业	集合竞价	华安证券股份有限公司	广西省	各类环保、防潮及抗压中高密度纤维板生产和销售
871123	金色田园	集合竞价	招商证券股份有限公司	安徽省	木屋制品、木质房车、木质树屋、木质船屋等木结构制品及构件为核心产品的可循环再利用木结构建筑材料的设计、生产、销售和安装
870035	松博宇	集合竞价	安信证券股份有限公司	广东省	于实木板式化和全屋定制家居配套材料的研发、生产、销售
839788	汇洋股份	集合竞价	申万宏源证券承销保荐有限公司	江苏省	木材丫枝收购、纤维板的生产销售
839233	艺创科技	集合竞价	中泰证券股份有限公司	山东省	供固定木艺装饰品、木艺门窗以及配套装饰木艺品等整体木作产品的设计、生产及安装
839034	优优新材	集合竞价	国融证券股份有限公司	山东省	实木复合地板、素板及胶合板的研发、生产和销售
838809	子久文化	集合竞价	方正证券承销保荐有限责任公司	浙江省	木艺包装盒及茶家具的生产、销售，茶叶的销售及茶馆服务，属于竹木包装行业及茶行业
838826	华茂林业	集合竞价	方正证券承销保荐有限责任公司	重庆市	林木胶合板的生产和销售及原木销售
838893	绿洲源	集合竞价	万联证券股份有限公司	江西省	中密度纤维板和多层胶合板产品的生产和销售
37729	湖南竹材	集合竞价	申万宏源证券承销保荐有限公司	湖南省	高档竹材（楠竹）的研发、加工和销售

续表

公司代码	公司简称	交易方式	主办券商	地区	主要业务
837348	飞宇竹材	集合竞价	方正证券承销保荐有限责任公司	江西省	优质竹木资源进行竹制品开发
835830	安旺门业	集合竞价	安信证券股份有限公司	安徽省	钢木质门设计、开发、制造、销售
832750	合璟环保	集合竞价	东兴证券股份有限公司	广东省	生物质调胶粉的研发、生产和销售
832835	三禾科技	集合竞价	财通证券股份有限公司	浙江省	竹制品的研发、生产和销售
832053	富得利	集合竞价	中国银河证券股份有限公司	浙江省	生产和销售各类强化复合地板及墙板产品
831589	吉福新材	集合竞价	申万宏源证券承销保荐有限公司	江苏省	各种装饰及家具用板材，以及封边条、浸渍纸等配套产品生产与销售
831720	诚赢股份	集合竞价	西部证券股份有限公司	江苏省	木材及制品生产、销售及木材进出口业务，属于二氧化碳木材加工和木、竹、藤、棕、草制品业
430536	万通新材	做市	东北证券股份有限公司	重庆市	钢木门等系列关联产品的设计、制造、安装及销售
430539	扬子地板	集合竞价	申万宏源证券承销保荐有限公司	安徽省	复合地板、实木复合地板、实木地板、石塑地板和多层板研发、生产和销售

上述企业样本企业属于《林业及相关产业分类（试行）》中的林业及相关产业，且主营业务与林业碳汇生产高度相关，如广东新圆沉香股份有限公司（新圆沉香）为大农业中的林业产业部分，主营苗木花卉和沉香树的种植销售，该公司的业务范围具有较强的固碳效果，又如湖南竹材属于木材加工和木、竹、藤、棕、草制品业，其依托当地及周边楠竹自然资源优势，主营业务范围包括高档竹材的研发、加工及销售，该公司的生产经营活动也带来了大量林业碳汇。为便于分析说明，上述类型企业统称为“营林企业”或“营林挂牌企业”。

5.3.2 方法说明

由于本书的目的是在测算营林企业林业碳汇经营绩效的基础上分析关键影响因素，而因子分析法可以达成这些目标，为此本书从微观角度分析林业碳汇产业发展绩效时使用的是因子分析法。该方法的优点在于，能在确保不丢失原始信息的基础上，将多个原始变量转换成少数因子，进而明确地呈现出关键因子。具体操作时，该方法一般遵循以下环节：一是先将原始数据标准化；二是要求解原始变量的相关系数，并对是否适合该方法进行判别；三是进一步计算出因子特征值和方差累计贡献率；四是得出旋转前后的因子载荷矩阵，并确定因子怎样来表征原始的变量；五是计算得出各因子得分和综合绩效得分。

5.3.3 营林企业林业碳汇经营绩效衡量指标

为了全面、完整地评价营林企业林业碳汇的经营状况，本书借鉴财政部联合其他部委颁布的《企业效绩评价操作细则（修订）》和相关文献，根据经营绩效评价的不同侧面以及财务报表的分类指标结构，从财务盈利状况、资产营运状况、偿债能力状况和发展能力状况四方面来评判营林企业林业碳汇发展的绩效水平。财务盈利状况是指营林企业在一定周期内，以现有的资产和资本获取利润的状况，其中较能反映挂牌营林企业财务效益状况的指标有：毛利率（X1）、净资产收益率百分比[①]（X2）和基本每股收益（X3）；资产营运状况指标能够反映企业在一定周期内资产的运行效率，其中较能表征挂牌营林企业资产营运状况的指标包括：应收账款周转率（X4）和存货周转率（X5）；偿债能力状况指标表征企业偿还到期债务的能力，其中较能表征挂牌营林企业偿债能力状况的指标包括：资产负债率（X6）、流动比率（X7）和利息保障倍数（X8）。此外，营林企业若要在林业碳汇事业发展中保持领先地位，尚需具备较强发展能

① 本书分析时使用加权平均净资产收益率百分比来表征。

力，即企业的成长性要较好，事实上企业能通过林业碳汇的生产经营活动，不断积累而具备一定发展基础，其中较能表征挂牌营林企业发展能力状况的指标包括：总资产增长率（X9）、营业收入增长率（X10）、净利润增长率（X11）以及研发投入比例（X12）。相关指标体系参照标准如表5-2和表5-3所示。

表5-2　　财政部文件及相关文献中企业经营绩效指标体系

机构/研究学者	一级指标	具体指标
财政部	1. 财务效益状况； 2. 资产营运状况； 3. 偿债能力状况； 4. 发展能力状况	1. 资本保值增值率、主营业务利润率、盈余现金保障倍数、成本费用利润率； 2. 存货周转率（次）、应收账款周转率（次）、不良资产比率； 3. 现金流动负债比率、速动比率； 4. 三年资本平均增长率、三年销售平均增长率、技术投入比率
董玉玲（2017）	1. 盈利能力维度； 2. 偿债能力维度； 3. 营运能力维度； 4. 成长能力维度	1. 每股收益（+）、主营业务利润率（+）、净资产收益率（+）、资产利润率（+）、每股经营活动现金净流量（+）； 2. 资产负债率（适度）、流动比率（适度）、速动比率（适度）； 3. 总资产周转率（+）、流动资产周转率（+）； 4. 主营业务收入增长率（+）、总资产增长率（+）
侯光文和郝添磊（2015）	1. 财务收益能力状况； 2. 资产运营能力状况； 3. 偿债能力状况	1. 每股收益率X1、权益净利率X2、成本费用利润率X3、主营业务利润率X4； 2. 存货周转率X5、应收账款周转率X6、总资产周转率X7； 3. 资产负债率X8、流动比率X9、速动比率X10
邓斌和孙建敏（2013）	1. 盈利能力； 2. 偿债能力； 3. 资产营运能力； 4. 成长能力	1. 每股收益、净资产收益率、总资产报酬率、销售净利率； 2. 资产负债率、流动比率、速动比率； 3. 总资产周转率、存货周转率、应收账款周转率； 4. 总资产增长率、营业收入增长率
本书选取指标	1. 财务盈利状况； 2. 资产营运状况； 3. 偿债能力状况； 4. 发展能力状况	1. 销售净利润率、净资产收益率和每股收益； 2. 存货周转率、应收账款周转率、总资产周转率； 3. 速动比率、资产负债率、已获利息倍数（流动比率）； 4. 营业收入增长率、净利润增长率、总资产增长率

表 5－3 营林企业林业碳汇经营绩效衡量指标选取及具体表征

一级指标	二级指标	指标含义	指标表征	备注
财务盈利状况	毛利率（X1）	又称销售毛利率，是一个衡量盈利能力的指标	毛利/营业收入×100%＝(主营业务收入－主营业务成本)/主营业务收入×100%	毛利率越高则说明企业的盈利能力越高，控制成本的能力越强。但是对于不同规模和行业的企业，毛利率的可比性不强
	净资产收益率（X2）加权平均净资产收益率（X2）	衡量股东权益的收益水平	净利润/净资产	该指标越高，说明投资带来的收益越高，没有确定的范围，各行业不同，依据风险偏好也不同，一般不应低于一年期银行存款的利率
	每股收益（X3）	通常被用来反映企业的经营成果，衡量普通股的获利水平及投资风险	税后利润/股本总数	也称：每股税后利润、每股盈余
资产营运状况	应收账款周转率（X4）	衡量企业应收账款周转速度及管理效率，是企业流动资产除存货外的另一重要项目	主营业务收入净额/应收账款平均余额	应收账款周转率越高，说明其收回越快，企业的标准值一般设置为3
	存货周转率（X5）	又名库存周转率，用于衡量存货的周转速度	销售(营业)成本/平均存货	平均存货＝(年初存货＋年末存货)÷2
偿债能力状况	资产负债率（X6）	衡量公司利用债权人资金进行经营活动能力的指标，也反映债权人发放贷款的安全程度	负债总额/资产总额	如果资产负债比率达到100%或超过100%说明公司已经没有净资产或资不抵债
	流动比率（X7）	衡量企业流动资产在短期债务到期以前，可以变为现金用于偿还负债的能力	流动比率＝流动资产合计/流动负债合计×100%	一般说来，比率越高，说明企业资产的变现能力越强，短期偿债能力亦越强（2以上比较好）
	利息保障倍数（X8）	衡量企业在一定盈利水平下支付债务利息的能力	息税前利润总额/利息支出	息税前利润总额为：企业的净利润＋企业支付的利息费用＋企业支付的所得税

续表

一级指标	二级指标	指标含义	指标表征	备注
发展能力状况	总资产增长率（X9）	分析企业当年资本积累能力和发展能力的主要指标	本年资产增长额/年初资产总额×100%	该指标越高，表明企业一定时期内资产经营规模扩张的速度越快
	营业收入增长率（X10）	反映企业营业收入的增减变动情况，评价企业成长状况和发展能力	营业收入增长率=（营业收入增长额/上年营业收入总额）×100% 其中：营业收入增长额=营业收入总额-上年营业收入总额	营业收入增长率大于零，表明企业营业收入有所增长。该指标值越高，表明企业营业收入的增长速度越快
	净利润增长率（X11）	反映了企业实现价值最大化的扩张速度，是综合衡量企业资产营运与管理业绩，以及成长状况和发展能力的重要指标	净利润增长额=净利润-上年净利润 增长率=（净利润增长额/上年净利润）×100%	企业当期净利润比上期净利润的增长幅度，指标值越大代表企业盈利能力越强
	研发投入比例（X12）	衡量企业创新性活动的投入水平，是企业长期发展能力的重要体现	研发费用支出/营业（销售）收入	

按照以上划分标准，经数据梳理分析发现，营林企业林业碳汇经营绩效财务盈利状况、资产营运状况、偿债能力状况和发展能力状况这四维度上的12个具体指标数值差异性较大，如表5-4所示，一方面表现为所有营林样本企业在单个具体指标上数额的不均衡性，另一方面同一企业在各指标上表现的也各有优劣，总体而言与营林企业经营绩效评价预期目标并不绝对的一致，其中样本企业毛利率均值为20.97%，尚在合理范围内；加权平均净资产收益率均值为-2.15%，表明总体上营林企业林业碳汇经营存在一定亏损现象；基本每股收益均值为0.03元；应收账款周转率和存货周转率均值分别为6.72%和2.51%，显著低于企业社会平均值，表明样本企业资产营运状况提升空间还很大；资产负债率均值为46.11%，处于一个相对合理的比例；流动比率均值为8.36，明显高于1.5~2.0的合理

的区间数值，一定程度反映样本企业资金使用效率还较低，改善余地较大；利息保障倍数均值为-122.08，表明样本企业偿还到期债务的保证程度很弱，一般来说企业要维持正常偿债能力，利息保障倍数至少应大于1，当然这可能跟海垦林产该指标出现异常值有关，去除该异常值其余样本企业息保障倍数均值为3.05，表明绝大多数营林企业利息保障能力较强；总资产增长率均值为12.24%，是一个相对合理的数值，反映企业发展性较高，进而企业偿债能力有较大保障；营业收入增长率均值为410.81%，该数值远高于一般企业该项数值，表明样本企业成长状态良好，然而除却合璟环保该指标的特殊情况，余下企业营业收入增长率均值5.83%，表现则为一般；净利润增长率均值为8.68%，保持着一个相对高速的增长势头；研发投入比例均值为4.62%，类比高新技术企业而言，尚处于合理范畴。

表5-4　　营林企业2019年林业碳汇经营绩效衡量具体指标情况

公司名称	毛利率（%）	加权平均净资产收益率（%）	基本每股收益（元）	应收账款周转率（%）	存货周转率（%）	资产负债率（%）	流动比率	利息保障倍数	总资产增长率（%）	营业收入增长率（%）	净利润增长率（%）	研发投入比例（%）
中喜股份	7.83	-6.65	-0.14	3.31	0.54	33.09	2.29	-2.32	3.54	11.53	-244.81	0.84
红枫高科	62.79	6.60	0.4	1.42	0.22	28.76	2.54	5.24	17.75	-3.83	11.27	5.29
九森林业	18.28	2.68	0.04	26.76	0.36	20.45	3.34	3.21	1.35	4.88	-28.26	0
花木易购	11.86	-22.64	-0.33	1.07	1.44	36.43	2.69	-12.19	-11.09	-29.18	-612.52	3.05
名品彩叶	48.15	14.46	0.25	1.31	0.33	17.44	6.61	20.97	18.84	0.10	-20.70	2.47
皇达科技	14.34	-2.51	-0.02	1.81	0.03	60.42	0	0	-7.95	-59.98	-139.71	79.33
一森股份	45.46	18.15	0.63	1.71	0.42	20.40	5.33	14.34	22.30	9.46	-3.58	4.71
ST华煜	30.50	-153.14	-1.14	0.11	0	76.15	1.09	0	-30.77	-90.18	-1045.97	0
银丰园林	27.19	-11.47	-0.72	1.09	0.50	39.75	2.52	-3.29	5.66	5.65	-420.38	0
绿湖股份	34.30	0.88	0.02	0.53	0.44	27.76	12.87	1.75	-1.47	-58.57	-87.31	0
森源股份	39.80	-20.34	-0.44	1.29	0.08	84.80	1.22	0.41	-7.12	-48.87	-471.39	0
新圆沉香	58.00	-3.85	-0.04	0.52	0.04	11.93	9.37	-3.85	-0.91	-69.19	-254.39	0
雨田润	14.22	1.12	0.02	1.54	1.03	31.75	2.60	0	22.16	140.33	525.49	1.29
鼎丰股份	24.98	14.83	0.74	6.81	7.95	16.34	5.27	17.58	-6.02	3.44	9.05	1.02
嘉骏森林	13.07	2.84	0.06	11.13	0.85	32.43	2.59	2.46	2.37	4.96	341.94	0
新联和	21.80	29.31	0.65	4.53	10.45	84.14	0.65	3.27	0.56	1.14	51.37	5.22
木链网	21.69	24.28	0.33	5.44	3.95	33.78	2.87	41.10	40.76	18.70	57.73	6.07
云木新材	28.46	-33.76	-0.26	74.96	2.94	44.40	1.70	0	-20.31	-31.64	-98.36	5.13

续表

公司名称	毛利率（%）	加权平均净资产收益率（%）	基本每股收益（元）	应收账款周转率（%）	存货周转率（%）	资产负债率（%）	流动比率	利息保障倍数	总资产增长率（%）	营业收入增长率（%）	净利润增长率（%）	研发投入比例（%）
海垦林产	-10.36	-11.56	-0.38	5.60	1.01	14.10	4.58	-5127.31	-19.97	-62.69	-469.71	6.34
和邦盛世	19.14	11.77	0.21	3.19	3.12	49.75	1.99	3.57	21.79	95.49	144.28	3.34
羽健股份	26.63	-44.00	-0.55	0.21	1.62	58.92	1.01	-8.03	-16.97	-42.54	-555.11	0
安捷包装	18.83	14.84	0.36	3.78	11.81	34.67	2.40	0	3.73	-0.15	-38.69	2.92
速丰木业	11.15	1.28	0.02	10.40	5.03	63.84	0.93	0.95	-8.47	-1.87	3679.00	0
金色田园	3.12	-20.09	-0.17	0.38	0.18	46.93	1.63	-5.34	-6.98	-67.15	-135.15	0
松博宇	23.11	5.73	0.13	3.12	1.47	30.65	2.69	2.23	-19.97	-26.70	-55.32	10.61
汇洋股份	9.83	15.77	0.30	10.52	8.80	27.44	237.22	14.91	-20.39	-18.57	-33.96	0
艺创科技	3.16	16.12	0.19	2.83	2.97	59.41	1.78	3.02	30.92	17.26	13.80	7.95
优优新材	13.81	1.58	0.02	2.14	4.06	20.58	4.18	2.09	-16.05	-8.22	-72.64	5.86
子久文化	28.43	-37.97	-0.36	3.94	1.26	88.31	0.50	-1	16.67	28.60	-222.23	4.93
华茂林业	-19.91	-26.71	-0.26	0.18	0.04	29.33	3.63	-8.22	-15.03	-86.45	-159.29	0
绿洲源	11.24	19.10	0.38	18.26	4.19	57.64	1.03	4.83	3.34	0.22	21.60	0.89
湖南竹材	18.99	8.24	0.10	19.20	3.65	49.47	1.43	6.45	24.68	-8.67	-49.52	8.20
飞宇竹材	15.08	3.07	0.04	3.35	1.18	46.38	1.37	2.18	-2.72	8.46	-14.44	1.38
安旺门业	25.83	10.56	0.17	1.10	1.52	82.18	0.91	2.07	6.44	26.31	303.77	6.13
合璟环保	12.04	154.28	0.02	18.7	4.45	99.62	0.34	0	67.46	17076.37	105.98	0
三禾科技	21.54	-2.19	-0.04	1.10	1.34	47.49	1.73	-0.06	-2.86	-22.82	-116.95	5.05
富得利	14.72	1.58	0.02	2.80	3.73	46.30	1.21	1.99	10.45	11.47	-43.62	0
吉福新材	29.23	38.13	1.03	11.15	3.53	54.58	1.16	15.67	25.04	45.09	183.95	3.61
诚赢股份	8.63	-131.66	-0.78	0.17	0	89.05	1.98	-4.00	-19.80	38.91	-71.32	0
万通新材	24.60	7.08	0.05	1.17	0.85	59.04	1.61	0	9.83	5.39	361.07	5.45
扬子地板	28.31	15.85	0.61	6.76	5.45	34.53	1.71	0	30.71	26.83	10.78	2.29
均值	20.97	-2.15	0.03	6.72	2.51	46.11	8.36	-122.08	12.24	410.81	8.68	4.62

资料来源：笔者根据新三板企业年报数据整理得出。

5.4 营林企业林业碳汇经营绩效的综合分析

5.4.1 营林企业林业碳汇经营的因子分析

本章节分析中使用的是 IBM SPSS22 软件，先采取主成分分析法提取初始公因子，共得到6个公因子，进而获得因子分析模型，旋转方法采用的是最大方差法旋转解。在此基础上得到各公因子的得分和综合得分，构建起营林企业林业碳汇经营绩效的评价分析模型，最后获得营林企业林业碳汇经营绩效得分为Y。

一般来说，能否做因子分析的有效前提是开展数据相关性检验及公因子提取指标间的相关性检验。其中当KMO的值接近于1时，适宜做因子分析。如以2019年营林企业林业碳汇财务年报为例，由表5-5的KMO与巴特利特的球度检验得知，其KMO值是0.527，基本适合做因子分析。另外，巴特利特球度检验统计量的观测值是170.236，对应概率（p）为0，明显小于显著水平0.050，说明相关系数矩阵不为单位矩阵，此外，从表5-6可看出各因子间存在一定相关性，且相关系数矩阵为正定矩阵，总体上适用于因子分析方法，在此过程中SPSS软件已自动对数据进行了标准化。

表5-5　　KMO与巴特利特球形检验

Kaiser-Meyer-Olkin 测量样本选取适当性		0.527
Bartlett 的球形检验	大约卡方	170.236
	df	66
	显著性	0

表5-6　　相关系数矩阵

		毛利率	资产收益率	基本每股收益	应收账款周转率	存货周转率	资产负债率	流动比率	利息保障倍数	总资产增长率	营业收入增长率	净利润增长率	研发投入比例
相关	毛利率	1	0.017	0.193	-0.024	-0.132	-0.085	0.317	0.323	0.188	-0.091	-0.102	-0.05
	资产收益率	0.017	1	0.680	0.115	0.380	-0.095	0.016	0.038	0.689	0.576	0.254	0.038
	基本每股收益	0.193	0.680	1	0.056	0.528	-0.277	0.092	0.161	0.479	0.003	0.282	0.051
	应收账款周转率	-0.024	0.115	0.056	1	0.162	0.004	-0.149	0.015	-0.016	0.153	0.092	-0.041
	存货周转率	-0.132	0.380	0.528	0.162	1	0.040	-0.184	0.085	0.121	0.110	0.222	-0.111
	资产负债率	-0.085	-0.095	-0.277	0.004	0.040	1	-0.632	0.219	0.140	0.372	0.085	0.087
	流动比率	0.317	0.016	0.092	-0.149	-0.184	-0.632	1	-0.127	-0.090	-0.154	-0.113	-0.197
	利息保障倍数	0.323	0.038	0.161	0.015	0.085	0.219	-0.127	1	0.196	0.028	0.119	-0.022
	总资产增长率	0.188	0.689	0.479	-0.016	0.121	0.140	-0.090	0.196	1	0.524	0.130	-0.054
	营业收入增长率	-0.091	0.576	0.003	0.153	0.110	0.372	-0.154	0.028	0.524	1	0.029	-0.063
	净利润增长率	-0.102	0.254	0.282	0.092	0.222	0.085	-0.113	0.119	0.130	0.029	1	-0.047
	研发投入比例	-0.050	0.038	0.051	-0.041	-0.111	0.087	-0.197	-0.022	-0.054	-0.063	-0.047	1

同时，按照表 5 – 7 的特征根与方差贡献所示，若依照特征值满足大于 1 的标准来选定公共因子，则只能选取 5 个公因子，然而其样本方差累计贡献率仅为 72.150%，尚不足以有效提取样本信息。为满足公因子反映营林企业林业碳汇经营绩效评价样本绝大部分信息的目标，且注意到第 6 个特征值是 0.946，趋近于 1，因此本节分析时最终选定了 6 个公因子，进而样本方差累加贡献率超过了 80%，达 80.919%，该结果说明选取 6 个公因子能反映样本所含信息，另外后续分析中借助主成分分析法提取了公因子，其公因子方差如表 5 – 8 所示，在表 5 – 8 中 12 个变量的共性方差值均处于 0.5 以上，且多数接近或大于 0.8，为此相关处理方式满足后续分析要求。其中，6 个公因子依次用 M1、M2、M3、M4、M5 和 M6 表示。

表 5 – 7　特征值与方差贡献

成分	起始特征值			提取平方和载入			循环平方和载入		
	总计	变异的%	累加%	总计	变异的%	累加%	总计	变异的%	累加%
1	2.906	24.213	24.213	2.906	24.213	24.213	2.303	19.192	19.192
2	2.033	16.945	41.158	2.033	16.945	41.158	1.983	16.523	35.715
3	1.439	11.989	53.147	1.439	11.989	53.147	1.848	15.400	51.115
4	1.288	10.735	63.882	1.288	10.735	63.882	1.443	12.023	63.138
5	1.099	9.155	73.038	1.099	9.155	73.038	1.081	9.012	72.150
6	0.946	7.881	80.919	0.946	7.881	80.919	1.052	8.769	80.919
7	0.799	6.655	87.574						
8	0.524	4.363	91.936						
9	0.479	3.996	95.932						
10	0.220	1.830	97.762						
11	0.182	1.515	99.277						
12	0.087	0.723	100.000						

注：提取方法为主成分分析。

表 5 – 8　公因子方差

类别	毛利率	资产收益率	基本每股收益	应收账款周转率	存货周转率	资产负债率	流动比率	利息保障倍数	总资产增长率	营业收入增长率	净利润增长率	研发投入比例
初始	1	1	1	1	1	1	1	1	1	1	1	1
提取	0.787	0.920	0.889	0.952	0.650	0.846	0.794	0.757	0.812	0.864	0.504	0.936

随后，根据旋转后的成分矩阵，根据各个指标在各公因子上的载荷对6个公因子进行命名，鉴于M5和M6两公因子分别反映资产营运状况和偿债能力状况，因此上述6个公因子依次命名为财务盈利状况指标、资产营运状况指标、偿债能力状况指标、发展能力状况指标、资产营运状况指标2和偿债能力状况指标2，如表5－9所示，其得到的是用标准化的原始变量求得的主成分的线性近似表达式，以毛利率（X1为例）介绍其应用，其中M1、M2、M3、M4、M5和M6表示其6个主成分，可得到式（5－1）。

$$X1(\%) = 0.091 \times M1 + -0.295 \times M2 + -0.189 \times M3 + 0.809 \times M4 + 0 \times M5 + 0.020 \times M6 \quad (5-1)$$

表5－9　旋转后的成分矩阵

类别		成分					
		1	2	3	4	5	6
毛利率	X1	0.091	－0.295	－0.189	0.809	0	0.020
资产收益率	X2	0.841	－0.167	0.404	－0.029	0.123	0.072
基本每股收益	X3	0.399	－0.374	0.690	0.228	0.247	0.020
应收账款周转率	X4	0.033	0.051	0.079	0.008	－0.025	0.970
存货周转率	X5	0.129	0.040	0.762	－0.072	－0.041	0.211
资产负债率	X6	0.129	0.901	－0.074	0.099	－0.034	－0.043
流动比率	X7	0.001	－0.827	－0.195	0.101	－0.217	－0.124
利息保障倍数	X8	0.002	0.289	0.191	0.797	－0.041	－0.016
总资产增长率	X9	0.849	0.047	0.144	0.236	0.009	－0.110
营业收入增长率	X10	0.820	0.323	－0.136	－0.132	－0.172	0.147
净利润增长率	X11	0.010	0.152	0.677	0.008	－0.120	－0.090
研发投入比例	X12	－0.020	0.125	－0.092	－0.035	0.953	－0.029

表5－10采用原始变量表示主成分线性方程系数，因系统默认是以相关矩阵进行分析，所以表5－10中的数据是将原始变量标准化后呈现的主成分系数，以下6个式子得以成立：

$$M1 = 0.032 \times X1 + 0.353 \times X2 + 0.068 \times X3 - 0.036 \times X4 - 0.079 \times X5 + 0.044 \times X6 + 0.061 \times X7 - 0.100 \times X8 + 0.386 \times X9 + 0.431 \times X10 - 0.121 \times X11 + 0.002 \times X12$$

$M2 = -0.126 \times X1 + -0.112 \times X2 - 0.187 \times X3 - 0.026 \times X4 + 0.022 \times X5 + 0.464 \times X6 - 0.411 \times X7 + 0.190 \times X8 + 0.016 \times X9 + 0.127 \times X10 + 0.105 \times X11 + 0.030 \times X12$

$M3 = -0.167 \times X1 + 0.082 \times X2 + 0.331 \times X3 - 0.054 \times X4 + 0.437 \times X5 - 0.044 \times X6 - 0.124 \times X7 + 0.109 \times X8 - 0.060 \times X9 - 0.232 \times X10 + 0.441 \times X11 - 0.089 \times X12$

$M4 = 0.564 \times X1 - 0.094 \times X2 + 0.103 \times X3 + 0.056 \times X4 - 0.068 \times X5 + 0.100 \times X6 + 0.032 \times X7 + 0.575 \times X8 + 0.100 \times X9 - 0.129 \times X10 - 0.012 \times X11 - 0.006 \times X12$

$M5 = 0.028 \times X1 + 0.102 \times X2 + 0.214 \times X3 + 0.013 \times X4 - 0.066 \times X5 - 0.060 \times X6 - 0.170 \times X7 - 0.049 \times X8 - 0.005 \times X9 - 0.163 \times X10 - 0.151 \times X11 + 0.886 \times X12$

$M6 = 0.096 \times X1 + 0.012 \times X2 - 0.022 \times X3 + 0.945 \times X4 + 0.117 \times X5 - 0.086 \times X6 - 0.060 \times X7 - 0.010 \times X8 - 0.144 \times X9 + 0.097 \times X10 - 0.171 \times X11 + 0.014 \times X12$

表5-10　　成分得分系数矩阵

类别		成分					
		1	2	3	4	5	6
毛利率	X1	0.032	-0.126	-0.167	0.564	0.028	0.096
资产收益率	X2	0.353	-0.112	0.082	-0.094	0.102	0.012
基本每股收益	X3	0.068	-0.187	0.331	0.103	0.214	-0.022
应收账款周转率	X4	-0.036	-0.026	-0.054	0.056	0.013	0.945
存货周转率	X5	-0.079	0.022	0.437	-0.068	-0.066	0.117
资产负债率	X6	0.044	0.464	-0.044	0.100	-0.060	-0.086
流动比率	X7	0.061	-0.411	-0.124	0.032	-0.170	-0.060
利息保障倍数	X8	-0.100	0.190	0.109	0.575	-0.049	-0.010
总资产增长率	X9	0.386	0.016	-0.060	0.100	-0.005	-0.144
营业收入增长率	X10	0.431	0.127	-0.232	-0.129	-0.163	0.097
净利润增长率	X11	-0.121	0.105	0.441	-0.012	-0.151	-0.171
研发投入比例	X12	0.002	0.030	-0.089	-0.006	0.886	0.014

其中，X1 ~ X12 表示各指标。利用主成分分析法产生的六个公因子依次表

示为 M1、M2、M3、M4、M5 和 M6，可得出营林企业林业碳汇经营绩效评价模型为：

$$Y = 0.242 \times M1 + 0.169 \times M2 + 0.120 \times M3 + 0.107 \times M4 + 0.092 \times M5 + 0.079 \times M6$$

其中，样本营林企业林业碳汇经营绩效公因子情况如表 5-11 所示。

表 5-11　　样本企业绩效评价提取公因子情况

样本企业	M1	M2	M3	M4	M5	M6
中喜股份	0.554	-1.520	-1.668	-1.025	0.036	3.483
红枫高科	-0.316	-0.096	0.338	3.597	-0.557	1.143
九森林业	-1.022	-1.413	-1.513	3.550	-0.362	25.148
花木易购	1.721	-3.858	-3.884	-6.771	0.947	2.160
名品彩叶	-1.578	1.180	1.441	12.642	-2.033	0.706
皇达科技	-0.165	0.022	-0.687	0.322	0.994	1.879
一森股份	-0.942	0.411	1.077	8.818	-1.430	1.200
ST 华煜	0.246	-0.969	-5.114	0.527	1.107	1.754
银丰园林	0.896	-1.814	-2.692	-1.606	0.157	1.693
绿湖股份	0.431	-5.047	-1.552	1.725	-2.070	-0.134
森源股份	0.261	-0.565	-2.369	0.737	0.421	1.893
新圆沉香	0.948	-4.956	-2.672	-1.430	-0.906	0.387
雨田润	0.100	-0.228	1.992	-0.010	-1.512	0.612
鼎丰股份	-2.211	1.075	4.612	10.326	-2.033	6.866
嘉骏森林	-0.907	-0.382	1.199	2.127	-0.997	9.838
新联和	-1.139	0.732	4.983	1.683	-0.810	5.283
木链网	-4.145	6.708	5.816	23.937	-2.677	4.869
云木新材	-3.031	-2.472	-3.507	4.294	0.629	71.237
海垦林产	512.886	-976.606	-561.350	-2947.767	251.230	57.165
和邦盛世	-0.192	0.278	1.758	2.132	-0.990	3.012
羽健股份	0.994	-2.158	-2.932	-4.385	0.836	1.325
安捷包装	-0.764	-0.811	4.569	-0.342	-0.977	4.853
速丰木业	-5.265	3.775	17.820	0.496	-5.983	4.026
金色田园	0.392	-1.650	-1.262	-2.848	0.206	0.476
松博宇	-0.362	-0.740	0.200	1.633	-0.379	3.029
汇洋股份	-2.447	1.758	4.598	8.746	-1.428	10.730

续表

样本企业	M1	M2	M3	M4	M5	M6
艺创科技	-0.256	0.096	1.293	1.838	-0.568	2.784
优优新材	-0.341	-1.302	1.047	1.281	-0.880	2.361
子久文化	0.235	-0.179	-1.131	-0.171	0.103	4.190
华茂林业	0.690	-3.097	-1.919	-4.572	0.062	0.208
绿洲源	-1.299	0.298	1.433	3.690	-0.406	17.550
湖南竹材	-1.356	0.340	0.850	4.782	-0.385	18.437
飞宇竹材	-0.266	-0.029	0.290	1.525	-0.366	3.211
安旺门业	-0.447	0.685	1.973	1.349	-0.785	0.591
合璟环保	73.321	21.552	-38.228	-21.194	-28.001	34.401
三禾科技	0.016	-0.669	-0.232	0.199	-0.140	1.256
富得利	-0.346	0.051	1.283	1.217	-0.484	3.035
吉福新材	-1.870	2.527	3.493	9.666	-1.138	10.380
诚赢股份	0.216	-0.911	-1.503	-2.107	-0.445	0.203
万通新材	-0.324	-0.059	1.633	0.215	-0.831	0.455
扬子地板	-0.227	-0.715	1.922	0.299	-0.470	6.873

据上述模型再就各样本公司开展绩效评估，并依得分高低排序，如表5-12所示。

表5-12　　　　样本企业绩效评价得分及其排序

上市公司	得分	排名	省份	上市公司	得分	排名	省份
合璟环保	14.67236347	1	广东	新联和	0.968794134	12	浙江
云木新材	4.573040706	2	浙江	一森股份	0.877550687	13	河北
木链网	3.528209795	3	广东	嘉骏森林	0.772918506	14	广东
吉福新材	2.143157476	4	江苏	扬子地板	0.586699705	15	安徽
汇洋股份	1.908845000	5	江苏	和邦盛世	0.586368745	16	广东
湖南竹材	1.764202214	6	湖南	安捷包装	0.483189844	17	江苏
九森林业	1.665775422	7	湖北	艺创科技	0.473935137	18	山东
鼎丰股份	1.660172409	8	河南	富得利	0.404326280	19	浙江
绿洲源	1.651918693	9	江西	红枫高科	0.371752588	20	河南
速丰木业	1.322940717	10	广西	安旺门业	0.363033830	21	安徽
名品彩叶	1.212137390	11	河南	飞宇竹材	0.348714201	22	江西

续表

上市公司	得分	排名	省份	上市公司	得分	排名	省份
子久文化	0.213166398	23	浙江	银丰园林	-0.436490883	33	湖南
松博宇	0.190240795	24	广东	诚赢股份	-0.532450975	34	江苏
皇达科技	0.155808711	25	宁夏	金色田园	-0.583669016	35	安徽
雨田润	0.133008816	26	安徽	羽健股份	-0.763773323	36	浙江
万通新材	0.090018330	27	重庆	绿湖股份	-0.951196326	37	广东
优优新材	0.065790818	28	山东	华茂林业	-1.053753357	38	重庆
三禾科技	-0.029567546	29	浙江	新圆沉香	-1.134628914	39	广东
森源股份	-0.049367499	30	安徽	花木易购	-1.168284778	40	福建
中喜股份	-0.154437816	31	山东	海垦林产	-396.0717958	41	海南
ST 华煜	-0.421079529	32	山东				

5.4.2 营林企业林业碳汇经营绩效分析

本章节将样本营林企业进行因子分析得到的公因子，作为经营绩效评价一级指标的得分，并将因子分析的 Y 值当作 41 家营林企业林业碳汇经营绩效的最终得分，进而就一级指标得分和综合得分开展分析。

1. 整体分析

据表 5-12 可知，从主成分分析方法综合得分数值来看，在 41 家农业类上市公司中，合璟环保、云木新材、木链网、吉福新材、汇洋股份、湖南竹材、九森林业等 28 家营林企业综合得分为正值，其中有 11 家样本企业的综合得分大于 1，表明这些企业林业碳汇经营绩效较好，而三禾科技、森源股份、中喜股份、ST 华煜等 13 家营林企业综合得分为负值，其中有 4 家样本企业的得分在 -1 的附近，表明这些营林企业林业碳汇经营绩效较差。所有评价企业中合璟环保综合得分为 14.67236347 排在第一位，而海垦林产综合得分仅为 -396.0717958，排在最后一位，排除异常值情形，综合得分首尾两端的样本企业间林业碳汇经营绩效也表现得差距明显。由此可见，营林样本企业间林业碳汇经营绩效发展并不趋同和均衡，差异较大。

2. 所属地区的分析

表 5 - 13 为我国营林企业林业碳汇经营绩效分区域的得分情况。进而发现，东部地区经营绩效为 1.161，得分居首位；中部地区的经营绩效得分为 0.668，次之；西部地区的经营绩效得分最低，仅 0.129。这说明东部地区营林企业林业碳汇经营绩效要明显优于中部地区和西部地区。

表 5 - 13　营林企业林业碳汇经营绩效分区域情况

所属地区	数量（家）	地区平均得分
东部	24	-15.390（1.161）
中部	13	0.668
西部	4	0.129

注：按照《中共中央、国务院〈关于促进中部地区崛起的若干意见〉》《国务院发布〈关于西部大开发若干政策措施的实施意见〉》及党的十六大报告的精神，将我国的经济区域划分为东部、中部、西部和东北四大地区，目前国家统计局的经济区域划分也采取该标准；海南省的海垦林产林业碳汇经营绩效得分比较异常，除却该样本，东部地区样本企业林业碳汇经营绩效平均得分为 1.161，显著高于其他区域。

另外需要说明的是，林业碳汇经营绩效得分排名前十营林挂牌企业中有 5 家处在东部，有 4 家处在中部，仅有 1 家处在西部，且排名第 10。与此同时，绩效得分后 10 位的样本企业中，所属区域位东部地区的有 7 个，所属区域为中部地区的有 2 个，西部地区有 1 个。这一方面说明，区域间营林企业林业碳汇经营绩效差异较大，区域间发展不太平衡，另一方面也说明同一区域内，事实上营林企业间的林业碳汇经营绩效差异也较大。

3. 典型营林企业林业碳汇发展情况说明

本章节对挂牌营林企业在财务盈利状况、资产营运状况、偿债能力状况和发展能力状况的得分情况进行排序，选前 10 家企业典型营林企业进行以下分析。从挂牌营林企业综合得分和排名发现，绩效靠前的营林企业中，其中合璟环保在财务盈利状况、资产营运状况及偿债能力状况 3 个维度上得分都较突出，而发展能力状况指标则排在第 40 位，倒数第 2；云木新材在发展能力状况和偿债能力状况两个方面得分比较靠前，财务盈利状况指标、资产营运状况则排名比较靠后；木链网在资产营运状况、偿债能力状况和发展能力状况3个方面得分比较靠前，而财务盈利状况综合指标得分比较靠后；吉福新材在发展能力状况、偿债能力状况2个方面排名靠前，而财务盈利状况和资产营运状况两个指标排名靠后（见表5-14）。

表5-14　各营林企业林业碳汇经营各公因子及其综合绩效

企业	M1	M2	M3	M4	M5	M6	综合绩效
合璟环保	73.321	21.552	-38.228	-21.194	-28.001	34.401	14.672
云木新材	-3.031	-2.472	-3.507	4.294	0.629	71.237	4.573
木链网	-4.145	6.708	5.816	23.937	-2.677	4.869	3.528
吉福新材	-1.870	2.527	3.493	9.666	-1.138	10.380	2.143
汇洋股份	-2.447	1.758	4.598	8.746	-1.428	10.730	1.909
湖南竹材	-1.356	0.340	0.850	4.782	-0.385	18.437	1.764
九森林业	-1.022	-1.413	-1.513	3.550	-0.362	25.148	1.666
鼎丰股份	-2.211	1.075	4.612	10.326	-2.033	6.866	1.660
绿洲源	-1.299	0.298	1.433	3.690	-0.406	17.550	1.652
速丰木业	-5.265	3.775	17.820	0.496	-5.983	4.026	1.323
名品彩叶	-1.578	1.180	1.441	12.642	-2.033	0.706	1.212
新联和	-1.139	0.732	4.983	1.683	-0.810	5.283	0.969
一森股份	-0.942	0.411	1.077	8.818	-1.430	1.200	0.878
嘉骏森林	-0.907	-0.382	1.199	2.127	-0.997	9.838	0.773
扬子地板	-0.227	-0.715	1.922	0.299	-0.470	6.873	0.587
和邦盛世	-0.192	0.278	1.758	2.132	-0.990	3.012	0.586
安捷包装	-0.764	-0.811	4.569	-0.342	-0.977	4.853	0.483
艺创科技	-0.256	0.096	1.293	1.838	-0.568	2.784	0.474
富得利	-0.346	0.051	1.283	1.217	-0.484	3.035	0.404
红枫高科	-0.316	-0.096	0.338	3.597	-0.557	1.143	0.372
安旺门业	-0.447	0.685	1.973	1.349	-0.785	0.591	0.363
飞宇竹材	-0.266	-0.029	0.290	1.525	-0.366	3.211	0.349
子久文化	0.235	-0.179	-1.131	-0.171	0.103	4.190	0.213
松博宇	-0.362	-0.740	0.200	1.633	-0.379	3.029	0.190
皇达科技	-0.165	0.022	-0.687	0.322	0.994	1.879	0.156
雨田润	0.100	-0.228	1.992	-0.010	-1.512	0.612	0.133
万通新材	-0.324	-0.059	1.633	0.215	-0.831	0.455	0.090
优优新材	-0.341	-1.302	1.047	1.281	-0.880	2.361	0.066

续表

企业	M1	M2	M3	M4	M5	M6	综合绩效
三禾科技	0.016	-0.669	-0.232	0.199	-0.140	1.256	-0.030
森源股份	0.261	-0.565	-2.369	0.737	0.421	1.893	-0.049
中喜股份	0.554	-1.520	-1.668	-1.025	0.036	3.483	-0.154
ST 华煜	0.246	-0.969	-5.114	0.527	1.107	1.754	-0.421
银丰园林	0.896	-1.814	-2.692	-1.606	0.157	1.693	-0.436
诚赢股份	0.216	-0.911	-1.503	-2.107	-0.445	0.203	-0.532
金色田园	0.392	-1.650	-1.262	-2.848	0.206	0.476	-0.584
羽健股份	0.994	-2.158	-2.932	-4.385	0.836	1.325	-0.764
绿湖股份	0.431	-5.047	-1.552	1.725	-2.070	-0.134	-0.951
华茂林业	0.690	-3.097	-1.919	-4.572	0.062	0.208	-1.054
新圆沉香	0.948	-4.956	-2.672	-1.430	-0.906	0.387	-1.135
花木易购	1.721	-3.858	-3.884	-6.771	0.947	2.160	-1.168
海垦林产	512.886	-976.606	-561.35	-2947.767	251.23	57.165	-396.072

具体来看，林业碳汇经营绩效综合得分最高的合璟环保，其财务盈利状况中的资产收益率（%）指标高达154.28%，位居所有样本企业第1位，而毛利率（%）和基本每股收益（元）指标仅分别为12.04%和0.02元，在所有样本企业中分别仅是第31位和第22位；其资产营运状况中应收账款周转率（18.7%）和存货周转率（4.45%）指标分别为第4位和第7位；偿债能力状况中资产负债率（99.62%%）排名第一，而同期流动比率（0.34%）和利息保障倍数（0）在所有样本企业中则均为倒数第一；发展能力状况中总资产增长率（67.46%）和营业收入增长率（17076.37%）均高居第1位、净利润增长率（105.98%）排名第8，而研发投入比例（%）则排名倒数第1位，比例为0。

为此，通过上述的比较分析发现：营林企业林业碳汇经营上并没有企业在所有绩效维度上都能排名居于前列或所有绩效维度上都表现为劣势明显，如图5-1和图5-2所示，这一方面表明营林挂牌企业间在其林业碳汇经营在财务盈利状况、资产营运状况、偿债能力状况和发展能力状况4个维度上表现得并不算均衡，且各维度层面上的具体指标也表现出较大的差异性，为此营林企业林业碳汇经营绩效不确定较大，另一方面也表明营林挂牌企业林业碳汇经营差异并不是不可逾越的鸿沟，相互间依然存在较大的互相竞争和学习的可能，均存在着优化和调整的空间。

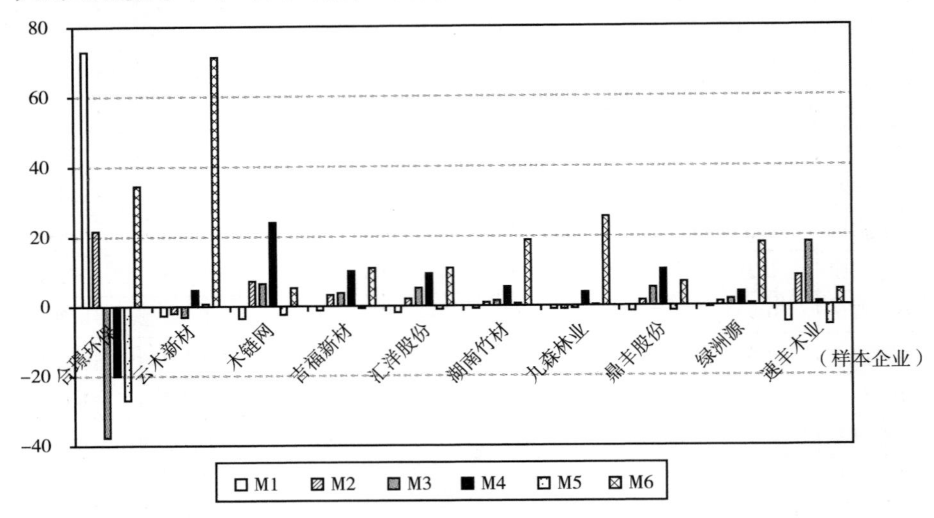

图 5－1 综合得分前 10 位样本企业各公因子表现情况

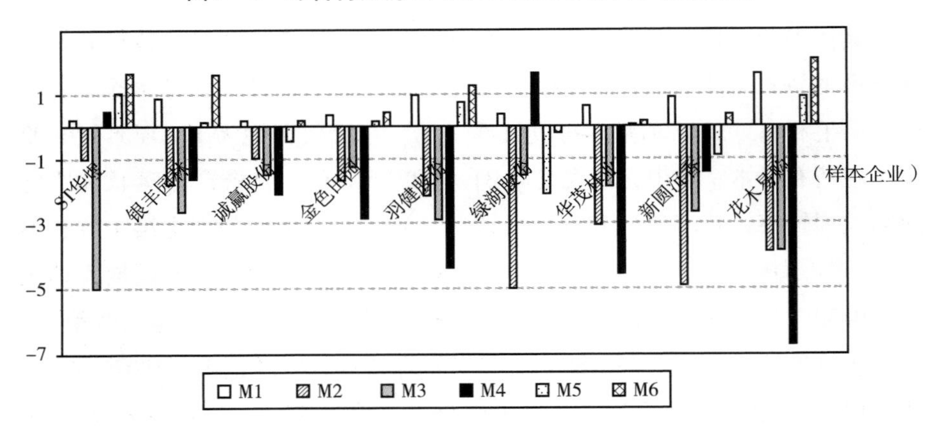

图 5－2 综合得分靠后样本企业各公因子表现情况

注：因海垦林产林业碳汇经营绩效公因子中有异常值出现，图片只展示后 10 各样本企业中的另外 9 个。

5.5 结论及对策建议

实证研究结果表明，我国营林企业林业碳汇经营绩效在地区间尚存在着不小的差距。总体来看，东部地区营林企业经营绩效要明显优于其他区域，中部地区次之，这与当前各区域经济发展阶段、林业可持续发展要求以及企业林业碳汇经营水平有着一定联系，然而从排名靠前的典型营林企业来说，这些样本企业在财务盈利状况、资产营运状况、偿债能力状况和发展能力状况 4 个维度及各个具体指标上表现得并不均衡和协调，甚至有部分指标与营林企业林业碳汇经营绩效总体状况呈反向关系，进而一定程度上也是整个营林企业林业碳汇发展相对滞后的一些具体表现。

为了全面提升营林企业林业碳汇的经营绩效，需要从营林企业内外部加强各项工作。首先，在林业碳汇总体发展环境上，需对照生态文明建设和参与国际气候治理的总体要求，进一步完善和规范林业碳汇交易制度，推进碳交易市场的建立健全，促进生态林业和民生林业的发展，持续发展中国林业碳汇事业；其次，要把森林经营作为林业高质量发展的重要抓手，精准施策，全面加强森林经营和管理，在助力乡村振兴战略的前提下，不断提升营林企业林业碳汇生产和经营能力；再次，要建立健全碳汇林业技术标准体系建设支持政策，强化林业保护政策，完善林业碳汇补贴政策，尤其是实施并完善林业碳汇的生态补偿机制，鼓励企业开展营林生产技术研发、应用与推广，最大化激发营林主体林业碳汇生产经营积极性；最后，从企业自身角度来讲，企业要加强经营管理能力，包括采用经济适用的生产技术、开展林业碳汇营销和加强财务管理和核算等。

第 6 章

林业碳汇产业发展相关利益主体行为博弈分析

第5章利用营林企业数据，从微观上客观评价了林业碳汇产业发展绩效问题，并明确了影响企业林业碳汇发展绩效的关键因素。但是，通过对林业碳汇产业市场要素进行研究发现，作为一种政策诱导性与需求拉动型的产业市场，不同的利益主体对其产品的供给和需求也存在着特殊性。如何全面把握利益主体的行为策略和行为背后的影响因素，是有效推进林业碳汇产业有序发展的关键内容。本章主要以碳汇造林项目实施为例，通过全面剖析“林业碳汇型企业（以下简称‘企业’）、农村居民（以下简称‘居民’）、政府”三大主要利益相关方的演化博弈行为，明晰多元主体群体的博弈行为策略组合及其均衡稳定性，同时也探讨了多利益主体共同作用下演化博弈策略的稳定性问题，进而明确了相关利益主体在林业碳汇产业发展中的行为策略组合和行为背后的影响因素。

6.1 引言

党的十九大报告中明确提出要大力推进生态文明建设、加快形成生态文明制度体系、建设美丽中国。近年来，中国生态文明建设在稳步推进中成效显著，同时深度参与全球生态治理，积极履行向国际社会的碳减排承诺，为全球绿色发展贡献了中国智慧和中国方案。在可持续发展理念的要求下，与其他碳减排方式相比，林业碳汇的经济、生态、社会效益引发了越来越多的关注，但与此同时，该减排方式项目实施周期长、见效慢，且面临较大的前期投资等特点致使林业碳汇生产者碳汇供给意愿可能会不足，积极性较差，直接影响了林业碳汇的社会及生态效益的产生。从林业碳汇产业的主体构成来看，林业碳汇产业发展既不是政府单方面的责任和义务，更不是林业碳汇型企业、农村居民等林业碳汇生产者与参与者独自的事业，而是至少涉及政府部门、企业和居民等三元主体相互交织的产业类别。然而，鉴于林业碳汇产业发展仍处于起步和摸索阶段，相应的发展机制设计与措施还很不完善，如林业碳汇供求机制、碳汇市场交易机制等，因此在林业碳汇发展中多元主体会表现为偏离林业碳汇高质量发展的倾向，包括企业提供林业碳汇的积极性不够、居民对林业碳汇的认知和参与意愿不强烈、政府部门对林业碳汇发展的越位和缺位等。

为此，为使林业碳汇产业发展真正做到以全面提高资源利用效率推动林业高质量发展，如何进行合理的机制设计，以形成多元主体之间良性互动、合作共赢的局面，是林业碳汇产业发展的关键环节之一。目前，三方博弈理论已广泛地被应用于创新机制、产品质量监管、保险、收入分配和房地产市场等经济社会发展各领域的研究（吴洁等，2019；刘长玉等，2015；李文中，2014；任太增，2011；杨建荣等，2004）。事实上，林业碳汇发展可看作企业、居民和政府等多元主体的演化博弈过程。目前林业碳汇市场供需调节功能仍不完备，通过梳理相关文献发现，已有的大部分研究是针对碳汇各参与主体的行为进行静态和动态博弈分析，而多数相关的利益博弈研究是基于政府与供需方分别进行的，其中苏蕾、袁辰、贯君（2020）以构建演化博弈模型的方法，分析了地方政府和林业经营者的行为对林业碳汇稳定供给的影响，并得出项目成本、扶持成本以及扶持政策的有效性等都是演化方向影响因素的结论，陈丽荣、曹玉昆、朱震锋、韩丽晶（2015）的研究主体类似。此外，陈卫洪、曹子娟、王晓伟（2019）则从政府和林农在碳汇发展过程中博弈关系出发，以嵌入式社会结构理论、农户经济理论、正式制度与非正式制度理论为基础，构建选择博弈模型并对政府和林农行为进行分析。与上述两个研究所不同的是，王惜凡、戚朝辉、丁胜（2020）的研究致力于整个市场框架下多主体的博弈研究，本书以区域林业碳汇市场为研究对象，针对地方政府、企业、农户三方参与引起的系统复杂性问题，通过演化博弈法和系统动力学分析其不同行为选择下的演化路径，然而其模型假设与参数设置过于简化，博弈组合类型交代不充分且缺乏三方共同作用的演化策略稳定性分析，也有部分研究考察了跨区域草原碳汇协同管理中地方政府和中央政府两级作为博弈主体的演化问题（马军和张盼，2019）。总体来看，已有研究无论是静态博弈、动态博弈还是演化博弈，多基于林业碳汇产业发展中的两大主体的分析，目前仍缺乏一个将三方纳入统一模型框架中的系统性研究，而无法完整体现多元主体博弈在动态选择下的相互关系。因而，本节以林业碳汇产业发展中各参与主体的有限理性为基础，运用演化博弈理论，构建“政府部门—企业—居民”三方的博弈模型，分析三者之间的博弈行为和利益关系，寻找演化稳定策略，以期找到实现林业碳汇高质量发展可持续路径。与以往的研究相比，本书主要聚焦于以下问题：从微观主体的良性互动视角剖析林业碳汇产业发展，建立健全、支撑生产文明体系的现实路径，这与以往的研究多从宏观或中观角度分析林业碳汇产业发展的路径不同，与此同时，借助于演化博弈理论，构建起了“政府部门—企业—居民”的相关利益主体的博弈模型，以探寻三者间动态的利益均衡机制。

6.2 研究方法

碳汇造林企业和居民作为林业碳汇的主要供给主体，其供给意愿和选择对林业碳汇产业的发展至关重要，这关系着林业碳汇产业经济、生态和社会效益的发挥。碳汇造林企业和居民参与林业碳汇产业发展的本质目的在于获取收益，鉴于林业碳汇项目投资回收期长和产品供给需求的特殊性等原因，政府这一林业碳汇发展的重要主体政策执行策略对企业和居民的行为有着重要影响，而政府通过引导并参与林业碳汇发展将实现人与自然和谐共生的发展诉求，是现实语境下的政绩考核范畴。林业碳汇产业发展利益相关方（政府—企业—居民）演化博弈树如图 6－1 所示。

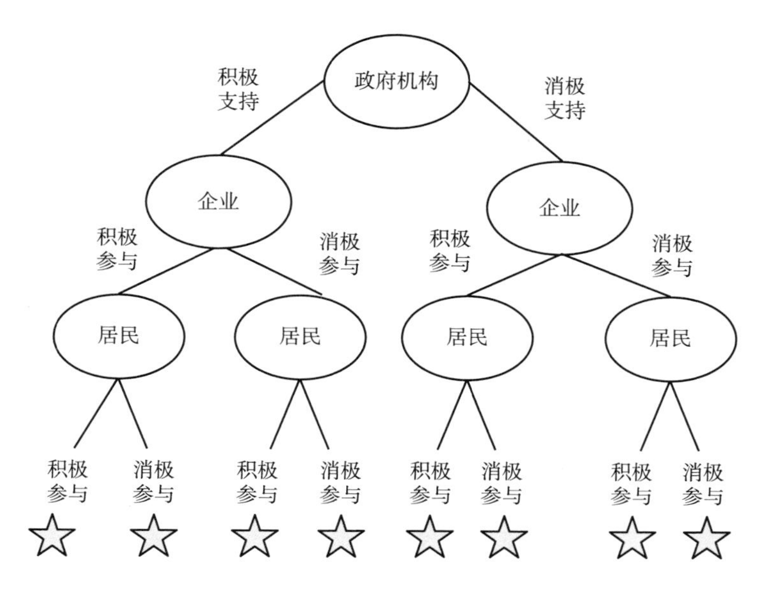

图6－1　林业碳汇产业发展利益相关方（政府—企业—居民）演化博弈树

6.2.1　林业碳汇利益相关方行为界定

如前所述，林业碳汇产业发展的利益相关方主要有林业碳汇型企业、农村居民等林业碳汇生产者与参与者以及政府等3个主体目标函数不一致。以林业碳汇造林项目为例，对相关利益方的策略及行为特征进行分析。（1）企业的行为策略选择集合包括有“积极参与”和“消极参与”。其中企业“积极参与”的特征化行为可能有：严格依照碳汇造林项目实施方案和标准开展碳汇林地建设，并积极进行碳汇林经营管理；借助于造林活动积极吸纳本地居民就业，并通过劳动力林业技术培训体系，培育和提升劳动力的能力与素质；碳汇造林营林项目可采取“企业＋合作社＋农民”模式，以吸收村民自有林地入股、流转或转让而取得受益。与此相反，“消极参与”的行为事实可能有：不严格执行项目设施方案，包括投资不到位、经营管理不用心，将政策层面的碳汇造林相关奖助金挪作他用等；对吸纳本地居民就业的主动性不够，并且消极对待居民的从业技能提升问题；对于碳汇造林发展红利，让利意愿不强。（2）居民的行为策略选择集合包括："主动参与"和"被动参与"。其中，居民"积极参与"的特征化行为可能有：参与碳汇造林项目积极性高，主动尝试林地入股、流转或转让，认真参加各种技术培训活动，并谋求到碳汇造林项目上参与生产经营或管理性工作。反之，"被动参与"的行为事实可能有：参与碳汇造林项目的积极性和热情不高，存在一定程度上的"等靠要"思想，不愿意到项目上就业，也不愿意入股或参与各类林业技术培训。（3）政府的行为策略选择集合包括有"积极支持"和"消极支持"。"积极支持"的特征化行为可能有：政府在本地碳汇林项目建设和后续管理中主动作为，包括对企业和居民两方的激励、监管。反之，"消极支持"的行为事实可能有：政府在碳汇林项目实施过程中不作为，缺乏对参与碳汇造林项目的企业和居民的激励，也缺乏对上述主体工作目标实施结果的必要监督和管理。

6.2.2 基本假设

假设1：林业碳汇产业发展的主要利益方为林业碳汇型企业、农村居民和政府，上述主体均具有有限理性，在碳汇造林项目开展中能在考虑风险和收益等因素的情况下做出自己较为满意的决策。

假设2：利益相关者行为决策存在相互影响，如果企业选择"积极参与"碳汇造林项目的策略，且积极参与项目发展的投资额度为T_1；当居民"主动参与"时，项目最终收益为S_1；当居民"被动参与"时，项目最终收益为S_2。如果企业选择"消极参与"策略，则消极参与的投资额度为T_2，居民"主动参与"行为带来的项目最终收益为S_3；居民"被动参与"行为带来的项目最终收益为S_4。另外，积极参与碳汇造林项目的企业会获得政府政策激励，贷款利息补贴、税收减免、资金配套等，表示为Z，与此同时，积极参与碳汇造林项目的企业还能提升公司美誉度和社会公众的信任与支持，记作O。

假设3：企业"积极参与"和"消极参与"碳汇造林项目投资时的利润分配比例为α和α'，其中$\alpha=\frac{T_1}{T_1+R}$，$\alpha'=\frac{T_2}{T_2+R}$，这两个表达式中R为居民参与碳汇造林项目，以自有森林、林木和林地使用权等资源合作入股折算的投资金额，而居民是否获得分红取决于企业与地方的行为策略。在企业积极参与项目时，无论政府采取何种行为策略，居民获得的利润分配比例均为 $1-\alpha$，当企业消极参与项目时，在政府积极支持状态下，居民仍将收获 $1-\alpha'$ 比例的利润，反之若政府消极支持则居民获得的利润比例趋向为 0。为便于分析，我们将企业占有居民全部收益不进行分红的情况设定为 M。

假设 4：居民选择到碳汇造林项目上务工工资为 G，为简化分析，我们将居民到项目上务工成本忽略不计。积极参与碳汇造林项目的居民除务工工资外，还可能获得企业和政府的激励性奖励金。E 和 E′表示企业层面给予居民积极参与和消极参与项目时的奖励金金额，且 $E>E'$，J′是政府部门给予的奖励金。此外，积极参与碳汇造林项目的居民可以通过各类林业技能培训，个人林业技术知识和综合素养得到提升，这些净增的收益记为 L_1 和 L_2，这是农村居民收入空间拓展的重要内容。

假设 5：选择“消极参与”的居民，项目参与过程中热情程度不高，不仅不能获得资金奖励，自身的技能水平和素养也无法得到提升。为此，最终收获的仅为为数不多的工资 G，当然，该类居民将收获一定的休闲价值，然而被动参与的居民将更多的时间用于休闲娱乐，会获得一定的效用水平 X_1。

假设 6：政府对企业和居民的激励成本分别为 B_1 和 B_2；J 和 C 分别表示政府给予企业积极参与和消极参与的奖励和处罚，此外，企业消极参与碳汇造林项目被政府有关部门发现时的概率为 θ，且 $0<\theta<1$。下级政府部门消极管理有 λ 的概率被上级部门发现，且 $0<\lambda<1$，进而受到上级部门给予的惩罚 C′。众所周知，政府积极进行碳汇造林项目的激励与监管将有助于其社会形象提升，记作 X。

假设 7：F 和 N 分别表示企业积极参与和消极参与碳汇造林项目时社会收益的增加和减少。一般而言，企业积极参与碳汇造林项目将有利于经济社会绿色化转型和发展，进而带来正向的社会收益，反之，企业消极应对项目的实施，短期内可能有所收益，但长远来看将会有社会福利效应的损失。

三方演化博弈的各相关参数及其含义如表 6-1 所示。

表 6-1 三方演化博弈的参数值设定

参数	T_1	T_2	S_1	S_2	S_3	S_4	Z
含义	企业选择“积极参与”投资额度	企业选择“消极参与”投资额度	企业选择积极参与前提下，当居民“主动参与”时项目最终收益	企业选择积极参与前提下，当居民“被动参与”时项目最终收益	企业选择消极参与前提下，居民“主动参与”行为带来项目最终收益	企业选择消极参与前提下，居民“被动参与”行为带来项目最终收益	积极参与碳汇造林项目企业会获得政府政策激励
参数	O	α	α'	M	G	E	E'
含义	积极参与碳汇造林项目企业还能提升公司美誉度和社会公众信任支持	企业“积极参与”碳汇造林项目投资时的利润分配比例	企业“消极参与”碳汇造林项目投资时的利润分配比例	企业占有居民全部收益不进行分红	居民选择到碳汇造林项目上务工工资	企业层面给予居民积极参与项目时的奖励金金额	企业层面给予居民消极参与项目时的奖励金金额
参数	J'	L_1	L_2	X_1	B_1	B_2	J
含义	政府部门给予居民积极参与的奖励金	个人林业技术知识提升	综合素养提升	居民将更多的时间用于休闲娱乐获得的效用水平	政府对企业激励成本	政府对居民的激励成本	政府给予企业积极参与的奖励
参数	C	θ	λ	C'	X	F	N
含义	政府给予企业消极参与的处罚	企业消极参与碳汇造林项目被政府有关部门发现的概率	下级政府部门消极支持与管理被上级部门发现的概率	下级政府部门消极支持与监管被上级部门发现后面临的处罚	政府积极进行碳汇造林项目激励与监管后社会形象提升	企业积极参与碳汇造林项目时社会收益的增加	企业消极参与碳汇造林项目时社会收益的减少

6.3 演化博弈模型构建与分析

在前述演化博弈模型利益相关主体的行为界定与基本假设的基础上，得知企业、居民和政府三主体博弈组合形态共有 8 种，各策略组合形态下的收益矩阵如表 6-2 所示。

表6-2 碳汇造林项目实施中企业、居民和政府三方博弈策略组合及收益矩阵

三主体的策略组合	收益情况
企业:积极参与 居民:积极参与 政府:积极支持	企业:$S_1-T_1+Z+J+O$ 居民:$G+E+L_1+(1-\alpha)S_1+J'$ 政府:$X+F-B_1-B_2-J-J'$
企业:积极参与 居民:积极参与 政府:消极支持	企业:$S_1-T_1+Z+J+O$ 居民:$G+E+L_1+(1-\alpha)S_1$ 政府:$F-\lambda C'$
企业:积极参与 居民:消极参与 政府:积极支持	企业:$S_2-T_1+Z+O+J$ 居民:$G+(1-\alpha)S_2+X_1$ 政府:$X+F-B_1-B_2-J$
企业:积极参与 居民:消极参与 政府:消极支持	企业:S_2-T_1+Z+O 居民:$G+(1-\alpha)S_2+X_1$ 政府:$F-\lambda C'$
企业:消极参与 居民:积极参与 政府:积极支持	企业:$S_3-T_2+Z+M-\theta C$ 居民:$G+E'+L_2+J'+(1-\alpha')S_3$ 政府:$X-N-B_1-B_2+\theta C-J'$
企业:消极参与 居民:积极参与 政府:消极支持	企业:S_3-T_2+Z+M 居民:$G+E'+L_2$ 政府:$-N-\lambda C'$
企业:消极参与 居民:消极参与 政府:积极支持	企业:$S_4-T_2+Z+M-\theta C$ 居民:$G+(1-\alpha')S_4+X_1$ 政府:$X-N-B_1-B_2+\theta C$
企业:消极参与 居民:消极参与 政府:消极支持	企业:S_4-T_2+Z+M 居民:$G+X_1$ 政府:$-N-\lambda C'$

在碳汇造林项目实施的相关利益主体演化博弈初期，假设在参与该项目的企业群体中选择“积极参与”策略的企业比重为ϕ，选择“积极参与”策略的居民比重为φ，选择“积极支持”策略的政府群体比重为γ，则相对应选择“消极参与”的企业比重为$1-\phi$，选择“消极参与”策略的居民比重为$1-\varphi$，选择“消极支持”策略的政府群体比重为$1-\gamma$，ϕ、φ、γ的取值区间均为（0，1）。为此，可知企业“积极参与”和“消极参

与”抉择的目标收益为 $R_{\phi1}$、$R_{\phi2}$ 及企业群体混合抉择的平均收益是 R_{ϕ}，其中：

$$R_{\phi1}=(S_2-T_1+Z+O)+y(S_1-S_2)+\gamma J \quad (6-1)$$

$$R_{\phi2}=(S_4-T_2+Z+M)+y(S_3-S_4)-\gamma\theta C \quad (6-2)$$

$$R_{\phi}=\phi R_{\phi1}+(1-\phi)R_{\phi2} \quad (6-3)$$

与此同时，居民“积极参与”和“消极参与”抉择的目标收益为 $R_{\varphi1}$、$R_{\varphi2}$ 及居民群体混合抉择的平均收益是 R_{φ}，其中：

$$R_{\varphi1}=[G+E'+L_2+\gamma(1-\alpha')S_3]+\phi[(E-E')+(L_1-L_2)+(1-\alpha)S_1-\gamma(1-\alpha')S_3]+\gamma J' \quad (6-4)$$

$$R_{\varphi2}=\varphi[G+(1-\alpha)S_2+X_1]+(1-\phi)[G+X_1+\gamma(1-\alpha')S_4] \quad (6-5)$$

$$R_{\varphi}=\varphi R_{\varphi1}+(1-\varphi)R_{\varphi2} \quad (6-6)$$

另外，政府部门“积极支持”和“消极支持”抉择的目标收益为 $R_{\gamma1}$、$R_{\gamma2}$ 及政府群体混合抉择的平均收益是 R_{γ}，其中：

$$R_{\gamma1}=\phi(X+F-B_1-B_2-J)+(1-\phi)(X-N-B1-B2+\theta C)-\varphi J' \quad (6-7)$$

$$R_{\gamma2}=\phi(F-\lambda C')+(1-\phi)(-N-\lambda C') \quad (6-8)$$

$$R_{\gamma}=\gamma R_{\gamma1}+(1-\gamma)R_{\gamma2} \quad (6-9)$$

依照马尔萨斯微分动态模型，企业是否“积极参与”策略数量的增长率等于目标收益与企业群体平均收益的差，为此根据式（6-1）~式（6-3），可得出企业群体进行“积极参与”碳汇造林项目抉择的复制动态方程为：

$$\begin{aligned}F(\phi)=\frac{\Delta\phi}{\Delta t}&=\phi(R_{\phi1}-R_{\phi})=\phi(1-\phi)(R_{\phi1}-R_{\phi2})\\&=\phi(1-\phi)\{[S_2-T_1+Z+O+\varphi(S_1-S_2)+\gamma J]\\&\quad-[S_4-T_2+Z+M+\varphi(S_3-S_4)-\gamma\theta C]\}\end{aligned} \quad (6-10)$$

经整理后得到：

$$\begin{aligned}F(\phi)=\phi(1-\phi)\{&\varphi[(S_1-S_2)-(S_3-S_4)]\\&+[(S_2-T_1)-(S_4-T_2+M)]+O+\gamma(J+\theta C)\}\end{aligned} \quad (6-11)$$

6.3.1 企业演化博弈均衡的稳定性分析

假设演化博弈主体选择策略均处于稳定状态，根据微分方程的稳定性判定其定理，则企业、居民和政府选择该策略的概率 ϕ、φ、γ 需符合以下条件：

$$F(\phi)=0，且\frac{\partial F(\phi)}{\partial \phi}<0$$

$$H(\varphi)=0，且\frac{\partial H(\varphi)}{\partial \varphi}<0$$

$$A(\gamma)=0，且\frac{\partial A(\gamma)}{\partial \gamma}<0$$

若设定 $F(\phi)=0$，则 $\phi=0$，$\phi=1$ 或 $\varphi=\frac{[(S_2-T_1)+\gamma J+O]-[(S_4-T_2)+(M-\gamma\theta C)]}{(S_3-S_4)-(S_1-S_2)}$，因此可认定，当成立 $\varphi=\frac{[(S_2-T_1)+\gamma J+O]-[(S_4-T_2)+(M-\gamma\theta C)]}{(S_3-S_4)-(S_1-S_2)}$ 时，$F(\phi)\equiv 0$，此时对所有的 ϕ 取值范围都是稳定的，即企业无论选择“积极参与”或“消极参与”策略的比例如何，其行为策略并不随时间发生变化。当然，当 $\varphi\neq\frac{[(S_2-T_1)+\gamma J+O]-[(S_4-T_2)+(M-\gamma\theta C)]}{(S_3-S_4)-(S_1-S_2)}$，此时 $\phi=0$ 和 $\phi=1$ 为两个稳定状况，其经济社会含义在于，如无特殊情况发生，企业选择策略会稳定于“积极参与”或“消极参与”。

如发生以下两种情况：即 $0<\frac{[(S_2-T_1)+\gamma J+O]-[(S_4-T_2)+(M-\gamma\theta C)]}{(S_3-S_4)-(S_1-S_2)}<\varphi<1$ 时，$\left.\frac{\partial F(\phi)}{\partial \phi}\right|_{\phi=0}<0$，$\left.\frac{\partial F(\phi)}{\partial \phi}\right|_{\phi=1}>0$，因此在 $\phi=0$ 时保持稳定，即企业就碳汇造林项目行为选择策略为“消极参与”，当 $0<\varphi<\frac{[(S_2-T_1)+\gamma J+O]-[(S_4-T_2)+(M-\gamma\theta C)]}{(S_3-S_4)-(S_1-S_2)}<1$，$\left.\frac{\partial F(\phi)}{\partial \phi}\right|_{\phi=0}>0$，$\left.\frac{\partial F(\phi)}{\partial \phi}\right|_{\phi=1}<0$，故 $\phi=1$ 为稳定状态，即企业演化博弈均衡稳定的策略抉择为“积极参与”。由此可见，企业的演化博弈均衡行为策略主要受企业

自身和政府行为策略的影响，与居民行为抉择相关性并不大。为此，一方面要通过“市场之手”肯定积极参与碳汇造林项目的企业，促使其获得更多的经济利益和社会美誉度，另一方面还要善于利用政府引导的作用，从政策层面上给予企业积极参与项目以配套支持。此外，当企业“积极参与”获益较少，且企业占有居民收益额度与政府发现该行为的惩处力度越趋近，即 $M-\gamma\theta C$ 较小时，企业也为偏向于“积极参与”的策略，此时，$0<\varphi<\frac{[(S_2-T_1)+\gamma J+O]-[(S_4-T_2)+(M-\gamma\theta C)]}{(S_3-S_4)-(S_1-S_2)}<1$，为此，企业行为策略由“消极参与”向“积极参与”转向。

6.3.2 居民群体演化博弈均衡的稳定性分析

与企业群体博弈均衡稳定性分析类似，居民群体复制动态方程为：

$$
\begin{aligned}
H(\varphi)=\frac{\Delta\varphi}{\Delta t}&=\varphi(R_{\varphi1}-R_{\varphi})=\varphi(1-\varphi)(R_{\varphi1}-R_{\varphi2})\\
&=\varphi(1-\varphi)\{[G+E'+L_2+\gamma(1-\alpha')S_3]+\phi[(E-E')+(L_1-L_2)\\
&\quad+(1-\alpha)S_1-\gamma(1-\alpha')S_3]+\gamma J'-\phi[G+(1-\alpha)S_2+X_1]\\
&\quad-(1-\phi)[G+X_1+\gamma(1-\alpha')S_4]\}
\end{aligned}
\tag{6-12}
$$

式（6-12）经整理得到：

$$
\begin{aligned}
H(\varphi)&=\varphi(1-\varphi)\{(E'+L_2)+\phi[(E-E')+(L_1-L_2)\\
&\quad+(1-\alpha)(S_1-S_2)-X_1]+(1-\phi)[\gamma(1-\alpha')(S3-S4)\\
&\quad-X_1]+\lambda J^1\}
\end{aligned}
\tag{6-13}
$$

若设定 $H(\varphi)=0$，则 $\varphi=0$，$\varphi=1$ 或 $\phi=\frac{X_1-\gamma J'-E'-L_2-\gamma(1-\alpha')(S_3-S_4)}{(E-E')+(L_1-L_2)+(1-\alpha)(S_1-S_2)-\gamma(1-\alpha')(S_3-S_4)}$，

因此可认定当成立 $\phi=\frac{X_1-\gamma J'-E'-L_2-\gamma(1-\alpha')(S_3-S_4)}{(E-E')+(L_1-L_2)+(1-\alpha)(S_1-S_2)-\gamma(1-\alpha')(S_3-S_4)}$ 时，$F(\varphi)=0$，此时，对所有的 φ 取值范围都是稳定的，即居民无论选择“积极参与”或“消极参与”策略的比例如何，其行为策略并不随时间发生变化。

当然，当 $\phi\neq\frac{X_1-\gamma J'-E'-L_2-\gamma(1-\alpha')(S_3-S_4)}{(E-E')+(L_1-L_2)+(1-\alpha)(S_1-S_2)-\gamma(1-\alpha')(S_3-S_4)}$，

此时 $\varphi=0$ 和 $\varphi=1$ 为两个稳定状况，其经济社会含义在于，如无特殊情况发生，居民如果选择策略会稳定于“积极参与”或“消极参与”之一，与此同时令 $\beta=E'+L_2+\gamma(1-\alpha')(S_3-S_4)$。如发生以下两种情况：即 $0<\phi<\frac{X_1-\gamma J'-\beta}{E+L_1+(1-\alpha)(S_1-S_2)-\beta}<1$ 时，$\left.\frac{\partial F(\varphi)}{\partial\varphi}\right|_{\varphi=0}<0,\left.\frac{\partial F(\varphi)}{\partial\varphi}\right|_{\varphi=1}>0$，因此 $\varphi=0$ 时保持稳定，即居民就碳汇造林项目博弈行为选择策略为“消极参与”，当 $0<\frac{X_1-\gamma J'-\beta}{E+L_1+(1-\alpha)(S_1-S_2)-\beta}<\phi<1$，$\left.\frac{\partial F(\varphi)}{\partial\varphi}\right|_{\varphi=0}>0$，$\left.\frac{\partial F(\varphi)}{\partial\varphi}\right|_{\varphi=1}<0$，故 $\varphi=1$ 为稳定状态，即居民演化博弈均衡稳定的策略抉择为“积极参与”。为此，当居民闲暇效用水平 X_1 越低，积极参与碳汇造林项目获得的其他收益 $E+L_1$ 越多，主动和被动参与分红差额 $(1-\alpha)(S_1-S_2)$ 越多，政府对居民积极参与项目的奖励 J' 越高，等式越趋向于 $0<\frac{X_1-\gamma J'-\beta}{E+L_1+(1-\alpha)(S_1-S_2)-\beta}<\varphi<1$ 的情形，即 $\left.\frac{\partial F(\varphi)}{\partial\varphi}\right|_{\varphi=1}<0$，因此 $\varphi=1$ 为稳定状态，居民越倾向于从“消极参与”到“积极参与”的转变。

6.3.3　政府群体演化博弈均衡的稳定性分析

与居民群体博弈均衡稳定性分析类似，政府群体复制动态方程为：

$$\begin{aligned}A(\gamma)&=\frac{\Delta\gamma}{\Delta t}=\gamma(R_{\gamma1}-R_{\gamma})=\gamma(1-\gamma)(R_{\gamma1}-R_{\gamma2})\\&=\gamma(1-\gamma)\{[\phi(X+F-B_1-B_2-J)+(1-\phi)(X-N-B1-B2\\&\quad+\theta C)-\varphi J']-[R_{\gamma2}=\phi(F-\lambda C')+(1-\phi)(-N-\lambda C')]\}\end{aligned}\tag{6-14}$$

式（6-14）经整理得到：

$$A(\gamma)=\gamma(1-\gamma)[(X-B_1-B_2)-\phi J+(1-\phi)\theta C+\lambda C'-\varphi J']\tag{6-15}$$

若设定 $A(\gamma)=0$，则 $\gamma=0$，$\gamma=1$ 或 $\varphi=\frac{X-B_1-B_2-\phi J+(1-\phi)\theta C+\lambda C'}{J'}$，因此可认定当 $\varphi=\frac{X-B_1-B_2-\phi J+(1-\phi)\theta C+\lambda C'}{J'}$ 成立时，$A(\gamma)=0$，

为此，此时对所有的 γ 取值范围都是稳定的，即政府无论选择“积极支持”或“消极支持”策略的比例如何，其行为策略与时间的动态演进是无关的，即策略选择不随时间变化而变化。

当然，当 $\varphi\neq\frac{X-B_1-B_2-\phi J+(1-\phi)\theta C+\lambda C'}{J'}$，此时 $\gamma=0$，$\gamma=1$ 为两个稳定状况，其经济社会含义在于，如无特殊情况发生，政府如果选择策略会稳定于“积极支持”或“消极支持”。如发生以下两种情况，即：$0<\frac{X-B_1-B_2-\phi J+(1-\phi)\theta C+\lambda C'}{J'}<\varphi<1$ 时，$\left.\frac{\partial A(\gamma)}{\partial\gamma}\right|_{\gamma=0}<0$，$\left.\frac{\partial A(\gamma)}{\partial\gamma}\right|_{\gamma=1}>0$，在 $\gamma=0$ 时保持稳定，即政府就碳汇造林项目行为选择策略为“消极支持”，当：$0<\varphi<\frac{X-B_1-B_2-\phi J+(1-\phi)\theta C+\lambda C'}{J'}<1$，$\left.\frac{\partial A(\gamma)}{\partial\gamma}\right|_{\gamma=0}>0$，$\left.\frac{\partial A(\gamma)}{\partial\gamma}\right|_{\gamma=1}<0$，故 $\gamma=1$ 为稳定状态，即政府演化博弈均衡稳定的策略抉择为“积极支持”。由此可见，政府的演化博弈均衡行为策略主要受政府支持与监管成本 B_1 与 B_2 的影响，政府对碳汇造林项目参与企业与居民奖励情况 ϕJ，政府“积极支持”时形象的提升程度及政府“消极支持”时遭受的处罚 $\lambda C'$等因素有关。即当政府“积极支持”的社会形象提升越多，政策激励成本越低，对企业处罚力度越大，对企业和居民参与碳汇造林项目的奖励越小，以及下级政府因“消极支持”项目所得的上级政府处罚就越多，这时 $0<\varphi<\frac{X-B_1-B_2-\phi J+(1-\phi)\theta C+\lambda C'}{J'}<1$ 越成立，即 $\left.\frac{\partial A(\gamma)}{\partial\gamma}\right|_{\gamma=0}>0$，$\left.\frac{\partial A(\gamma)}{\partial\gamma}\right|_{\gamma=1}<0$，为此，政府的演化博弈选择策略即从“消极支持”向“积极支持”转变。

6.3.4 多利益主体共同作用下演化博弈策略稳定性分析

鉴于演化博弈中的动态复制方程的特点是群体动态，那么要系统地演化稳定策略不能仅靠单一动态复制方程的均衡状况决定。为此，根据弗里德曼（Friedman，1991）提到的方法，当群体动态由微分方程系统描述时，则可通过系统的 Jacobian 矩阵的局部稳定性探究得到均衡点的稳定性，并由此构建企业、居民、政府三方动态复制方程基础上的 3×3 Jacobian 矩阵，类似多元函数（命名为K）的导数：

$$J_K(\phi,\varphi,\gamma)=\begin{bmatrix}\frac{\partial F}{\partial \phi} & \frac{\partial F}{\partial \varphi} & \frac{\partial F}{\partial \gamma}\\ \frac{\partial H}{\partial \phi} & \frac{\partial H}{\partial \varphi} & \frac{\partial H}{\partial \gamma}\\ \frac{\partial A}{\partial \phi} & \frac{\partial A}{\partial \varphi} & \frac{\partial A}{\partial \gamma}\end{bmatrix} \tag{6-16}$$

因为本节主要探讨碳汇造林项目实施过程中如何借助多元主体的协同实现项目高质量发展的问题，主要考虑 R（1，1，1）的稳定性。为此，将 $\phi=1$，$\varphi=1$，$\gamma=1$ 代入式（6－16），进而得到 R（1，1，1）所对应的雅可比矩阵。若假设 R（1，1，1）为稳定状态，则需同时满足以下条件，此时企业、居民和政府三方倾向于采取（积极参与，积极参与，积极支持）的组合策略，即：

$$\begin{cases}(S_1-T_1)-(S_3-T_2+M)+O+J+\theta C>0\\ L_1+E+(1-\alpha)(S_1-S_2)-X_1+J'>0\\ X_1-B_1-B_2-J-J'+\lambda C'>0\end{cases} \tag{6-17}$$

此外，通过多元主体单动态复制方程的分析也发现，在多方主体动态演化博弈中，各主体除受自身影响外，还受到其他方共同作用因素的影响。

1. 企业“积极参与”时的主要影响要素

当$(S_1-T_1)-(S_3-T_2+M)+O+J+\theta C>0$ 条件满足时，即：$(S_1-T_1)+O+J>(S_3-T_2)+M-\theta C$，企业“积极参与”获得的利润、补贴、政策奖励等碳汇造林项目的收益大于“消极参与”时的收益。因此，影响企业选择的主要影响因素有：一是企业参与碳汇造林项目获利情况。当企业“积极参与”获取的利润额多于“消极参与”的利润额时，即$(S_1-T_1)>(S_3-T_2)$时，企业倾向于采取“积极参与”策略。作为一项兼具经济效益、生态效益和社会效益相统一的事业，企业积极参与碳汇造林项目的实施，虽然短期内建设投入、劳力支出会明显增加，但从较长时期来看，该项活动不但有利于获取经济效益、各类补贴和财政奖励，还有助于提升企业社会形象，而且其额外的正向效益随着项目实施时间的延长将愈发明显。

二是政府的激励及监督情况。政府要设计合理的奖罚机制，更多地正向激励积极参与碳汇造林项目的企业，同时要健全对参与项目企业的监督机制，只有奖励额度 J 足够大或对消极参与企业处罚措施（负向激励）足够重，才能引导企业积极参与碳汇造林项目的实施。当然，如若政府消极激励或监管，且企业仅专注于短期利益，那么由于社会形象提升在短期内并不明显，企业可能倾向于“消极参与”。

2. 居民“积极参与”时的主要影响要素

当 $L_1+E+(1-\alpha)(S_1-S_2)-X_1+J'>0$ 时则表明居民“积极参与”获得企业收益的提成和分红、政府奖补及个人从业技能提升等多于“消极参与”获得的企业分红、闲暇效用等，从经济理性来考虑，居民会选择积极参与碳汇造林项目，具体包括：一是居民个人因素（L_1 和 X_1），即居民参与碳汇造林项目个人从业技能提升与更多的闲暇时间的效用水平，从 $L_1+E+(1-\alpha)(S_1-S_2)-X_1+J'>0$等式来看，若 L_1 越大、X_1 越小，则预示着居民更倾向于“积极参与”的策略选择，与此相反的是，随着 X_1 值越大则表明居民更倾向于“消极参与”的演化博弈策略；二是企业层面因素，包括有居民积极参与获得的奖金、分红及消极参与时获得的红利，其中 $E+S_1(1-\alpha)>S_2(1-\alpha)$表示为“积极参与”收益大于“消极参与”分红收益，则居民对选择“积极参与”策略更为积极主动，此外参与碳汇造林项目在收益上的变动对企业和居民都带来重要影响，进而博弈演化的结果呈动态变化趋势，如企业“积极参与”项目且居民获取收益愈大时，企业和居民都倾向于“积极参与”并协同发展，进而对双方都呈现出积极的影响；三是政府层面上，即对“积极参与”碳汇造林项目的居民进行激励性的政策奖补等（J'），一般来说 J'的金额越大表明激励效果越好，当然 J'的值并不是越大越好，更多情形下所起的为引导性作用，比如在碳汇造林项目实施过程中企业与政府已形成良性协同发展的情形下，居民倾向于“积极参与”。为此，当 $L_1+E+(1-\alpha)S_1+J'>(1-\alpha)S_2+X_1$ 的关系成立时，即居民“积极参与”收益大于“消极参与”的收益，居民会选择“积极参与”项目的行为策略。

3. 政府“积极支持”时的主要影响要素

当 $X_1 - B_1 - B_2 - J - J' + \lambda C' > 0$ 即 $X_1 > B_1 + B_2 + J + J' - \lambda C'$ 等式成立时，表明政府积极支持与监管的收益大于其成本即奖补之差大于政府消极监管时面临上级政府给予的惩罚，则政府为选择“积极支持”策略，具体化为：一是政府通过支持碳汇造林项目实施而获得的税收、社会公信度等收益越多，其越倾向于积极支持和监督碳汇造林项目的开展；二是政府对参与项目的企业和居民的激励金额和监督成本，当政府的监督成本越小（即 $B_1 + B_2$），其积极支持与监管的可能性越大，举例来说：在碳汇造林项目实施的初期，政府的激励支出和监管成本都较高，但是随着碳汇造林项目的深入推进，在体制完善的同时，其相应支出及成本就将逐步降低，事实上政府政策资金更多应以引导性为主，重在激励多元主体“积极参与”项目的建设和实施；此外，上级政府部门对下级政府部门的监管和处罚力度（$\lambda C'$）也有着关键性影响，尤其是当上级政府对下级政府部门的行为进行严格监管，且消极行为所承受的处罚金额越多，甚或多于政府监管收益和成本的差额，在该种情形下，政府部门采取“积极支持和监管”的可能性更大，为此，构建规范的政府支持和监管体制非常重要。一方面，下级政府部门会积极参与企业的监管；另一方面，企业也会本着降低损失的角度选择积极参与。举例来看，当企业和政府实施“积极参与，积极支持”的组合时，居民最优选择为“积极参与”，归结在一点上，三方之间出于经济、生态和社会等多重效益的考量，需构筑完备的协同发展和合作机制，这是碳汇造林事业高质量发展的重要前提条件之一。

6.4　简要结论及启示

在碳汇造林项目建设及实施过程中，对利益相关方带来影响的因素较多，其中任一利益主体行为策略的变化，都使得其他参与主体的收益和损失情况产生变化，进而影响其他主体的行为策略。为此，制定策略时需考虑影响利益相关主体演化博弈收益的关键性要素，最后通过调节上述因素的变化来激励利益相关方选择期望性策略。一是由参与碳汇造林项目企业的动态复制方程可得出，营林企业的行为策略抉择受自身获利和政府行为策略的重要影响，而与居民行为策略联系不多。因此，当积极参与碳汇造林项目的企业获取的利润越多且企业社会认可度提升越多，而消极参与的营林企业利润所获越低，则政府对积极参与碳汇造林项目企业的奖励越多。与此同时，对消极参与企业处罚金额越高，且同企业占有居民资产收益额越趋近，即 $M-\gamma\theta C$ 趋向 0 或为负数，至此 ϕ 的取值则趋向 1，表明参与碳汇造林项目企业群体中选择“积极参与”抉择的比例提高。二是由居民群体动态复制方程可得出，居民的行为策略选择主要受自身利益和企业策略抉择的影响。当居民群体闲暇时光获得的效用水平越低（X_1），积极参与碳汇造林项目的额外收益越多（$E+L_1$），以及当企业选择“积极参与”行为时，居民主动和被动参与利润分红差额（$1-\alpha$）（S_1-S_2）越大，使得 φ 越趋向 1，表明居民群体中选择“积极参与”行为策略的比例提高。三是由政府的动态复制方程可得出，其行为策略抉择主要受自身成本和收益的影响，而同企业和居民的行为策略关系不大。若政府积极支持和激励带来的社会认同程度越高，监管成本 B_1 和 B_2 越小，对企业处罚金额越大，且对企业和居民的奖励额度越小，及下级政府消极支持与监管所获得的惩罚越高，会使得 γ 趋近于 1，即在政府群体中选择“积极支持”策略的比重会提升。四是就多利益主体共同作用下演化博弈策略稳定性分析可知，当满足一定条件时，博弈系统在 R（1，1，1）上保持稳定，这说明，在动态演化博弈中，碳汇造林项目利益相关方可以实现“企业积极参与、居民积极参与、政府积极支持”的策略组合，以推进林业碳汇产业高质量发展。

进而获得的启示有：从政府部门角度来看，其要通过制定切实有效、易行且精准的林业碳汇支持政策来加强碳汇造林项目的建设和实施，包括提供林业碳汇贷款担保、利息补贴，拓宽林业碳汇项目融资渠道，进而激励企业和居民积极参与林业碳汇产品的供给；通过政策引导，加大林业碳汇人力资源开发与投入力度，强化科技创新驱动，推进林业碳汇供给质量的稳步提升；要加强林业碳汇项目实施的事前、事中和事后监管，对林业碳汇经营者及从业者奖优罚劣，引导相关主体规范有序地开展林业碳汇项目，通过规范碳汇交易市场和完善交易机制，凸显产业生态功能、经济价值和社会效用，进而营造碳汇产业发展浓郁的社会环境和市场氛围，推动林业碳汇供给的稳定性。从企业和居民等林业碳汇经营者角度来看，要不断提升自身经营水平、从业素质和能力，与各项林业碳汇支持政策做好衔接，最大限度发挥相关支持政策对两者林业碳汇产品供给的支持；林业碳汇经营者也要与时俱进，通过掌握营林新技术、新工艺和新方法，保障林业碳汇供给数量和质量的稳定性；更为重要的是，企业和居民还要重视碳汇造林项目蕴含的巨大综合效益，在实现经济收益的同时，也要不断拓展其生态效益和社会效益增长的空间。

第 7 章

林业碳汇产业发展的典型案例与比较研究

国际上关于林业产业的研究，前沿话题主要集中在森林生态的重要性及环境付费、林业碳汇、森林清洁发展机制、森林发展策略、森林管理与投资、政府林业财政转移分配模式；而国内主要为林业投融资、集体林权制度改革、森林管理、林业经营管理、林业金融供给等方面（黄凌云等，2018）。实际上，自 21 世纪初，林业碳汇项目就已成为理论探讨和具体实践中被广泛关注的话题，并由此衍生出 CDM、REDD 以及 PES 等众多领域。由于在发展中国家实施森林碳汇等 CDM 项目，可以抵消发达国家的部分温室气体排放，且对实施双方的可持续发展均大有裨益，因此在《京都议定书》正式生效前，其已经在捷克、印度、马来西亚、阿根廷、墨西哥、巴西、巴拿马等国家生根发芽。而在《伯恩政治协定》《吗拉喀什协定》《京都议定书》之后，以森林保护、造林与再造林、森林经营管理等为主要内容的 CDM 项目逐渐在俄罗斯、印度尼西亚、乌干达、智利以及中国等诸多国家遍地开花。由此，森林碳汇清洁发展机制的生态价值得以公认，并逐渐成为继 WTO 后协调国际社会多边关系与活跃国际谈判的重要载体。本章基于前文对中国林业碳汇产业发展评价等内容的分析，主要关注国内外林业碳汇产业的具体实例及其对比研究。为此，结合国际与国内林业碳汇发展概况，选取欧盟、新西兰及中国安徽等典型案例展开深入剖析。

7.1 典型区域林业碳汇产业发展分析：欧盟

7.1.1 欧盟碳交易市场体系

大量的科学研究评估结果证明，当前的温室气体在很大程度上，是自工业革命以来由发达国家工业化进程中累计排放的。因此，从发展和环境权的公平性角度出发，发达国家应承担工业化中的历史排放责任。在形成了“共同而有区别责任”的共识后，其陆续通过了《联合国气候变化框架公约》《京都议定书》等条约，并推行了排放贸易（emission trade）、联合履约（joint implement）和清洁发展机制（clean development mechanism）3种履约机制。具体来看，排放贸易和联合履约更多的是指发达国家间通过项目合作进行的减排额度交易和转让，但CDM则是发达国家与发展中国家进行项目合作，发达国家通过向发展中国家提供技术和资金，获得合作项目产生的碳减排量。由于早期具有减碳需求的大多为工业项目，而林业碳汇项目则由于规则相对复杂、实施条件相对苛刻以及不确定性等限制，让人“望而却步”，难以形成有效市场。经过多年的发展，2008年之后，全球森林逐渐开枝散叶，并表现出强劲的发展势头。由此，森林碳汇逐步在碳减排方面发挥着重要作用（黄东，2008）。

据国际碳行动伙伴组织（International Carbon Action Partnership）于2020年3月发布的《ICAP 2020年度全球碳市场进展报告》显示，2019年四大洲共有21个碳排放交易体系运行，另有22个处于在建或将建状态，全球掀起“碳中和”倡议浪潮。全球主要碳排放交易体系如表7-1所示。2009年以来，全球碳排放交易体系共筹集资金高达782亿美元；其中，欧盟碳交易体系及美国“区域温室气体倡议”（Regional Greenhouse Gas Initiative，RGGI）在2009~2019年，分别筹集资金589.68亿美元和33.59亿美元；中国试点地区自2014年共筹集资金1.17亿美元；韩国自2019年以来共筹集2.99亿美元。

表7-1 世界主要碳排放交易体系

碳交易体系	建立时间	特点	对象	交易方式
英国碳交易体系（UK ETS）	2002年	世界首个国家碳排放交易体系；法律强制；覆盖全国总量控制；首要成员制度	34家自愿承诺减排企业；承诺相对排放目标或能源效率目标的企业	配额交易 信用额度交易
美国区域温室气体减排行动计划（RGGI）	2003年	第一个以市场为基础的强制性总量限制交易市场；配额拍卖力度最大	10州电力行业；5大碳补偿项目——造林、处理农业粪便甲烷排放等	免费配额 拍卖配额（统一价格拍卖、单轮密封竞价）
芝加哥气候交易所（CCX）	2003年	世界第一家规范的、气候性质的交易机构；世界第一个自愿参与且具有法律约束力的总量限制交易计划	电力、航空、汽车、交通、环境等行业	免费配额 碳金融工具合约（CFI）
澳大利亚新南威尔士州减排交易体系（NSW GGAS）	2003年	世界最主要的强制性交易市场之一；法律强制	电力零售商和电力企业	信用额度交易 现货交易
欧盟碳排放交易体系（EU ETS）	2005年	时间早、覆盖国家广、交易规模最大；跨国强制总量控制	能源生产与密集型产业；航空、建筑、交通	免费配额 拍卖配额
西部气候倡议（WCI）	2007年	基于市场的限额交易	电力、工业燃料及过程排放	免费配额；拍卖配额
新西兰碳排放交易体系(NZ ETS)	2008年	唯一对土地利用行业(land use sector)设定减排义务	林业（2008）；固定式能源、工业制造业及其他行业（2010）；液体化石燃料（2011）；合成气、农业与垃圾处理业（2013）	免费配额 信用额度交易
印度履行、实现和交易机制（IND PAT）	2009年	规模较小；发展中国家第一个减排体系；无减排总量限制，基于强度原则设定	478家高耗能工厂、电力行业企业	免费配额 拍卖配额
美国加州碳排放交易体系（CAL ETS）	2012年	减排强度最高	发电、炼油、工业设施与运输燃、天然气和其他燃料	免费配额 双重拍卖机制
澳大利亚碳排放交易体系（AU ETS）	2012年	受执政党更迭而政策多变	电力生产、固定设施能源、垃圾处理、污水处理、工业	固定价格；免费配额；拍卖配额

欧盟碳排放交易体系按照《京都议定书》形成了以总量限额交易为核心的交易机制。此机制的优点有二：其一，在考虑成员国差异化减排能力的基础上完成欧盟减排的总目标；其二，能够通过联合履约机制或清洁发展机制让参与项目合作的企业获得碳减排信用。一般来说，各成员国首先自行确定核证减排使用比例，并以欧盟总量的6%为标准，如果超出这一界线，则欧盟委员会将会对该成员国的减排计划进行核查。

2005年欧盟启动碳交易，并建设了世界上首个跨国碳排放交易体系。其中2005年，欧盟碳交易量是3.21吨二氧化碳当量、成交额达79亿美元；2008年交易量在31亿吨左右、成交额快速增至919亿美元，发展迅猛。而截至2019年，欧盟的交易量再次实现跨越式发展，趋近68亿吨（Refintiv，2020），达到历史最高成交量。经过十余年的快速发展，欧盟碳交易体系已进入到第三个运行阶段后期，欧盟亦成为全球规模最大的碳交易市场，其交易与监管机制日趋成熟与完善。

7.1.2　欧盟林业碳汇体系基本特征

欧盟是《京都议定书》的坚定支持者之一，也是全球碳减排最主要的力量之一。作为国际气候谈判最初的发起者，欧盟也希望能够成为国际气候谈判的领导者。在《京都议定书》签订后，2005年1月1日，欧盟启动了全世界第一个由众多国家共同缔约的跨国碳排放交易体系。2005年1月1日完成《京都议定书》的签订后，欧盟碳排放交易体系正式启动，这是全世界第一个由多个国家共同缔约、共同参与的限量与交易类碳排放交易体系。其运行的模式基本可表述成“确定排放总额—分配成员国额度—分配成员国企业额度”，但是各成员国内企业可借助“欧盟排放许可”（EUA）和“清洁发展机制项目”（CDM）的核证减排额度（CER）履行并实现各自的碳减排责任。

按照《京都议定书》合约的要求，欧盟15个成员国碳排放量在2008年至2012年四年期间相较于1990年降低了8%，且可以通过在发展中国家通过开展造林或再造林碳汇项目达成其20%的减排目标。尽管在实施林业碳汇交易过程中，存在着诸如“基线确定困难、交易风险高、成本大”

等问题（王耀华，2009），但林业碳汇交易规则及要求的逐渐完善，不仅可以有效地缓解生态性森林建设管护资金不足等问题，更为森林生态价值市场化提供了有效途径。特别是随着《京都议定书》相关承诺的生效与实施，森林碳汇兼具经济性和高效性的特点，近些年来欧盟已逐步将其作为碳排放的主要方式，且由此产生的碳汇信用能够转换成碳排放权，从而形成森林碳汇市场。

根据《京都议定书》的相关协议，林业碳汇项目的实施须具备以下条件：一是造林或者再造林必须要在过去 50 年或在 1990 年以来无森林的土地上进行；二是在具备方法学的基础上，由政府及主管机构批准并通过联合国 CDM 机制执行理事会指定审核机构的核证，最后还需得到联合国清洁发展机制执行理事的批准。而由于林业碳汇项目的规则相对较为复杂，不确定性与不稳定性相对较高，故而欧盟在具体操作中也设计了诸多配套机制予以确保。整体来看，欧盟林业碳汇市场仍具有如下基本特征：

（1）林业碳汇交易价格与每项林业碳汇具体项目相关，而非完全由供需决定。

（2）林业碳汇项目产生的碳信用①流动性不强，故而其交易范围严重受限。

（3）碳汇信用买方（通常指发达国家）提供项目资金，并参与林业碳汇项目运营全过程。

7.1.3 欧盟林业碳汇体系交易客体

一般而言，市场中的交易商品就是交易客体。而在京都市场上，欧盟各成员国根据《京都议定书》协议以京都减排单位作为碳汇交易商品。事实上，永久性京都减排单位囊括有核证减排量（CERS，这同 CDM 项目有

① 根据科尔穆斯（Kollmuss et al.，2008）的表述，森林碳汇碳信用标准包括自愿性碳信用标准（农林及其他土地部分，VCS - AFOLU）、气候与社区及生物多样性碳信用标准（CCB - Standards）、碳固定标准（CFS）以及 Plan Vivo 标准四类。无论何种碳信用标准，均必须由联合国清洁发展机制执行理事会认定的第三方机构进行审核与认证。

关)、气体排放限（AAUs，国际排污交易主要单位)、减排单位（ERUs，由联合履约项目带来的京都信用)、汇增加单位（RMUs，由其他碳汇项目产生的信用)。

以上永久性京都减排单位都以二氧化碳当量度量，并可自由转换。但由于林业碳汇经营项目具有非持久性，因此欧盟各成员国必须在交易时确定选择临时或长期核证减排量①，进而在京都市场上自由流通与交易。

7.1.4　欧盟林业碳汇体系交易主体

对于任何市场而言，均包含交易对象、交易主体等基本要素。随着林业碳汇市场的不断发展，其市场主体也逐渐呈现多元化趋势。

（1）需求方。依照《京都议定书》，森林碳汇项目的需求方为其附件Ⅰ中国家与世界银行下属碳基金。欧盟内部国家根据被分配到的减排指标进行碳减排，这些国家承诺较1990年降低8%~10%。欧盟作为其中几个减排任务较重的缔约方，一直试图通过在发展中国家开展CDM林业碳汇经营合作项目，从而以较低的成本达成减排目标。另外，从已在（联合国）清洁发展机制执行理事会注册的公开项目上发现，欧盟各成员国开展的CDM林业经营碳汇项目数量众多，是林业碳汇交易的主要需求方，最终需求方为企业。

（2）供给方。在欧盟碳汇交易市场中，森林碳汇经营项目的合作方仍为发展中国家，如中国和印度等。即通过这些发展中国家出售碳减排额度促成交易。但由于各发展中国家的国情各异，故而在与欧盟成员国开展国际林业碳汇交易时的政策也各有不同。从目前欧盟各国与发展中国家开展的实际情况来看，森林碳汇经营试点作为发展中国家的政治性选择是影响这些林业碳汇经营项目的最主要影响因素。当然，因受限于诸多发展中国家并不具备开展林业碳汇经营的知识（如方法学)、技术等条件，所以欧盟林业碳汇经营项目的供给方并不十分充足。

---

①　临时核证减排量，指的是颁发碳信用的承诺期结束时的碳信用；长期核证减排量，是指碳汇项目信用期结束时的碳信用。二者均可在京都市场上流通与交易。

7.1.5 欧盟林业碳汇体系其他参与主体

1. 政府

按照京都协议，欧盟各国政府在碳汇交易市场开发与建设方面的作用主要有制定法律法规与市场规则、参与国际谈判、提供交易平台、开展信息传播等。

（1）制定法律法规与市场规则。林业碳汇产权界定是开展交易的前提条件，因此政府必须以颁发产权证书等方式予以确保。同时，欧盟也会结合林业碳汇项目实施所在地的文化与习俗，制定相应地政策与规则，并依据国际协定制定本国市场交易规则。此外，也会通过教育培训的方式，强化企业碳汇市场参与能力的建设。

（2）参与国际谈判。适应与减缓气候是国际化政治性行动、是一种全球性公共物品，与其将森林碳汇市场交易定义为一种市场开发进程活动，不如称其为由国际社会与各国政府推动的一种政治化行动。欧盟各国为了履约并以较低的成本达成减排承诺，积极与其他国家开展国际谈判与合作，并参与相关交易规则的制定等。同时，与其他国家开展森林碳汇国际谈判与合作，还具有重大的国家外交属性。

（3）提供碳汇交易平台与开展信息传播。与传统商品不同，森林碳汇产品与市场作为一种新生事物并不为人熟知与了解。欧盟各成员国在与发展中国家开展森林碳汇经营项目合作时，会根据市场状况及发展潜力提供交易平台，并将《京都议定书》的相关国际协定信息、森林碳汇的固碳功能等，向公众或偏远山区森林碳汇项目的潜在提供者传播，从而提高森林碳汇交易的熟知度与接纳度。

2. 第三方认证机构

第三方认证机构的参与是林业碳汇市场交易顺利实现的基本要素，而这也是与其他市场有所区别的地方。第三方认证机构是由联合国清洁发展机制执行理事会认定的集审议、审核和认证于一体的企业法人性质的实体组织。欧盟各成员国与其他发展中国家开展的森林碳汇经营项目，同时也需经具备认证资格的第三方机构对项目进行基本设计、基线及执行开展审核确认，同时交联合国清洁发展机制执行理事会认定后，方能将项目带来的碳汇信用在碳交易市场上交易。假设无第三方认证，碳汇经营带来的碳信用就像“无证驾驶”，无法进行规范交易。因此，对于欧盟的林业碳汇交易市场而言，第三方认证机构在审核和确保森林碳汇经营项目的合格性及其所产生的碳汇信用的合法性和真实性上有着不可或缺的作用。

3. 非政府组织（NGO）

非政府组织在强化公众环境意识、引导公众参与环境治理，帮助政府推行环境政策，监督公众环境行为以及在提供知识援助与资金、技术支持等生态治理和环境保护方面具有重要作用（樊根耀，2003；王耀华，2009）。在欧盟的森林碳汇交易市场中，非政府组织不仅能够为公众或企业开展诸如国际协定、交易规则、技术推广等教育与培训工作，还可通过自身的影响力与专业知识等促成政府政策的制定，甚至为碳汇潜在提供者或碳汇项目运营初期提供必要的资金与技术支持，以保障碳汇市场的发育、发展与壮大。

4. 其他利益相关者

林业碳汇市场除了以上参与的主体外，还包括有中介公司（或经纪人）、保险公司、社区及其他利益相关者。与其他市场类似，在欧盟碳汇交易中，中介公司（或经纪人）能够提供由森林碳汇项目产生的碳库管理、担保、专业知识、开辟投资渠道等服务。特别是随着林业碳汇交易市场的逐渐成熟，这些利益相关者便会逐步替代政府与非盈利性组织，成为森林碳汇经营市场中不可或缺的要素。

7.1.6　欧盟林业碳汇体系运行机制

目前，欧盟林业碳汇交易市场的运行上包括有价格、供求、风险及融资机制。下面将从以下四个方面进行说明。

1. 供求机制

林业碳汇市场遵循基本的市场供求规律。碳汇需求方面，作为一种特殊产品，林业碳汇交易的稀缺性实际上是国际社会在适应与减缓气候变化过程中由政策驱动产生的结果，故而从本质上讲，欧盟林业碳汇交易是一种政策驱动型交易行为。换言之，这种交易需求并非自发性需求而是诱导性需求，市场主体企业需求的产生主要源于《京都议定书》的规定下清洁发展机制诱导，而不是在购买森林碳汇产品过程中由产品的效用评价所产生的。如此，欧盟各成员国及其企业在条约和协议的规则下产生了对森林碳汇信用的需求，其需求函数更大程度受到各国政策调整、减排承诺是否被有效履行与达成以及要求私人部门给予的排放补偿等所决定。从目前的具体交易情况来看，部分参与国参与政治意愿不强、国内交易法规持续性不够以及政策不明朗等是造成林业碳汇市场需求不足的主要原因。

碳汇供给方面，可将为欧盟提供碳汇信用的供给者（即任意林业碳汇项目合作国家）视为“追求利润最大化的理性经济人”。在京都市场，只要欧盟各成员国具有以低成本履行减排承诺的动机与需求，且交易价格符合（供给者）预期，那么森林所有者或森林碳汇项目经营者就会选择尽可能地增加碳汇供给，以追求利润最大化。

尽管森林碳汇市场具有独特性，但其仍遵循普通商品市场的供求基本规律。通常，若碳汇信用供给小于需求，那么就会导致其价格上升从而刺激供给，最终带动需求增加；反之亦然。

2. 价格机制

（1）森林碳汇价值。一般来说，商品的价格由其价值决定，价格围绕价值上下波动。因此，森林碳汇产品的价格也是由它的价值决定的。在欧盟内部，主要采取造林成本法、碳税法、人工固定二氧化碳成本法以及支付意愿法等方法对森林碳汇价值进行测算。

（2）全球碳价。欧盟碳汇交易体系是全球碳市场的重要构件，森林碳汇价格必然会受到全球碳价的总体影响。欧盟碳汇市场价格高度依赖于单个国家市场，且受到这些国家对监测与审核规范的认可、国家和政策风险、风险传递及碳汇项目可持续性等（王耀华，2009）。如在2005年，欧盟大部分森林碳汇 CDM 项目在一级市场的交易价格为6欧元～11欧元，而二级市场的交易价格11欧元～15欧元。

（3）土地利用机会成本。欧盟森林碳汇项目通常是在发展中国家未开展森林经营的土地上进行的。通常来讲，这些土地位置相对偏远，且更大可能是被用作粮食与其他作物的生产。根据土地多用途的特性，种植这些作物产生的收益即是开展森林碳汇项目的机会成本。那么，仅有与欧盟合作开展森林碳汇经营项目的潜在收益高于种植其他作物收益时，森林碳汇信用才会产生，并催生森林碳汇交易。由此可知，森林碳汇产品所产生的碳汇信用应当以土地机会成本与碳汇信用量之比作为最低价格临界点。

7.1.7　欧盟林业碳汇体系融资方式

作为一种新型融资方式，如何有效利用清洁发展机制下的森林碳汇经营项目开展项目融资，是欧盟在构建碳汇交易体系并推进其森林碳汇交易市场发展过程中难以回避的重要问题。当前世界上通用的森林碳汇市场融资方式主要包括 CERs 购买协议、远期购买、订金－CERs 购买协议、国际基金和期货等，具体如表7－2所示。

表7－2　　林业碳汇市场不同融资方式

融资方式	交易价格	CERs 供给方		CERs 投资方	
		风险	收益	风险	收益
购买协议或合同	高	高	高	低	低
远期购买	低	低	高	高	高
订金购买协议	不定	中等	中等	中等	中等
期货	中等	低	中等	低	中等
国际基金	低	低	低	低	中等

资料来自：王耀华．森林碳汇市场构建和运行机制研究［D］．哈尔滨：东北林业大学，2009.

从当前欧盟与其他国家开展的林业碳汇项目合作情况来看，欧盟诸多成员国倾向于在项目建设初始阶段一次性采购项目运营结束时预期的 CERs，借此得到整个运营投产后的 CERs 产权。但由于在该种方式下，森林碳汇 CERs 供给者的收益相对较小，特别是随着发展中国家公众相关领域意识与专业知识的增强，其合作意愿也在降低。与之对应的是通过购买协议或合同交易获得 CERs，尽管此法能使欧盟及其内部成员国的风险最小化，但其在森林碳汇经营项目的整个过程中并不享有风险收益，且须与合作方就价格规定上下限，其购买价格通常要高于远期购买价格。因此，尽管在欧盟林业碳汇交易初期，这些融资方式较为普遍，但随着该市场的发展与不断成熟，其逐渐被其他融资方式所代替。

在这其中，特别是依托或隶属于世界银行的各类基金组织对欧盟的支持尤为明显。实际上，对于欧洲诸多中小国家，其本国可能并不具备充足的资金与运作能力去投资合适的森林碳汇经营项目，加之国际碳减排信用价格波动明显、风险较高，故而倾向于直接购买核证减排信用。那么，这些国家为了实现购买价格低和 CERs 回报稳定的目标多与专业的 CDM 投资运营企业或基金组织合作。

基于欧盟碳汇基金发展实况及章升东等（2007）的相关表述，表 7－3 展示了部分为欧盟及其成员国提供 CDM 项目投资的基金组织，包括内容有：原型碳基金、生物碳基金、社区发展碳基金、荷兰 CDM 基金及德国、丹麦、西班牙、意大利等国家基金。

表 7－3　　欧盟森林碳汇相关基金

基金名称	发起方及出资方	作用或目的	资金规模	成立年份
原型碳汇基金	世界银行及加拿大、芬兰、荷兰、挪威、瑞典等 6 国	能效、可再生能源领域的 CDM 项目	1.8 亿美元	1999 年
社区发展碳基金	世界银行及荷兰、意大利、奥地利等 4 国	针对世界最落后国家与地区	1.286 亿美元	2004 年
生物碳基金	世界银行	为收集农林系统中碳的土地使用项目提供支持；保护生物多样性	0.919 亿美元	2007 年
荷兰清洁发展机制基金	世界银行与国际基金组织	CDM 项目 CERs：可再生能源、生物质产生的能量、能源效率提高	0.44 亿欧元	2004 年
荷兰欧洲碳基金	世界银行与国际基金组织	为欧洲各国减排提供支持；项目范围不受限制	1.8 亿美元	2004 年

续表

基金名称	发起方及出资方	作用或目的	资金规模	成立年份
意大利碳基金	世界银行与意大利政府	支持清洁技术转让等，如水电和垃圾管理	0.8亿美元	2004年
丹麦碳基金	丹麦政府与私人部门	支持风能、电力、热力、水电、生物质能源及垃圾掩埋等项目	0.7亿美元	2005年
西班牙碳基金	西班牙政府	投资东亚、太平洋、拉丁美洲以及加勒比地区的风电、水电、垃圾管理、运输等项目	1.7亿欧元	2005年
德国碳基金	德国复兴银行	为德国或欧洲有减排需求的公司提供项目产生的减排证书，不包括核能厂、林业/土地使用、大型水电项目	0.7亿欧元	2005年
英国碳基金	英国政府	帮助企业提高能源效率（如年能源成本为300～400英镑大企业），对具有前景的低碳技术进行商业投资	–	2001年
欧洲碳基金	世界银行及爱尔兰、卢森堡、葡萄牙等国政府与企业	为欧洲国家履行《京都议定书》与《欧盟排放额交易计划》承诺提供帮助	0.5亿欧元	2007年

注：需要说明的是，尽管英国已于2020年12月31日晚11时正式脱欧，但其作为欧盟成员国的历史（48年）是难以抹除的，且其森林碳汇交易市场无可避免受到欧盟市场及相关政策的影响。所以，在此仍将英国林业碳汇相关内容放置欧盟碳汇交易市场框架之内。

资料来源：根据章升东等（2007）的相关表述整理得出。

7.2　典型国家林业碳汇产业体系分析：新西兰

7.2.1　新西兰碳减排目标

新西兰作为国际《气候公约》与《京都议定书》的缔约国，其在减缓与适应气候变化方面一直较为活跃与积极。为达成减排承诺，新西兰在国家不同发展阶段设立了不同减排目标，并建立了碳排放权交易体系，采取了诸多举措。2010 年，新西兰发起化石燃料补贴改革行动，逐步取消全球每年用于化石燃料近 6000 亿美元的补贴来减少碳排放[①]；2015 年 10 月，其向《巴黎协定》提交了国家自主贡献比例的承诺；2018 年，通过《零碳法案》（*Zero Carbon Bill*），并对 2050 年减排目标做出承诺。

一是到 2020 年，无条件实现碳排放量较 1990 年降低 5%；

二是到 2020 年，有条件实现碳排放量较 1990 年降低 10%~20%；

三是到 2030 年，实现碳排放量与 2005 年相比减少 30%；

四是到 2050 年，实现碳排放量与 1990 年相比减少 50%。

1990 年，该国碳排放约为 5911 万吨，扣除由森林碳汇抵消的近 40%，净碳排放量仅为 3566 万吨。而据新西兰环保部门 2015 年发布的数据显示，农业是该国第一大排放源，接近半壁江山。仅 1990~2015 年，由于奶牛养殖数量和含氮肥料等使用量的激增，导致农业碳排放量增加 16%。同期，由森林产生的碳汇抵消比例也在不断攀升，2009 年其碳汇量约占到总排放量的 1/4，甚至在之后的几年一度达到 1/3[②]。作为新西兰碳减排的重要渠道，林业碳汇的减排效应是其他行业无法相提并论的。

实际上，自 2008 年以来，新西兰试图通过构建覆盖主要行业部门的碳交易体系，即新西兰碳排放交易体系（NZ ETS），以此来达成碳减排目标。覆盖行业包括林业、化石燃料、工业制造业、能源行业、农业和废弃物等。减排气体范围也涵盖《京都议定书》规定的 6 种温室气体。但由于不同行业的差异，其被纳入碳交易体系的时间也各不相同。其中，林业由于具有成本低、减排潜力大、综合效益高等优点，成为碳减排的关键领域，并于 2008 年初被最早纳入该碳交易体系的部门；而为避免并降低碳减排对农牧业发展可能产生的不利影响，农业则是最后一个加入至碳交易体系的行业（周荣伍等，2013）。

因此，增加森林碳汇与减少农牧业碳排放是新西兰在履行国际减排承

---

① 数据来自新西兰政府官网。

② Ministry for the Environment of New Zealand. New Zealand's Response to Climate Change [EB/OL]. February, 2007.

诺与责任时必须考虑的两大目标。唯有如此，新西兰才可在保持农牧产品国际竞争力与达成减排目标的同时，激发造林护林与开展森林碳汇经营项目的积极性，并增进国民生态福祉。

7.2.2　新西兰对碳汇林业范围的界定

为与《京都协议书》保持一致，新西兰在推进林业碳汇交易的过程中，将涉及的森林划分为“1990年前”和“1990年后”两类[①]，并实行不同的政策。

1. 1990年前的森林

一是由于适应与减缓气候变化主要涉及人为活动带来的实际影响，天然林并不参加碳交易。

二是与天然林不同，人工林（或再造林）是人为活动的结果，因此应该加入碳交易。同时，在2008～2012年四年的过渡期内，为林地所有者免费提供5500个新西兰单位以便其进行申请。

三是2008年1月1日～2011年11月30日，再造林所有者可免费申领配额，超过时限不再接受申请。申请时，根据林地是否发生毁林行为，又有所不同。其一，如果申请配额时，其林地已发生毁林事实，且面积大于2公顷，则林地所有者不能申请领取配额，必须在碳交易市场中购买等额度的新西兰单位用来补偿毁林排放。其二，如果申请配额时毁林并没有发生，则再造林所有者可以进行3种选择。

（1）林地所有者能够申请领取免费配额，并在碳交易市场上自由交易。但如若申领到免费配额后，其毁林面积大于2公顷，那么其必须返还已获得配额，并还须从碳交易市场上购买相应额度的新西兰单位，以补偿毁林排放。显然，前者是一种自愿行为，即赋予林地所有者的权利；而后

---

① “1990年前的森林”指的是1989年12月31日已是森林且一直到2007年12月31日仍为森林的林地；“1990年后的森林”指的是1989年12月31日不是森林，之后通过造林或再造林成为森林的林地，或1989年12月31日已是森林，但1990年1月1日至2007年12月31日出现毁林，并于2007年12月31日后通过造林或再造林等方式再次成为森林的林地。

者则是一种强制行为，即要求林地所有者在毁林后必须承担的责任与义务。

（2）对于经营面积在50公顷以下的林地，若该林地存在未来可能毁林的风险，其所有者可以自愿申请免责。则若未来发生毁林事实，该再造林所有者无须购买等额度的新西兰单位用来补偿毁林排放，只需要返还领取的免费配额，即所谓的“免除毁林排放责任”（王祝雄等，2013）。

（3）对于森林经营面积较小的林地所有者，在经过计算对比后，发现申领免费配额或免责后所得到的收益要远大于成本，那么可选择不加入碳交易市场。如此，即便未来出现毁林，林业所有者仅需承担相应的减排责任和义务即从碳交易市场上直接购买相应数量的新西兰单位用来补偿毁林排放，或者直接以现金进行补偿。

2.“1990年后的森林”

一是“1990年后的森林”是借助人工措施而形成的林地，是人工林范畴。

二是森林所有者无法申领免费配额。新西兰政府规定，按照实际造林面积计算，并且由森林所有者自愿决定是否加入碳交易市场。其原因在于，新西兰政府在制定林业碳交易政策时，考虑到“1990年后的森林”可能并不存在，而这无疑会增加量化难度或难以明确量化。

三是森林所有者可以根据木材和林业碳汇的收益情况自由决定是否加入碳交易市场。若林地所有者预计林业碳汇收益大于木材收益，则可以选择加入碳交易市场，反之亦然。特别地，当林地所有者难以计算或预测二者哪种收益更高时，可选择将部分林地产品纳入碳交易市场中。此外，政府对自愿加入碳交易市场、符合条件的森林碳汇项目不设置上限。

四是林地所有者自愿申请加入碳交易市场后，其获得的新西兰单位可直接在市场中流通、交易并获利。但是，如若在其获得免费配额后，林地出现毁林或被破坏，则须承担相应的责任来补偿毁林排放，一般而言须先在规定时间内返还免费配额，然后购买相应数量的新西兰单位或者支付相应额度的现金，否则会被给予严重的处罚。

从新西兰对“1990年前的森林”和“1990年后的森林”所制定的碳

汇交易制度中不难发现，无论是新西兰政府实行的“自愿免费申请配额”，还是“强制购买额度补偿毁林排放”等政策，其目的均为规制森林所有者的经营行为，保护现有林地、控制毁林排放、增加森林碳汇，从而有序推动碳交易与减排承诺的达成。但二者之间仍有一定的区别，用王祝雄等（2013）的表述可以理解为，前者是为了“林地不转变为非林用地”，即确保林地所有者不改变林地用途，确保不发生毁林现象；后者关心的则是“谁造林”以及“森林碳汇归属权”问题。

7.2.3　新西兰林业碳汇交易技术指南

新西兰农林部共制定了《林业参与碳排放贸易计划指南》《参与碳排放贸易计划的林地制图指南和地理空间制图信息标准》《林业参与碳排放贸易计划查表法指南》《林业参与碳排放贸易计划土地分类指南》《1990 年前森林新西兰单位的分配与免除》以及《排放贸易计划中的林地交易》在内的 6 项技术操作指南，从而保证林业碳汇能够有效参与碳交易市场并进行流通和买卖（见表 7 -4）。

表 7 -4　新西兰林业碳汇交易技术指南及作用

技术指南名称	作用
林业参与碳排放贸易计划指南	（1）帮助林业所有者了解基本信息；（2）帮助林业所有者决定是否加入
林业参与碳排放贸易计划土地分类指南	帮助林地所有者判断林地类型：1990 年前/后
参与碳排放贸易计划的林地制图指南和地理空间制图信息标准	提供林地基础信息
林业参与碳排放贸易计划的实地测量方法和标准指南	以实地调查法计算森林碳汇（森林面积≥100 公顷）
林业参与碳排放贸易计划查表法指南	以指导通过查表法计算森林碳汇（森林面积 < 100 公顷）
1990 年前森林新西兰单位的分配与免除	明确毁林等机会成本、具体补偿办法与责任免除情况
排放贸易计划中的林地交易	交易各方在碳市场中的权利与义务

7.2.4　新西兰林业碳汇交易方式

新西兰确立新西兰排放单位（NZUs）作为本国内部的碳排放单位，采取政府免费配额和有偿分配结合的方式，并以此实现国内企业间碳排放交易。不过，采用的仍是当前国际碳交易的主流方式，即“免费配额”。但在其碳排放配额切实的过程中，分配计划必须先由国会讨论审核，审批后方可实行。通常，政府会基于企业排放历史确定其免费配额；而企业在其豁免配额外，既可购买其他企业多余的配额，也可购买森林经营项目碳汇。在这两种方式中，政府尤其鼓励林业碳汇项目参与交易，对只要符合条件的森林经营项目，允许其即可获得碳汇信用指标用以交易，且交易额度无上限。该交易方式的实行，不仅逐渐有效地推动国内清洁能源投资、扭转了毁林局面，并实现了低成本减排。但2013年，新西兰碳交易方式略有变化，并引入拍卖机制，规定“林、农、工、渔继续享受免费配额，而垃圾、固定式与液化燃料能源供给等行业将不再获批免费配额”。同时，允许除该项目外的其他项目配额能够储蓄与抵消，且均无数量限制。

在上述交易方式外，本国企业也能够在京都市场中使用国际碳信用额度参与海外碳交易，达到以最小的成本实现碳减排。这些包括了《京都议定书》中规定的“基于配额交易下的分配数量”“清洁发展机制”“核证减排量”“长期土地补偿清除单位”和“联合履行项目减排单位”。而在推进与国际碳市场对接的过程中，考虑到国家碳信用额度供给严重过剩，如在2012年3～7月，新西兰政府并不建议进行上述信用额度交易（陈浩民，2012）。在此之后，政府继续允许本国企业可无限额使用国际碳信用额度。当然总体来讲，新西兰国内的碳价仍主要由国内排放单位供需状况所决定。

7.2.5　新西兰林业碳汇交易价格

与世界通用“减排单位”类似，新西兰也设置了本国的排放单位——“新西兰单位”，即1吨二氧化碳当量。对于碳汇交易价格，新西兰将2008～

2012年定为“过渡期”，并以实行政府定价来确定林业碳汇交易价格。为了避免林业碳汇等交易价格波动造成市场紊乱，新西兰规定每排放1吨二氧化碳当量的温室气体需支付25新元。同时，由于经济处于低迷阶段，新西兰政府在实际操作中采用“政府定价” + “买一赠一”的方式最终确定交易价格，并于2012年7月延长该“过渡期”。换言之，在整个过渡期内，对于每个新西兰减排企业而言，其每排放1吨二氧化碳当量的温室气体，仅需支付0.5个新西兰单位，即单位交易碳排放额价格相当于12.5新元/吨。当然，其也可通过京都单位（须在2015年5月31日前）、配额等履约。这在很大程度上降低了企业减排的负担与减排实施的难度，更为稳定市场价格与推动林业碳汇交易提供了条件。

但是与此同时，新西兰国内出现供远大于求的局面，使得单位交易碳排放额价格由2011年20新元/吨降低至2012年2新元/吨[①]。这也在很大程度上影响了许多森林所有者因免费配额或碳信用收益过少而频发毁林的现象。到2014年新西兰政府通过了《应对气候变化法2002》修正案，该法案规定“林业所有者在登记系统注销林地时不得使用国际碳信用”。该政策的实行，导致新西兰单位在国内碳市场中需求增加，并带来碳信用价格涨至4新元/吨。

7.3　国内林业碳汇产业发展典型项目案例分析

7.3.1　广东长隆林业碳汇项目

与临安林业碳汇项目类似，长隆林业碳汇项目在中国也具有其独特的含义与价值。该项目作为我国林业核证自愿减排项目（即CCER）由国家发改委首次批准，对中国乃至全球的气候变化都大有益处。下面将对我国广东长隆林业碳汇经营项目的基本概况、交易主客体、交易方式等进行分析，以期为其他地区开发林业碳汇项目提供经验支持与参考依据。

---

①　白璐雯. 林业如何参与碳交易——新西兰经验［EB/OL］. 碳交易网，2015-05-15.

1. 项目概况

森林是碳汇的重要来源，其具有的固碳功能，使其成为适应与减缓气候变化的重要途径。广东作为我国第一大经济大省，经济“重镇”的地位使其成为中国碳减排的前沿阵地与减碳约束最为严苛的地区之一。为此，广东省大力开展诸如将林业碳汇纳入减排减碳机制的改革，并允许减排企业参与林业碳汇项目从而开展抵扣履约或交易履约。2011 年，广东翠峰园林绿化有限公司积极响应政府这一政策性的号召并与中国绿色碳汇基金会广东分会进行支持合作，在梅州市的五华县和兴宁市，河源市的紫金县和东源县，共 4 县市 9 镇中进行造林 1.3 万公顷，造林密度为 74 株/公顷的碳汇项目。造林范围涉及梅州市五华县和兴宁市，河源市紫金县和东源县，共 4 县市 9 镇。长隆项目涉及地区概况如表 7－5 所示。

表 7－5　　长隆项目涉及地区概况（2010 年）

县市	乡镇	林地面积(公顷)	生态公益林(公顷)	森林覆盖率(%)	造林面积(公顷)
五华县	转水镇	199676.7	87108.4	64.2	266.7（公顷）(4000 亩)
	华城镇				
兴宁市	径南镇	120700	58715	64.2	266.7（公顷）(4000 亩)
	永和镇				
	叶塘镇				
紫金县	附城镇	255133	—	—	200（公顷）(3000 亩)
	黄塘镇				
	柏埔镇				
东源县	义合镇	162000	62000	69.5	133.3（公顷）(2000 亩)

该项目的主要资金是中国绿色碳汇基金会的 1000 万元，供给方为广东省长隆集团有限公司，因此虽然项目位于广东欠发达地区。在具体操作中，为做到产权清晰并避免利益纠纷，事先各方以协议的方式对自己的权、责、利进行限定。其中，造林地占地均为集体林地，广东翠峰园林绿色有限公司需负责碳汇造林的建设与资金投入，并享有森林碳汇的最终处置权；县市林业局主要负责造林碳汇项目的组织工作；村委会提供符合项目实施条件的林地（场所），负责林地日常管护等工作，享有林地集体所

有权。林农可根据林地承包权获得林地租金，林地所有产权仍归林农所有，且将部分造林碳汇交易收益分配给林农和用于森林抚育等，前提是林农须在协议约定期内不能出现砍伐、毁林等行为。

2. 造林碳汇项目方法学与技术规程

该项目由广东省林业厅提供协调服务与政策指导，采用了国家发展改革委备案的自愿减排交易方法学，即《碳汇造林项目方法学》（方法学编号为 AR – CM – 001 – V01）。该方法的具体适用条件如下：

（1）项目实施林区产权清晰，无利益纠纷。自 2015 年 2 月 16 日至实施碳汇项目前，林地内主要为草木、灌木与零星分布的乔木，尚难以形成森林。造林地块严重退化且有持续退化的迹象，同时由于天然林种匮乏，在未开展造林项目的情景下，尚不足以达到森林标准。

（2）碳汇造林项目区土壤是红壤或赤红壤，且是非有机土或湿地。为此，项目开展对土壤的扰动满足基本的水土保持标准，低密度造林亩均 74 株，对土壤的扰动比例低于 10%，且不会重复扰动。

（3）碳汇造林项目部移除枯死木、地表枯落物与采伐剩余物，不得采取火烧的营林方式。

（4）尽管碳汇林业项目归属于集体林地，但由于位置偏远且土地相对贫瘠，已长期处于无林地状态，在基准情景与项目情景下均无任何农业生产活动。该项目当前并无任何计划或已开展的造林活动，属于长周期投资建设项目。

按照以上方法学，该林业碳汇项目操作中具体采用的技术规程包括：一是《国家森林资源连续清查技术规定》；二是国家林业局出台的《碳汇造林技术规定（试行）》；三是国家林业局颁发的《碳汇造林检查验收办法（试行）》；四是《森林资源规划设计调查技术规程》；五是造林技术规程、造林作业设计规程、生态公益林建设技术规程和森林抚育规程。

3. 交易客体与交易方式

（1）交易客体。

正如前文所述，交易客体即交易商品，碳汇市场上的交易客体为减排单位，即市场主体（通常为企业）为完成减排承诺而使用的单位。在广东长隆造林碳汇项目的中，其交易客体为中国核证减排量（CCER），单位以“吨二氧化碳当量”（tCO_{2e}）计。

（2）交易方式。

2014 年 7 月，长隆林业碳汇经营项目通过国家发展改革委的审核并完成备案，是国内首个能够进入碳交易市场并流通和买卖的林业碳汇 CCER 项目，并于次年 5 月进行首期减排量签发。项目申请 20 年固定期核证减排量，从 2011 年 1 月 1 日至 2030 年 12 月 31 日，20 年期间内，预估年减排量可达 17365 吨二氧化碳当量，计入期内减排量达 347292 吨。初期减排数量的监测时间跨度为 2011 年 1 月 1 日 ~2014 年 12 月 31 日，这段监测时期内实际减排数量达到 5208 吨二氧化碳当量（石柳，2017）①。之后，林业碳汇项目的所有者翠峰园林绿化有限公司与广东粤电环保有限公司开展合作，双方已交易协议的方式，以单价 20 元/吨成交产生的 5208 吨碳汇。由此，中国历史上第一笔林业碳汇 CCER 顺利成交，这也成为中国林业碳汇交易历史上难以磨灭的事件。

当然，上述交易是以交易双方协议价为准，但这并不完全是林业碳汇交易的决定方式。实际上，在广东碳交易市场中以免费配额和有偿竞价拍卖为主，林业碳汇为辅，大部分仍为配额（主要来自工业减排项目），林业碳汇仅能在以核证减排量 CCER 为主的抵消项目中使用（陈阳，2014）②。

4. 交易主体

（1）供给方。

广东长隆林业碳汇项目由广东翠峰园林绿化园林公司投资建设，产生的碳汇也由其所有、支配，从市场交易的角度来讲，其是直接供给者。但实际上，项目真实提供者为五华县、兴宁市、紫金县和东源县集体林区的所有者村委会与承包者林农。村镇林农及村委会通过提供林地的经营权与使用权获得收益，并成为其实际供给者。

---

① 备案项目文件中预估的减排量为 77113 吨，但监测期内实际减排量仅为 5208 吨。

② 陈阳．林业碳汇：在碳交易市场中的比例还是太低［N］．中国经济导报，2014－04－12.

（2）需求方。

该造林项目需求方为具有减排履约需求的企业。通常，企业在生产经营活动中需获得碳排放许可权来排放（温室气体）污染物，可通过企业自身减排、购买森林碳汇或其他企业剩余减排额达成其履约义务，而经过成本收益分析后采用林业碳汇替代减排方式的企业，是其最终或潜在的需求者。

5. 其他参与主体

（1）政府。一是当地林业局。在广东长隆造林碳汇项目中，参与的政府机构主要为市县林业部门。在中国，由于林地产权本属于村集体所有，要投资建设并形成规模效应，必须由当地林业主管部门的引导、组织、协调与参与。实际上，广东翠峰园林公司作为一家中小企业，无论是从资金实力、人才和技术来看，还是从企业在业界影响力来看，其均无法独立承担该项目。倘若无广东林业科学研究院和林业调查规划院、林业厅及各市县林业单位的协助与支持，该项目犹如“纸上谈兵”。同时，林业部门对国家碳汇交易与林业经营政策更为熟知，在与当地乡镇政府与村委会及村民协商沟通时，其对当地林地自然状况及村镇情况有较为全面的了解，赋予其在开展谈判与制定相关规则时具有独特的优势，并能够促成该项目的顺利投资建设与顺利实施。

二是中国绿色碳汇基金会。该基金会是全国第一家公募基金会，由国务院批准隶属于国家林业和草原局，其在减缓气候变化上发挥着重要作用，并在长隆碳汇项目中扮演着关键的组织者角色。这具体体现在，为长隆造林碳汇项目开发并提供了造林与森林经营等碳汇方法学与操作指南、林业碳汇项目注册平台以及技术支撑等，这也让国内林业温室气体自愿减排项目（CCER）第一次参与碳市场交易。

当然，除此之外，诸如国家发展改革委等部门也需要负责森林经营碳汇项目的审核与备案等工作，而这也正是该项目能够在碳市场上顺利交易的根本原因。通常来讲，国家发展改革委组织专家对项目进行评估与审核批准的周期在 3 ~6 个月，CCER 项目从开发到减排量签发至少需要 8 个月，而广东长隆森林碳汇项目从备案到签发历时共 10 个月。可以说，国家发展改革委对该项目审批同意与否以及时间长短直接关乎该项目能否顺利实施。

（2）第三方审定认证机构。为保证广东长隆项目本身的合格性与减排单位的真实性，由经国家认证认可的监督管理委员会批准的“中环联合认证中心”（CEC）对项目的设计与其他情况等进行审定与确认，并对其执行情况进行审核。实际上，该机构作为能够为企业温室气体排查、国际CDM机制项目审查和核定、国内自主减排项目审查和核定等第三方服务机构，若无该机构的认定与参与，长隆项目则无法顺利实现交易（见图7-1）。

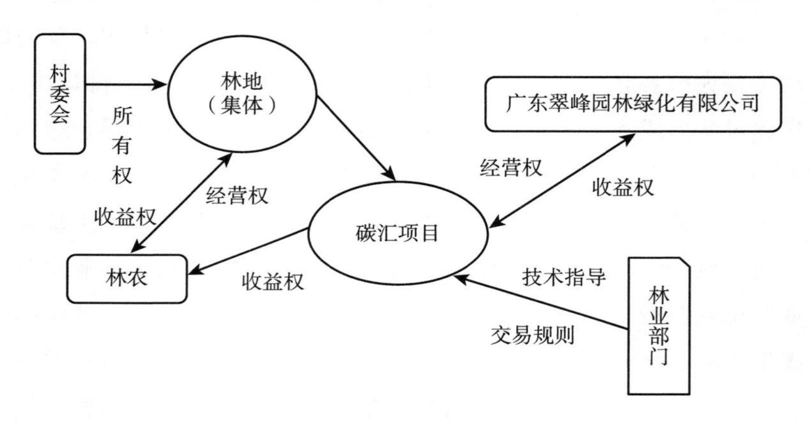

图7-1　广东长隆碳汇项目相关主体

7.3.2　中国临安林业碳汇体系分析

1. 中国林业碳汇概况

中国拥有全世界最大的人工林，这不仅是保障生态安全的有效蓄水池，更是实施清洁发展森林碳汇项目的前提基础。与国外林业碳汇发展略有不同，中国结合自身扶贫的现实需要，涌现出诸多具有中国特色的林业碳汇扶贫项目。尤其是近年来以再造林为代表的林业碳汇项目的发展，将林业碳汇项目与国内扶贫相结合已成为近几年学术界与社会关注的热点话题。

林业碳汇是伴随着全球气候变化问题日益严峻而兴起的重要研究课

题，其反贫困的根源可追溯至20世纪90年代迸发出的森林碳汇项目。作为世界三大清洁发展机制（CDM）之一，一方面它可以通过发达国家和发展中国家进行项目合作以达到发达国家的减排目标，另一方面在合作中也为发展中国家提供了技术和资金的援助，从而推动了该地的可持续发展（Noble and Scholes，2001；Nair et al.，2008）。实际上，正如格劳克和霍尔（Scurlock and Hall，1998）和洛博维科夫等（Lobovikov et al.，2009）所表达的那样，消除贫困作为可持续发展最关键的目标之一[①]，而森林碳汇通过发达国家与发展中国家的项目级合作，在减排的同时提供资金和技术的援助，其能够在一定程度缓解并解决发展中国家的贫困问题。由此，发达国家不仅能够以更低的成本实现减排，又能帮助发展中国家迈向可持续发展的"康庄大道"，从这一角度来看，森林碳汇兼具"减排"与"反贫"的双重属性（陈继红和宋维明，2006；龚亚珍和李怒云，2006；Perez，2007）。特别是由于后京都时代的到来，由此衍生的林业碳汇项目如雨后春笋一般迸发开来，其越多的与贫困人群参与利益分享以及农户可持续生计等反贫困问题紧密的交织在一起。

作为市场机制下多主体、多层次参与的生态补偿制度产物，森林碳汇凭借其较其他减排方式更具经济性、高效性的特点，已成为全世界应对与减缓气候变化挑战的主要替代方式，且在减贫反贫上发挥着不可替代的作用（Schneider et al.，2007；洪玫，2011；Chen et al.，2011；漆雁斌等，2014）。在中国，伴随着2009年自愿减排"熊猫标准"的发布，以及2014年浙江省"临安农户森林经营碳汇交易体系"的形成，都极大程度上促进了以森林碳汇带动惠农扶贫的发展，"森林碳汇扶贫"这一概念表述最为贴合中国情景（马盼盼，2012；丁一，2013；曾维忠和杨帆，2019）。

森林碳汇成为碳减排的优质替代方式，而我国作为世界上拥有最大人工林的发展中国家，将进一步解放我国的碳排放空间以实现可持续发展，并据此推动气候外交的进程。

---

① 联合国可持续发展目标共有17个，依次为无贫穷，零饥饿，良好健康与福祉，优质教育，性别平等，清洁饮水和卫生设施，经济适用的清洁能源，体面工作和经济增长，产业、创新和基础设施，减少不平等，可持续城市与社区，负责任消费与生产，气候行为，水下生物，陆地生物，和平、正义与强大的机构，促进目标实现的伙伴关系。

就目前国际森林碳汇市场来看，主要有芝加哥气候交易所、加利福尼亚州气候行动等北美碳汇市场，新西兰森林碳汇市场、澳大利亚碳汇市场等大洋洲碳汇市场以及欧盟碳汇市场等。中国自1998年以来，投入巨资实施“六大林业重点工程”，森林碳汇为减缓气候变化做出了巨大贡献。据《中国森林资源报告（2014—2018）》显示，我国森林覆盖率为22.96%。而由自然资源部的最近数据显示，“十三五”期间，得益于我国全面保护天然林、加快大规模国土绿化，森林覆盖率已达到23.04%，蓄积量超过175亿立方米。作为世界上第一个CDM注册国家与CCB注册交易国家，在森林碳汇市场具有一定份额。

实际上，自2011年后，我国就将森林碳汇纳入碳交易市场并设立4个直辖市、广东、深圳和湖北7个碳排放交易试点，并与国际社会展开了广泛合作。早在2010年，国家林业局就已批复在浙江省临安市（现为杭州市临安区）建立全国首个“碳汇林业试验区”，以此来帮助农户可持续经营森林碳汇，并通过出售碳汇减排量实现增收目的。以此为契机，2011年11月，国际绿色碳基金会就与华东林业产权交易所于临安区进行森林碳汇项目的时候合作，并按照18元每吨的价格达成了14.8万吨的交易量①。2012年，在四川和云南开展的森林碳汇项目旨在保护生物多样性和增加植被覆盖率，并与国际绿色碳基金会和美国大自然协会在2013年进行合作。至此之后，类似的碳汇项目如雨后春笋般接踵而至。

在这其中，作为中国首个森林经营与造林碳汇减排量的自愿交易试点，以及由此开创购买农民森林经营碳汇的“临安模式”，是中国林业积极应对气候变化的创新之举，是践行“绿水青山就是金山银山”理念的有益探索，更是贯彻并落实国家适应与减缓气候变化战略的具体实践。这为巩固中国林改成果、完善国家森林生态效益补偿机制以及拓展林业经营碳汇交易市场提供了绝无仅有的技术支撑、理论方法与现实经验。故而，下文将围绕中国首个林业经营碳汇交易项目典范——“临安模式”进行深入剖析，以揭示中国林业碳汇产业基本特征、主要模式及存在的问题等，为

---

① 2011年11月1日，全国林业碳汇交易试点在浙江义乌正式启动。试点启动仪式上，有10家企业签约认购了首批14.8万吨林业碳汇，每吨价格为18元。这一项目由中国绿色碳汇基金会与华东林业产权交易所合作开展，被认为是中国企业第一次自愿购买碳汇林。

理顺林业碳汇产业的未来方向、发展思路提供参考性经验。

2. 临安基本概况

临安，位于东经118°51′~119°52′，北纬29°56′~30°23′，地处长江三角洲南翼，杭州市西郊。北接安吉县与绩溪县，南连桐庐县、富阳区和淳安县，东邻余杭区，西通歙县。2017年前为县级市，后辖于浙江省杭州市，并更名为“临安区”。行政面积为3118.77平方公里，下辖5街13乡298村，人口约为52万人①。南西北三面环山、境内丘陵与盆地相间；该地为季风型气候区，夏季高温湿润多雨，冬季干燥少雨，高温期与多雨期相符，年均降水量达1643.9毫米②。

临安区属于常绿阔叶林区，又有亚热带和中亚热带优越的地理气候位置使得该区域内植被种类丰富多样，主要有6个类型、40个植被群系，如阔叶林、针叶林、沼泽与园林植被、草丛、灌丛等。与此同时，植被垂直分布的层次性明显，依据海拔的不同，其植被分布差异明显（见表7-6）。

表7-6　临安植被分布情况

海拔	类型	具体品种
[0，250)	经济林、纯林、混交林	桑、茶、果、杉、竹、马尾松等
[250，800)	常绿阔叶林、针叶林 针阔混交林	杉木、毛竹、马尾松、紫楠 青冈、木荷、苦槠、麻栎
[800，1200)	天然次生植被，纯林、混交林	椴树、桦木、槭树、黄山松、茅栗、柳杉
[1200，∞)	矮林灌木丛、山地草甸	—

作为“国家森林城市”“国家生态市”“全国现代林业示范市”，临安林业面积为391.6万公顷，森林覆盖率高达78.23%（计露萍，2017），坐拥天目山与清凉峰2个国家级自然保护区及青山湖国家森林公园。此外，临安还拥有“中国山核桃之都”和“中国竹子之乡”的闪亮名片，无论是在面积与产量方面，还是在加工和效益方面，均是全国第一；而竹林面积约100万公顷，年产量在22万吨以上。全区共有生态公益林129万公顷，

①② 浙江省杭州市政府官网。

公益林生态效益高达212.4亿元（章超，2018），公益林年均补助资金超过1500万元，惠及3.5万户农户。临安是全国首个林业碳汇试验点，并建有世界上第一座毛竹碳汇林与雷竹林碳汇观测塔，碳汇造林面积超过15000公顷，并由此带动全国首个农户森林经营增汇碳交易项目顺利开展，真正实现了社会效益、经济效益与生态效益的统一。

3. 临安林业经营碳汇交易体系框架

2014年，临安区建立全国首个森林碳汇交易试点并积极开展森林碳汇项目，且在当年10月14日举办农户森林经营碳汇交易体系发布会，明确其框架内容与基本运行模式。实际上，临安森林经营碳汇交易体系，在参考国际规则并借鉴国内外已有的碳汇自愿交易政策的基础上，将中国的国情与现阶段集体林权制度革新后农户经营的特点结合起来，总结已有的实践经验，在浙江省杭州市临安区设立试营点，开展的森林碳汇项目。临安森林经营碳汇交易体系主要包括设计、注册、审核、签发、交易与监管等。结合计露萍（2017）的研究发现，具体来看，该交易体系包括以下具体内容：一是《临安市农户森林经营碳汇项目管理暂行办法》；二是《农户森林经营碳汇项目方法学》；三是《林业碳汇项目审定与核证指南》；四是首批试点农户森林经营碳汇项目设计文件；五是农户森林经营碳汇项目注册系统。此外，还包括托管平台——华东林业产权交易所林业碳汇交易。

具体操作流程可归纳为以下五个步骤：

（1）确定农户及参与规则。在该交易体系的指引下，共有42户农户家庭参与该项目。而这些农户之所以能够参加，其前提条件为家庭经营林地必须符合由浙江农林大学研编的《农户森林经营碳汇项目方法论》中所提出的各项要求。

（2）划定碳汇试点范围。在明确了参与农户后，临安林业局将农户所经营的林业区域划定为碳汇交易试点。据统计，该森林碳汇试点面积为3751公顷，年均碳汇量高达1169.78吨（计露萍，2017）。

（3）编写经营方案与项目文件。由于被划定为碳汇交易试点的林种品类繁多，不仅有经济林、生态公益林，还不乏毛竹林和乔木林等，故而浙江农林大学为农户提供了森林经营方案与项目文件作为参考。

（4）编制经营监测手札。依据碳汇项目方法学，并结合各类林种特点，又编制了能够让农户易理解、易记忆和易操作的《农户森林经营碳汇项目经营与监测手册》，便于森林经营管理与碳汇监测工作的开展简单易懂、科学规范、便于操作。

（5）认证、评定与备案。之后交于第三方审定机构认证，认证通过后由国家发展改革委的专家进行评定是否合格，评定合格之后进行备案。

具体操作中，首先由国家林业局选取合适的计量单位对临安碳汇交易试点的碳减排量进行监测，其次由华东林业产权交易所对其进行托管。按照上述步骤，该项目的后续运营分成 4 期完成，共计 20 年。其中，第一期减排数量达 4825 吨，第二期减排量约为 5161 吨，其余两期分别为 5680 吨和 6904 吨，4 期合计 22030 吨。按照已确定的 30 元/吨的交易价格来看，项目完成后预计碳汇交易总额可达 66 万元。

4. 森林碳汇项目方法学

为规范森林经营碳汇项目设计、计量、监测工作，提高森林质量、增加碳汇，并推动中国核证减排量（CCER）的自愿交易行为，由浙江农林大学经过多年努力，研编了科学规范、便于操作的临安区《农户森林经营碳汇项目方法学》。实际上，该方法学并非无源之水、无根之木，而是对《联合国气候变化框架公约》下“清洁发展机制”（CDM）的延续、创新与发展。即通过借鉴 CDM 机制具体操作流程、运行方式等，并考虑中国南方集体林区经营管理实际，进而形成既符合国际规则又适应中国农户森林经营管理实际的方法学。具体操作中，该方法论必须满足以下条件：

（1）项目实施地为有林地，土壤为矿质土壤。

（2）项目须是国家规定的乔木林地，满足以下条件：连续分布面积要大于等于 1 公顷、树高至少 2 米，且郁闭度至少为 0.2 的乔木林；或国家规定的已达成林年限的竹林，其中，大径散生竹林年限须至少 8 年，其他竹林则须至少 5 年。

（3）实施面积最多为 1000 公顷，连片种植面积至少不低于 10 公顷；或在计量期内，碳汇项目年均减排量不多于 300 吨二氧化碳当量（CO_{2e}）。

（4）此外，土壤扰动要满足水土保持的基本要求。比如，沿等高线方向开展带状整地时，对乔木林的土壤扰动，每十年不多于1次，扰动比例不多于10%；而对竹林的土壤扰动，每四年不多于1次，扰动比例不多于50%，且下次扰动时，要保证在保留带与松土带间轮流开展作业。

（5）项目实施业主为普通农户，或通过合法途径实现林地流转的承包大户；不包括农村合作社、企业与团体等。

（6）项目不涉及全面清林与炼山等活动。无须移除枯死木与地表枯落物，以及割除的林下草木、灌木和藤木等；因卫生状况而进行的活动除外。

（7）项目要在国家森林经营的法律法规、政策以及一定的强制性技术标准下进行。

7.4 本章小结

本章在梳理国际碳交易主要体系及典型国家与地区林业碳汇产业体系的基础上，发现以下结论。

第一，欧盟林业碳汇体系相对较为完善，其不仅较为明确地界定了林业碳汇的交易方式、价格机制等，还为其提供配套相应的法律基础、运行机制、融资方式等予以确保其顺利实施。整体来讲，欧盟对于林业碳汇交易的设置具有较为完善的体系支撑与技术支持等，这是实现欧盟各成员国与其他国家顺利开展碳汇国际合作的前提条件。

第二，与欧盟有所不同，新西兰林业碳汇交易体系在对是否符合碳汇交易范围的林地界定方面关注更多，其严格按照《京都议定书》中对森林的划分做法，将其分为“1990年前森林”和“1990年后森林”，并明确不同情境下的林业碳汇交易细则。对于毁林等出于收益比较后的行为，亦有不同的免责与规避约束机制。以此些类似的举措，降低林业碳汇经营项目实施难度以及在实施过程中可能存在的机会主义行为，并对稳定林业碳汇市场价格大有裨益，对我国实施林业碳汇具有较大的借鉴价值。

第三，我国作为世界第一个注册并签订清洁发展机制项目的发展中国家，除了本书给出的广东长隆造林碳汇经营项目和临安林业碳汇交易体系等典型案例外，仍不乏其他优秀的范本，如“中国与意大利联合开展的 CDM 造林与再造林碳汇项目”“中国敖汉旗防治荒漠化青年造林项目”和“甘肃定西安定区碳汇造林项目”“内蒙古盛乐国际生态示范区林业碳汇及生态修复项目”及“广东省龙川县碳汇造林项目”等诸多内容。实际上，中国在近 10 年的林业碳汇经营项目与发展中，积累了大量的丰富经验、科学的具有针对性的方法论与操作技术。未来，中国必将是世界林业碳汇市场中不可或缺且日益重要的国家。

与此同时，通过对比欧盟、新西兰与中国广东长隆林业碳汇项目、临安林业经营碳汇项目可以发现，其共同点为各国（地区）的林业碳汇经营项目，主要是在《京都议定书》框架及 IPCC 相关规定基础上而形成的，其减排单位均为《京都议定书》框架下的二氧化碳当量，且其方法论的主要依据仍出自国际清洁发展机制。

但几个国家的林业碳汇体系仍具有明显的差异之处，这主要体现在以下方面：

首先，减排单位在各国的表述不同。尽管各国或地区均为履行国家减排责任，但每个国家或地区的减排单位的表述不同，如在新西兰减排单位为新西兰单位，而在中国则为中国温室气体核证自主减排单位。

其次，减排方法学和技术指南不同。尽管有国际社会清洁发展机制的相关方法学作为依据，但各国在林业碳汇经营项目实际操作中，其方法学会依据本国林种类型及对象存在不同。

再次，法律约束与融资机制不同。相比欧盟和新西兰，中国对林业碳汇发展特别是在碳市场交易规则的法律约束相对较少，且融资方式与机制相对单一，大多仍通过捐赠等方式确保项目的实施，其中以广东长隆林业经营项目为典型代表。

最后，交易的市场范围不同。相比欧盟和新西兰，目前中国尚未构建全国统一性的碳交易市场，其林业碳汇经营项目的交易仍主要依赖于特定地区的碳交易市场，仍是局部性、小范围的交易，并不像欧盟作为全国性甚至跨国性的大规模、大范围交易。

第8章

林业碳汇产业发展绩效的增进策略

本章根据前述章节对林业碳汇产业现状包括产业发展规模、发展结构、产业模式等的分析中暴露出来林业碳汇产业区域协调性有待提升、产业结构有待优化、技术水平相对落后、交易市场尚未完整等的问题，结合现有文献对林业碳汇产业的研究，构建多层次对策体系的框架，并从政府宏观调控、产业中观指导和企业微观执行等层次出发，提出促进林业碳汇产业发展绩效增进的对策建议。

8.1 多层增进策略体系的框架机构与运行分析

8.1.1 林业碳汇产业发展绩效增进的参与主体维度

林业碳汇产业的参与主体主要分为上游供给者包括林业碳汇企业和农村居民、中游政府搭建的各类碳汇交易平台和下游国内外碳汇需求者，各类参与主体分多条路径作用于林业碳汇的产业规模、产业结构、产业模式以及产业政策等，最终影响林业碳汇产业发展绩效。

8.1.2 林业碳汇产业发展绩效的影响因素维度

林业碳汇产业的宏观调控政策、环境法规体系、金融资金支持和交易市场环境、该产业的管理机制、辅助发展体系，以及林业碳汇企业的科技创新水平、人才队伍质量、社区参与度、需求主体对于碳汇的需求意愿等都从不同方面对林业碳汇产业产生影响，并构成了增进林业碳汇产业发展绩效的影响要素维度。

总体上说，本章立足于多层次增进林业碳汇产业发展绩效的理论框架，从产业的上中下游参与主体出发，站在政府宏观层面的调控、产业中观层面的规范和指导及企业和农户微观层面的执行与提升的角度，对影响林业碳汇产业发展的因素进行分析，以期为林业碳汇产业发展绩效的提升提供系统化、多层次、多维度的对策体系，林业碳汇产业发展绩效增进的多维对策体系如图 8－1 所示。

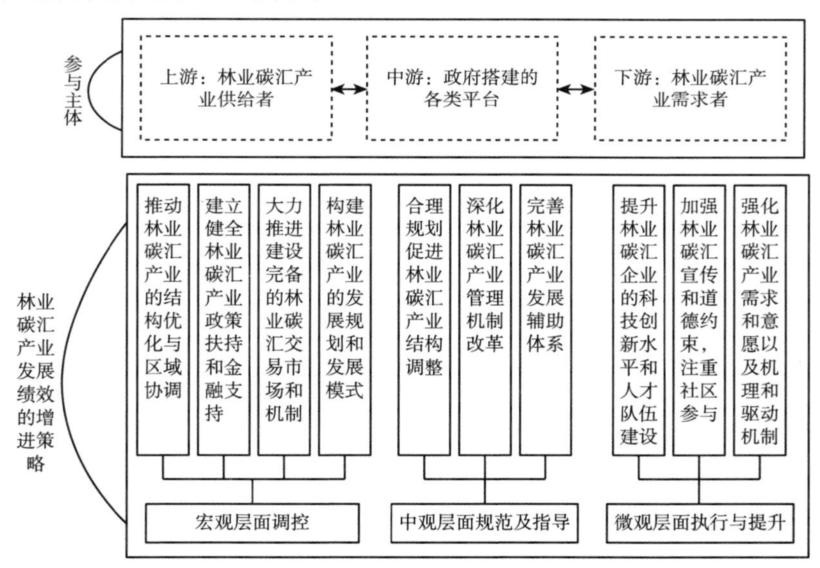

图 8－1　林业碳汇产业发展绩效增进的多维对策体系

8.2　增进林业碳汇产业发展绩效的宏观层面对策

8.2.1　推动林业碳汇产业的结构优化与区域协调

1. 优化林业碳汇产业结构促进产业集聚

产业结构优化在全球化背景下对资源配置效率的提高以及资源的供

给、技术和需求结构的调整使之与产业结构相适应等方面发挥着重要作用，有利于形成新的增长动力和比较竞争优势，而产业结构优化带来的产业集聚降低了资源成本，极大地实现了不同要素之间的流动与衔接，提高了经济增长水平。目前，我国的一些重点林业碳汇项目和极具特色的林业碳汇产业已形成一定的集群，但分布区域主要集中在经济水平较为发达的省份，因此整体来看，我国的林业碳汇产业的集群成长仍有待改进。第一，制定促进林业碳汇产业结构优化和集聚水平提升的整体规划，在立足各地区已有的林业碳汇产业基础上，以提升集聚区域林业企业经济效益与产品竞争力为目标，贯彻可持续发展理念，因地制宜发挥区域优势，大力推动区域特色林业碳汇产业品牌，实现区域品牌的影响力，凸显规模效益，提升产业生产标准化程度，促进区域内林业碳汇产业整体增值，并实现包括政府部门、金融机构等产业集聚服务体系。第二，培育龙头企业，打造林业碳汇产业集群区域品牌。要积极引导区域内林业企业相互联合共同发展，以提高产业竞争力为宗旨，加快培育林业碳汇产业龙头企业，推进企业做大做强朝精、细、尖发展，促使龙头企业辐射带动周边企业发展，提高整体竞争力，并合理推动引进同类龙头企业，形成区域内先进企业的良性竞争，不断强化规模效应，增强产业集聚优势。第三，集群区域内要加强技术创新、提高科技水平，企业间进行知识交流、学习、共享，国家提供林业碳汇产业创新扶持，实现整体集群内部全部企业的整体创新水平与竞争水平，打造林业碳汇产业集群区域品牌。并通过引导集群企业的制度管理，提升企业成长速度，促进林业碳汇产业集群的快速发展和升级。

2. 推动林业碳汇产业的区域协调发展

林业碳汇产业的区域协调发展是一个渐进动态的过程，需要区域间的林业相关企业加强合作并实现有效融合，发挥各自的比较优势，提高林业碳汇产业的效率，最终实现区域的协调发展。具体来说有以下措施：一是根据各区域特点来确定林业碳汇产业发展战略，我国四大经济区域经济发展水平、林业资源等都存在较大差异，林业碳汇产业发展水平也呈现出一定的差距。因此，必须要根据区域的实际情况来考虑林业碳汇产业发展的目标和措施，充分发挥自身的优势和特色，利用比较竞争优势，抓住机遇和挑战，因地制宜地与周边区域加强合作，争取做到优势互补、合作共赢，最终提高各个区域的林业碳汇产业竞争力。二是加快促进跨地区、跨区域的林业碳汇产业转移，我国四大经济区域之间已经开始了林业产业的转移，在此基础上继续引导林业原料、技术经验、资本投资等转移，推进不同省份之间的产业结构的优化，并将林业碳汇产业转移升级与国家区域政策相结合，提升资源配置效率，促进产业升级与区域协调发展。

8.2.2 建立健全林业碳汇产业政策扶持和金融支持

我国作为负责任的大国，近些年一直致力于为减缓全球变暖做贡献，大力发展林业碳汇产业，并相继出台了相关的林业政策，如《中华人民共和国国民经济和社会发展第十二个五年规划纲要》《林业发展“十二五”规划》《应对气候变化林业行动计划》《林业应对气候变化政策与行动白皮书》及《关于推进林业碳汇交易工作的指导意见》等，这无疑推进了我国林业碳汇产业的进程，不但为全球减排做出贡献，也为我国经济社会发展、生态保护、碳排放空间拓展等方面发挥了战略性作用。然而总体来看，我国的林业碳汇产业政策仍存在区域分布不平衡、机构联合发布不均、政策类型较单一等问题。因此，第一，注重政府引导与市场主导相结合，协调好政策供给与政策需求之间的关系，实现中、东、西部以及东北地区精准施策，实现林业碳汇政策的区域平衡；第二，强化机构联合发布力度，加强部门协同程度，中央部门应当联合地方层面以各地林业产业发展具体状况发布政策文件，各地方政府以及各林业碳汇政策发布机构也要相互联合，实现各地与各部门多种组合形式，全方位提高林业碳汇产业发展；第三，加大政策颁布类型与实施力度，积极开展制度创新，提高政策实施过程中的监督水平，及时反馈实施效果，并根据实施效果及时调整政策内容和措施，从而最大化地实现政策支持林业碳汇产业发展。

在金融支持方面，其一，加大林业碳汇产业建设的资金投入。林业资源具有正外部性和生态属性，因此为了促进林业碳汇产业的高质量发展，需要进一步增加财政补贴、及时调整税收政策，缩小国内各大林区的补贴差距，实现林业工程重点区和一般区同步发展，实施普惠补贴政策。并建立新型林业金融体系，作为林业碳汇产业建设资金投入的补充，在发挥市场资源作用的基础上，政府积极构建适应新时期林业碳汇产业发展需求的金融体系，扩大林业碳汇产业的融资渠道，提高其融资效率，通过金融资本投资引领社会投资转向林业碳汇相关产业以满足当前林业产业市场经济发展的需要，建立起现代林业碳汇产业金融发展体系。其二，建立林业碳汇产业发展的财政扶持政策。国家要进一步加强对林业碳汇相关产业的财政政策扶持，及时调整税率与税费，提高税费管理水平，统一规范税费项目，对不合理的税费、税项一律取消，深化税费管理并改革其配套措施，降低林业碳汇相关企业发展的社会成本，并增加对林业项目的投资，完善林业信贷政策体系。其三，改善林业碳汇产业的国际贸易和投资政策。进一步健全当前在林业产业贸易发展方面的法律法规，如对林产品的出口标准、生产流程、包装标签进行统一化和标准化，提高针对绿色贸易壁垒谈判能力和技术能力；建立健全相关林业标准制度和林业认证制度，树立良好的绿色形象，使林业碳汇产业相关产品能够走出中国、走向世界；在依据国际贸易规则的基础上，实现林业产业贸易管理科学化，并借鉴发达国家的经验，加强国际合作，提高国际环境问题的关注度并尽量协商达成一致，同时积极改善外商投资环境，提供经济扶持和政策扶持，实现全球范围内的林业产业的发展。金融支持林业碳汇产业框架如图 8 -2 所示。

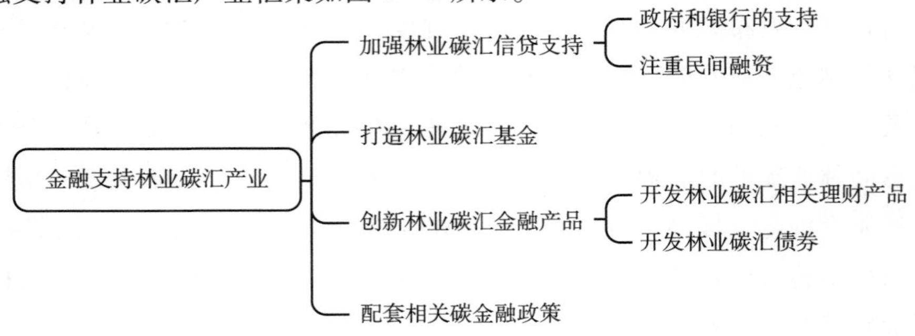

图 8 -2　金融支持林业碳汇产业框架

8.2.3　大力推进建设完备的林业碳汇交易市场和机制

经过数年的发展，林业碳汇交易已从最初的理论构想成长为减缓气候变暖进程的现实的市场工具，成为全球温室气体排放交易市场的重要组成部分，也为林业碳汇产业的发展做出了巨大的贡献。然而，由于林业碳汇本身的稀缺性、外部性等特殊性质，导致其还未达到成熟的市场和机制，也没有完全具备市场的各种功能，因此有必要从林业碳汇交易市场和机制入手。

1. 建立全国统一的碳汇交易市场

从我国目前的碳交易市场构建发展历程来看，启动全国性碳汇交易市场仍存在诸多困难：国内 CDM 伴随着我国同荷兰 2002 年签订的创新内蒙古辉腾锡勒风电场项目正式启动，但 2013 年以后，国内签发的 CDM 项目数量骤降，市场发展形势前景堪忧。2008 年，国家发展改革委首次提出要构建自有的碳交易所，随后北京、天津和上海相继设立了环境资源交易所，随后的 2011 年湖北、广东、北京、上海、天津、深圳、重庆 7 个地区碳排放交易试点启动。2015 年 2 月，国家发展改革委在中国碳排放交易高层论坛上公开表示，将于 2016 年启动统一的国内碳市场，然而因为诸多原因未能实现。截至 2017 年底，全国性的碳市场制度框架才得以基本确立，碳排放交易体系启动，碳交易立法与管理政策制订也随之提上日程。但仍面临着许多问题，比如碳汇市场的规范性、相应配套实施细则的落实问题、配额初始分配的公平性和有效性、企业碳排放数据监测的准确性等。因此，首先要加强对林业碳汇的理念的引导，认识到建立统一的全国性林业碳汇交易市场的迫切性与必要性，归纳出现有的矛盾和问题，国家和地方政府要全力攻克这些亟待解决的问题，并在执行上大力推进，推动建设完备的全国性碳汇交易市场从计划走向实际，做好涉及公平性与稳定性的思想问题和技术挑战。

其次，建立全国性碳交易市场要进一步完善好市场与政府、公平与效率、中央与地方、经济发展与减排控排以及试点运行与全国统一市场的关系等。要充分发挥政府的引导作用，在建立健全碳汇交易的法律法规及政策的基础上，提高市场监管度，积极发挥市场机制的作用，加强市场透明程度，提升企业积极性，且结合政府对林业碳汇交易、市场交易的引导，考虑到各区域经济发展的水平，统一减排行业以及确定各区域的行业减排系数。此外要整合碳汇交易试点阶段的运行经验，强化跨区域交易，避免地方保护主义，在推行全国性碳汇交易市场时要遵守统一的制度规范，在政策、制度、技术以及体系方面形成统一的市场，循序渐进，由易到难、由简到繁逐步加强实施，并借鉴欧盟碳排放交易体系、美国加州碳排放交易体系等世界其他地区的碳排放交易体系，持续完善我国碳汇市场的交易体系、监管体系、管理体系、运营体系、服务体系、碳金融体系等。世界主要碳排放交易体系如表 8－1 所示。

表 8－1　世界主要碳排放交易体系

碳交易体系	建立时间	特点	对象	交易方式
英国碳交易体系（UK ETS）	2002 年	世界首个国家碳排放交易体系；法律强制；覆盖全国总量控制；首要成员制度	34 家自愿承诺减排企业；承诺相对排放目标或能源效率目标的企业	配额交易 信用额度交易
美国区域温室气体减排行动计划（RGGI）	2003 年	第一个以市场为基础的强制性总量限制交易市场；配额拍卖力度最大	10 州电力行业；5 大碳补偿项目——造林、处理农业粪便甲烷排放等	免费配额 拍卖配额（统一价格拍卖、单轮密封竞价）
芝加哥气候交易所（CCX）	2003 年	世界第一家规范的、气候性质的交易机构；世界第一个自愿参与且具有法律约束力的总量限制交易计划	电力、航空、汽车、交通、环境等行业	免费配额 碳金融工具合约（CFI）
澳大利亚新南威尔士州减排交易体系（NSW GGAS）	2003 年	世界最主要的强制性交易市场之一；法律强制	电力零售商和电力企业	信用额度交易 现货交易
欧盟碳排放交易体系（EU ETS）	2005 年	时间早、覆盖国家广、交易规模最大；跨国强制总量控制	能源生产与密集型产业；航空、建筑、交通	免费配额 拍卖配额
西部气候倡议（WCI）	2007 年	基于市场的限额交易	电力、工业燃料及过程排放	免费配额；拍卖配额

续表

碳交易体系	建立时间	特点	对象	交易方式
新西兰碳排放交易体系（NZ ETS）	2008 年	唯一对土地利用行业（land use sector）设定减排义务	林业（2008 年）；固定式能源、工业制造业及其他行业（2010 年）；液体化石燃料（2011 年）；合成气、农业与垃圾处理业（2013 年）	免费配额 信用额度交易
印度履行、实现和交易机制（IND PAT）	2009 年	规模较小；发展中国家第一个减排体系；无减排总量限制，基于强度原则设定	478 家高耗能工厂、电力行业企业	免费配额 拍卖配额
美国加州碳排放交易体系（CAL ETS）	2012 年	减排强度最高	发电、炼油、工业设施与运输燃、天然气和其他燃料	免费配额 双重拍卖机制
澳大利亚碳排放交易体系（AU ETS）	2012 年	受执政党更迭而政策多变	电力生产、固定设施能源、垃圾处理、污水处理、工业	固定价格；免费配额；拍卖配额

2. 建立完备的碳汇交易机制

林业碳汇交易机制是国际社会为了减缓全球气候变暖而提出的，作为国际间气候谈判与博弈的产物，其履约实行的相关问题也一直存在着争论。我国作为温室气体排放大国，在国际气候外交中面临着重大的压力，尤其是在国际气候谈判中，我国话语权较少，博弈空间有限，因此要尽快建立我国的林业碳汇交易机制。首先采取科学的碳汇市场供需核算法，精准核算市场供需的价值量和实物量；其次要对林业碳汇交易的项目合格性进行统一的要求，并规范交易机制的实施程序，包括交易实施过程中的机构以及实施周期。并逐步完善碳汇交易市场中的抵消机制，对可纳入的项目进行规范和分类，在考虑项目战略价值和社会效益的基础上，统一抵消机制的项目类别，并根据各试点的经验设置抵消机制的上限，解决交易中的混乱局面。此外，林业碳汇自身的稀缺性和外部性使得林业碳汇产业存在着资源配置效率低下和交易成本较高的问题，因此需要通过政府引导、市场驱动进一步完善价格机制、供求机制、风险机制和融资机制来实现对林业碳汇资源的有效配置，促进林业碳汇交易机制走向成熟。碳汇交易机制路径如图 8 –3 所示。

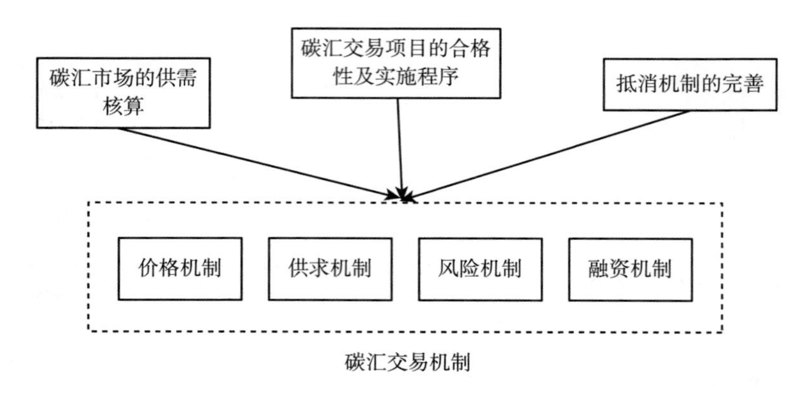

图 8 –3　碳汇交易机制路径

3. 设立统一的林业碳汇交易规则

随着林业碳汇产业的发展，现有的交易规则已不能有效地满足其运行，需要在借鉴我国 8 个地方碳交易试点市场规则的基础上，不断地修改、完善和再设计林业碳汇的交易方法和规则。第一，进行全国性的林业碳汇交易，打破市场分割性。我国林业碳汇具有巨大的正外部性和生态效益，其带来的效用不仅惠及本区域，也惠及全国，因此需要突破市场分割性，打破地域限制，推动林业碳汇产业上游供给者、中游交易市场以及下游国内外碳汇需求者有序进行要素流动，多路径实现全国四大经济区域的林业碳汇资源和经济资源的互补，既促进了企业的减排和生态的改善，也实现了林业碳汇产业的发展。第二，改善林业碳汇交易体系，对林业碳汇的交易范畴进行规范化和专业化，吸取试点运行的经验，进行归纳总结并摸索出有效的交易规则。首先要制定统一的林业碳汇定价机制。林业碳汇同时具备生态属性和正外部性，因此政府相关部门需要充分考虑林业碳汇行业的特征，在遵循市场规律的基础上，更有针对性地制定统一的林业碳汇定价机制。加快确定林业碳汇作为法定减排方式的地位，赋予其相应的法律效力，并采取一系列措施激发和扩大企业对林业碳汇的有效需求，如调整控排企业的初始碳配额的发放数量和发放方式，使得高能耗、高排放企业的潜在碳汇需求转变为现实需求。其次，建立健全碳价波动调控机制，政府加强引导碳交易市场，充分发挥碳汇配额分配和CCER准入门槛的效用，制定合适的碳交易政策，完善碳价格调控价值，为林业碳汇产业的发展提供法律保障，稳定我国碳市场的运行和发展。第三，简化林业碳汇交易程序，在一定范围内减少项目审批、减排量核实等交易成本，加强碳汇计量等方面的技术水平，并提供上中下游林业碳汇供需数据库，实现更加高效的林业碳汇交易（中国8个地方碳交易试点市场规则见表8－2）。

表8－2　　　　中国8个地方碳交易试点市场规则

试点省市	配额分配模式	配额分配方法	碳市场覆盖范围
深圳	混合模式：90%以上配额免费发放，一次性分配配额，考虑行业增长	燃煤电厂采用行业基准线法，燃气电厂企业采用历史强度法	电力、燃气、水供给等26个行业的635家企业
上海	无偿分配：100%免费，一次性分配配额，适度考虑行业增长	行业基准线法	钢铁、石化、化工、金属、电力、建筑材料、纺织等行业的197家企业，覆盖城市排放量的57%
北京	混合模式：按年度发放，以上一年数据为依据（未考虑增量）	历史强度法	电力、热力、水泥、石化、汽车制造等行业的490家企业，覆盖城市排放量的一半
广东	混合模式：按年度发放，考虑经济社会发展趋势	纯发电机组采用行业基准线法，热电联产机组采用历史排放法	电力、水泥、钢铁、陶瓷、石化、金属等行业的239家企业，占省排放量的60%
天津	无偿分配：100%免费，一次性制定分配额，每年可调整	历史强度法	钢铁、化工、电力、石化、炼油等行业的114家企业，占城市排放量的60%
湖北	无偿分配：100%免费，未考虑增量	历史强度法	钢铁、化工、水泥、电力等行业的138家企业，占省排放量的35%
重庆	无偿分配：100%免费，按逐年下降4.13%确定年度配额总量控制上限，未考虑增量	历史法	水泥、钢铁、电力等行业的240家企业，占全部排放量的30%～45%
福建	无偿分配：100%免费	采用基准线法、历史强度法、历史总量法相结合	电力、石化、化工、建材、钢铁、有色、造纸、航空、陶瓷等九个行业

8.2.4 构建林业碳汇产业的发展规划和发展模式

国家林业相关部门应该在结合现有的林业法律法规体系的前提下尽快制定适宜完整的林业碳汇发展规划和产业分工，对当前的林业碳汇产业发展模式和路径加以研究和改进，改善并制定出适合我国林业碳汇产业发展的造林技术规模、管理经营方式、政策措施等，林业碳汇产业发展规划流程如图 8-4 所示。具体措施如下：一是把林业碳汇产业纳入战略层面予以支持，并制定相应的发展规划，综合协调好林业部、财政部、国家发展改革委、科技部、金融部等部门和机构的工作。共同加强对林业碳汇产业工作的领导和统筹，划定发展目标和任务，出台符合林业碳汇上中下游发展的政策，融合社会经济资源，引导林业碳汇产业持续稳定地发展。二是搭建上中下游林业碳汇产业链条。在上游，建立标准的林业碳汇生产基地，政府给予林业碳汇企业和农村居民一定的政策扶持和资金援助，探索适合农户参与的林业碳汇合作项目，整合分散农村居民林地资源开发碳汇项目，开启“企业+农户”的林业碳汇项目模式，建立相应的林农经济合作社，并发挥龙头企业的带头作用，引导林业碳汇生产朝规模化和标准化方向发展；在中游，大力建设全国性的、统一完备的林业碳汇交易市场，改进交易机制和交易规则，充分发挥政府的引导作用为林业碳汇产业提供各类平台；在下游，大力培育碳汇需求者，对碳控排企业和机构实行合理的碳汇抵减机制，规范其碳排放额度。对于无强制减排义务的企业给予一定的政策支持和优惠，增加其林业碳汇购买额。三是建立林业碳汇产业跨区域合作模式，打造跨区域产业链。构建四大经济区域常态化林业碳汇产业协同发展机制，统筹各区域的林业资源与经济资源，形成联系紧密、分工有序的区块产业链。并以重大林业碳汇项目为载体，完善建立产学研在产业链上和区域间的分工合作模式，充分发挥政府在林业资源和经济资源配置过程中的引导作用来补充完善林业碳汇市场发展体系，改善基础设施，实现技术、资源、知识等要素的流动和共享，加强林业碳汇产业的技术水平，从而促进产业链的延伸，实现全产业链互利共赢。同时鼓励林业碳汇产业发展较好的省份帮扶落后地区产业的发展，加大各区域共同发展力度，建立协同发展规划结构体系，全面提高林业碳汇产业转移的配套服务和设施水平（见图8－4）。

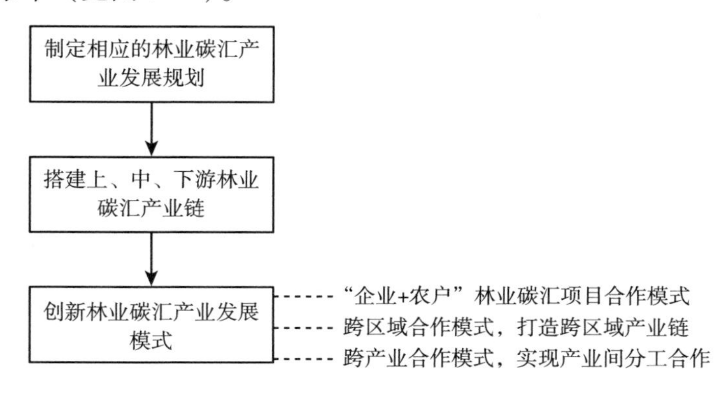

图8－4　构建林业碳汇产业发展规划流程

8.3　增进林业碳汇产业发展绩效的中观层面对策

8.3.1　合理规划促进林业碳汇产业结构调整

林业碳汇产业以活林木资源为主要载体，以碳作产品，借助于吸收、交易和管理碳的诸多市场化行为及活动，从而产生经济价值的产业。林业碳汇产业的发展既能减缓全球气候变暖、促进生态建设，也能促进低碳经济的发展，并通过增加营林主体收入、减少贫困发生率，实现地方经济社会持续增长，可以说，林业碳汇产业兼具生态效益、经济效应和社会效应。因此，合理规划并促进林业碳汇产业结构调整尤为重要，要同时兼顾林业产业产值和生态文明建设，从而实现碳汇林业的可持续发展。在林业碳汇产业结构合理化动态进程方面，首先是加强林业碳汇一次产业的基础地位，提高林业碳汇二次产业的科技水平，加快林业碳汇第三产业的快速发展。具体措施如下：

1. 加强林业碳汇第一产业的基础地位

在林业碳汇产业的第一产业发展中，要充分挖掘当地的林地生产优势和潜力，因地制宜加快退耕还林，积极培育林业资源，促进第一产业的绿色发展。(1) 遵循市场规律，以市场需求为导向，实施碳汇造林项目，选择适合当地的林木品种，提高营造林种植率和林业质量，并充分发挥其比较优势，实现比较优势最大化，在营造林种植的同时大力发展特色林产品，如林药、花卉等。(2) 在政府对营林个体和企业的支持下，积极发展复合式林业，即利用资源共享的概念，提高该区域资源利用率，对于林下土地资源进行合理利用，发展森林畜牧业、种植林草和林药等，实现碳汇林与农业、畜牧业的协同发展。

2. 利用科技发展林业碳汇第二产业

同时要实现林业碳汇产业的高质量发展，必须依靠科技进步，实施科技创新，应用高新技术成果，延伸林业碳汇产业链，提高科技含量，增加附加值。在发展林业碳汇产业第二产业时，应注意以下三个方面：(1) 充分依靠先进的技术和知识，提高林业经营水平，增加经济作物、林木产品的收益。(2) 林业碳汇产业除了增加营造林面积、增加林业树木种植外，还应立足产业链的延伸，增加产品附加值，实现企业的多元化发展；(3) 加强名牌产品和龙头企业培育，形成区域化的规模集聚效益，促进“龙头企业 + 中小企业 + 林产基地 + 林农”的产业发展形式的快速发展。

3. 积极加快林业碳汇第三产业的发展

林业碳汇产业的第三产业的发展是其新的经济增长点，主要分为林业生态旅游和林业碳汇金融。发展林业生态旅游，要坚持绿色发展，在充分体现回归自然、同筑生态文明的基础上，把握生态旅游的特点，和“森林”的特色。同时，要加强现有林业资源体系的整合，打破各地区城市、县、乡的行政界线，建立自然保护区、国有林场、森林公园等的林业生态旅游区域网。并根据林业和林业生态旅游的特点，制定发展林业旅游市场科学管理和建设的具体措施，提高相应的基础设施配套水平，形成区域性专业旅游服务集团的优势。其次是积极开发具有鲜明森林特色的旅游产品，促进自然景观与人文景观的合理结合，扩大林业生态旅游覆盖面，吸引更多游客、带动周边经济发展。此外，还应积极开发多种森林经营形式，包括合理开发林地、动植物、特种林产品、地下矿产资源、水等自然资源，推进林业产业化进程。2008 年启动的首个北京市房山区碳汇造林项目，造林面积达到 311 平方公顷，年碳汇量达到 3168 吨并于 2011 年实现交易[①]。该项目的实施为周围群众提供了良好的生态旅游场所，并对传播低碳理念、促进生态环境改善和当地经济的可持续发展做出了积极贡献。发展林业碳汇金融具体为：政府成立并完善碳汇基金，提供政策支持、技术扶持和项目合作等，既通过金融支持手段鼓励林业碳汇发展，也为金融业的发展做出了贡献。

8.3.2　深化林业碳汇产业管理机制改革

由于林业碳汇产业的发展绩效受到体制不完善、机制不协调的影响，同时总结国内外林业碳汇产业的发展经验，可以发现改革创新是林业碳汇产业发展的源动力。因此要增进林业碳汇产业发展绩效必须深化管理机制改革，规范组织管理，加强行业层面的机制保障，坚持林业碳汇产业发展和生态建设两手抓，实现产业的可持续发展。具体的措施有以下几点：

1. 积极推进林业产权改革

近年来我国积极开展集体林权制度改革，例如湖北省、广东省等都全面启动了改革，对集体林地和林木的所有权、使用权、收益权都进行了明确核算，加快了林地、林木的流转，充分挖掘了林业资源的潜在效益，既有利于完善林业资源配置，也有利于提高企业和林农的积极性，但是，林业产权的改革不是一蹴而就的，还需要较长时期来持续改善。国家要进一步加快集体林权制度的革新、完善相关法规和政策，明确林业资源的流转范围、程序、监管等内容，规范林业为林业改革提供制度保障。各级政府要积极推进基层配套改革，为林业交易市场提供相应的金融支持和社会化服务，同时加强产学研深度融合，组织相关高等院校和科研机构对林业产权改革中存在的技术问题进行研究改进，从而确保集体林权制度改革得到政策、技术、资金各方面的保障，并且在改革中要兼顾公平和效率，让企

---

① 于晓琳．碳市场机制让森林变成绿色银行［EB/OL］．北京环境交易所，2015 - 03 - 18.

业、林农和社会公众共享受益，为林业碳汇产业的发展打下坚实的基础（见表8－3）。

表8－3　　　　林权改革相关政策梳理

文件名称	重点内容	时间
关于加快林业发展的决定	实行林业分类经营和管理，深化重点国有林区、林场和苗圃管理体制改革	2003年6月
国家林业局关于继续深入落实《中共中央、国务院关于加快林业发展的决定》的意见	推进集体林权、国有林权的改革试点工作，为现代林业产权制度奠定基础	2005年6月
中共中央国务院关于全面推进集体林权制度改革的意见	明晰产权、放活经营权、落实处置权、保障收益权	2008年6月
中央一号文件	持续深化林权改革，并做出历年相应的改革指示和规定	2009年至今

2. 制订林业碳汇产业发展的行业层面规划

合理的林业碳汇产业发展的行业层面规划对于其产业的发展具有重要的指导意义，有利于把握发展的宏观大局，统筹推进各项工作。各级政府、林业管理机构以及林业行业组织要加强相关政策的支撑作用，结合各地区的资源优势，因地制宜明确林业碳汇产业发展规划，指导林业企业和林农在林业整体目标的基础上逐步发展，给予思想和原则的支持。同时，在制定林业碳汇产业发展的行业规划时，必须具有发展性、针对性和可操作性。在加强林业资源培育，着力增加林业碳汇的基础上，大力支持符合林业碳汇产业发展方向的项目，实施林业和草原生态建设工程，全面展开林业经营，精准提升林业碳汇的质量；加强对资源的保护，对制约生态环境发展的产业和产品进行严格管理和控制，对高污染、高排放、高能耗、低效益的相关林业企业要采取措施；在林业碳汇行业层面加强基础研究，聚焦我国林业碳汇发展中的热点和重点问题，积极开展林业碳汇产业实现机制、路径等方面的研究。

3. 建立健全林业碳汇产业资金引进管理机制

我国现阶段已有的林业碳汇项目都具有项目周期长、投资风险大等特点，且林业资源本身也具有生产时间长的特征，因此实现林业碳汇产业的可持续发展需要长期稳定的资金投入。为了实现林业碳汇产业的生态效益、经济效应和社会效应，设置合理的管理机制、建立完善的资金使用机制是林业碳汇产业协调发展的保证。一方面，政府需要在政府预算中安排专项资金，加强林业碳汇建设，在加快植树造林进程的同时提升造林质量，减少低效林等资源利用率低的情况，充分利用林业碳汇发展的专项资金，发挥森林经营管理方面的优势，加快科学发展步伐，探索新方向、新业态和新模式，实现多元化发展。另一方面，要拓宽融资引资途径和渠道，建立新型林业金融体系，作为林业碳汇产业发展建设资金的有效补充。通过金融资本投资引领社会投资转向林业碳汇相关产业以满足日益完善的林业市场经济环境，吸引大量潜在社会投资资本，扩大林业碳汇企业的对外开放合作与交流，建立起现代林业碳汇产业集群发展的金融保障体系，最终多形式地促进产业发展实现良性循环。

4. 积极发挥林业行业协会的作用

林业行业协会作为非营利性的社团组织，一般由林业相关企业、科研技术组织和个人等参加，旨在实现组织内全体成员的共同利益，例如中国林业产业联合会、中国林业工程建设协会等。可以说，林业行业协会在政府、林业企业和林农之间发挥着沟通和连接的重要作用，构建了林业信息沟通交流的平台，为林业企业和林农提供相关的林业政策、技术、培训等服务。近年来更是在中国林业产业国际化进程中，大力开展国际交流，处理国际林产品贸易争端，开拓林业碳汇产业国际市场，极大地提高了林业行业的组织化程度，加快了林业产业的发展速度。然而，总体上看，我国的林业行业协会还处于起步阶段，且不同地区的林业行业协会组织仍存在功能不够健全、协会数量不足、质量参差不齐等状况，不能很好地发挥协会应有的作用。因此，一方面，要尽快调整林业行业协会的布局，增加数量、提高质量、扩大覆盖面，政府要给予行业协会相应的资金和政策支持，建立政府、协会、企业和林农之间的新型关系。另一方面，林业行业协会也要积极完善工作质量，加强协会内部建设，通过不断进行制度化和规范化的建设，及时反映和解决林业会员单位的实际要求，实现林业行业自律、协调、服务和自治（见表8-4）。

表8-4　　　　我国相关的林业行业协会

名称	职能	成立时间
中国林业经济学会	组织、动员会员广泛开展林业经济建设理论与实践问题的科学研究，加强国内外学术交流，为林业决策部门就林业发展战略、林业经济体制改革、林业建设方针政策与经营管理等问题提供科学依据，推动中国林业经济建设	1980年
中国林业机械协会	协助政府搞好林业行业管理、引导行业自律、推进林业技术进步、促进技术创新、开展品牌塑造、提供信息服务，以及帮助林业相关企业开拓国内外市场	1987年
中国林产工业协会	充分发挥政府和成员间的纽带作用，实现林产工业和成员的共同利益；协助政府管理部门完善行业管理和建设；积极与国际接轨，加强技术合作与交流	1988年
中国林业工程建设协会	围绕提高林业工程投资效益、自主创新、技术进步、实施行业自我管理；充分发挥协会在政府和会员间的桥梁和纽带作用。推动林业建设科学化管理和技术进步，促进行业交流协作、互联互通互动	1991年
中国林业产业联合会	开展国内外林业产业相关技术、信息合作与交流，规范行业行为，维护行业利益，促进林业行业发展	1992年

8.3.3　完善林业碳汇产业发展辅助服务体系

林业碳汇同时具备正外部性和生态属性，其产业的发展不仅能带来良好的经济效益更能带来生态效益，因此增进林业碳汇产业发展绩效就要完善公益性与经营性并存、综合服务与专业服务兼顾的林业碳汇产业发展辅助服务体系，为林业碳汇经济、生态和社会效益的全面发展提供服务保障。

1. 加强林业碳汇产业第三方计量监测作用

第三方作为林业碳汇产业发展中的计量和监测单位，在保障林业碳汇项目的合理运行中发挥着重要作用，因此必须保证第三方机构体系在产业项目运行中科学有效，从而保障林业碳汇产业交易的公正性与经济性。第一，碳汇计量是林业碳汇项目开展、交易、运行的前提，我国由于林业面积大、碳汇市场发展迟缓等原因，第三方计量监测的水平仍有待提高。首先，要加大科学技术的投入和研发，在保证技术精确的同时关注成本，通过研发各种技术手段并比对相应的成本，在市场规律的前提下形成兼顾市场和林业企业共同需求的碳汇计量方法；其次，要按照林业碳汇项目的运行和产业的发展，及时地修正和改善包括林地要求、计量方法、种植抚育技术等在内的方法学，使其方法和管理都符合林业碳汇市场的发展需要，从而促进产业健康发展；最后，对于控排企业温室气体的排放等也要进行及时地监测，借鉴国外的经验，引进相关人才，不断加强自身的研究水平和实力，最终提高我国林业碳汇产业的第三方监测计量水平。第二，第三方机构对于碳汇交易市场的正常运行发挥着重要作用，它与一般追求盈利水平的企业不同，它的工作要求是评价结果的公正、客观和专业性。因此要保证其拥有工作的独立性，作为或参与第三方机构的计量监测工作单位中不允许出现林业局以及政府部门下设的事业单位。此外对于第三方机构本身也要加强相应的监督管理，在保证第三方独立工作的同时，设立相应的监管部门，并对第三方机构的资质加强审批要求，提高第三方进入门槛，实现林业碳汇项目计量的科学性、准确性和交易的公正性、有效性。

2. 建立健全林业碳汇信息化专业平台

随着大数据、云计算、“互联网+”等的发展，信息化的浪潮势不可当，推动林业碳汇产业信息化的建设，有利于实现林业碳汇信息整合与共享，减少信息不对称，既能提高林业碳汇产业上游供给企业的生产能力，也能提高下游林业碳汇需求企业的市场竞争力，对于实现林业碳汇产业又好又快地发展具有积极作用。因此，需要逐步完善包括林业碳汇、林业资源、林地保护等在内的林业信息数据库，保证信息的公开性、公平性、及时性和准确性，促进林业碳汇的交易和有序运行，从而实现林业碳汇产业的发展。具体来说有以下措施：一是建立林业现代化发展总目标，加快林业碳汇信息化的体制机制革新，加强行业内资源的开发整合和信息共享，尽快在全国范围内形成科学高效、先进实用、稳定安全的林业信息化网络；二是建立完善的林业信息化建设管理机构，实现林业信息化建设的统一管理，增加人员配备、完善机构管理、提升信息化基础设施，并提供林业信息化人员的定期培训，提高其业务水平，重点解决当前我国林业信息不对称、管理和公开不完善现象；三是切实加强林业信息化建设的重要性和急迫性，将其纳入国家和地方信息化建设总体建设部署中，并给予相应的政策、技术和资金支持。

3. 提升林业碳汇产业管理部门公共服务能力

目前林业产业仍存在服务体系薄弱的问题，对于林业碳汇产业的管理服务也存在着结构不均衡、区域不协调、服务范围较窄以及配套的基础设施和管理部门的机构、人员设置不合理等现象，这都严重阻碍了林业碳汇产业的发展。因此，要提升林业碳汇产业管理部门的公共服务能力，为产业的发展营造良好的社会环境。一是完善林业产业社会化服务体系，建设相应的社会组织，提供林业资产评估、技术支持、科技服务、法律服务等；二是完善社会保障体系，改善林业碳汇相关企业的改制和权益的维护、职工分流和安置等条件，实现林业碳汇产业的发展与改革；三是要强化林业碳汇产业管理部门人员能力的提升，稳步改善管理服务结构，完善管理服务机制，并建立健全包括营造林补贴、林业保险、林业信贷贴息等系统性帮扶机制，从而更好地促进现阶段林业碳汇产业的社会化发展。

8.4 增进林业碳汇产业发展绩效的微观层面对策

林业碳汇具备巨大的正外部性和生态属性，这对于林业碳汇产业的上游供给者，包括林业碳汇企业和农村居民的供给行为以及下游国内外碳汇需求者的需求行为都有正面的影响作用，从而促进林业碳汇产业微观层面的发展绩效。具体对于供给方而言，其经营意愿主要受个体属性，包括林业碳汇企业的科技创新水平和人才队伍质量、林业碳汇认知即碳汇知识宣传和道德约束、市场驱动以及政府引导等影响（林业碳汇供给逻辑见图 8－5）。

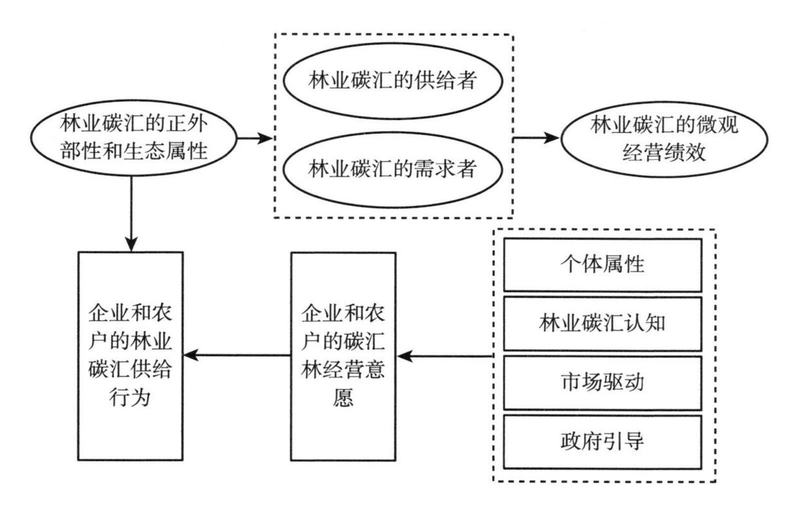

图8－5　林业碳汇供给逻辑

8.4.1　提升林业碳汇企业的科技创新水平和人才队伍建设

1. 提升林业碳汇企业的科技创新水平

林业碳汇企业作为林业碳汇产业的上游供给者在林业产业中发挥着重要作用，而技术支撑是企业发展的关键、自主创新是企业的生命，为此林业碳汇企业需要加强科技手段的革新，增加科技投入和研究，大力提高自主创新能力和市场竞争力，紧跟当前的新时代科技革命大趋势，并在林业碳汇产业中引入“互联网＋”、大数据、云计算等“高、新、尖”的信息技术，加快协同创新步伐，提升科技水平和创新能力。具体有以下措施：第一，企业要积极承担作为投入主体、研发主体、风险承担主体的责任，结合政府和相关的科研机构的辅助，建立林业碳汇产业科技平台，将信息和技术融进产业发展的各个阶段和关键环节，高标准、高质量地落实林业碳汇产业链和创新链，提高产学研的融合深度，推进企业转型升级。第二，结合当下国内大循环和国内国际双循环的背景，林业碳汇企业要大力激活碳汇需求和投资需求，同时不断提高全产业链包括研发、技术、产品、管理和市场等在内的创新水平，刺激更高水平和更高质量的供给。与此同时，林业碳汇企业要利用国内国际双循环进行创新，以自身思维、理念和行为的创新进一步探索加入国际经济大循环的新路径和新形态，提高国际合作，努力实现国内碳汇产业全方位的发展。第三，林业碳汇企业要充分整合政府支持、金融创新、信贷支持等手段的支持。利用各级政府对林业企业科技创新的资金扶持和政策扶持，争取金融创新和优惠补贴等，减少企业创新成本、提升企业科技创新动力；龙头企业要充分发挥政府提供的信贷支持作用，进一步扩大生产规模，实现对林业碳汇产业建设的带动作用。

2. 加强林业碳汇企业的人才队伍建设

人才队伍建设是林业碳汇企业发展的关键任务也是提升企业素质的必要保障，只有坚持以人为本，树立“人才资源是第一资源”的理念，大力实施人才强企的战略，构建林业碳汇企业人才制度体系，以制度建设为根本，统筹规划形成企业内部科学化、规范化、专业化的制度建设层级体系。同时注重用人机制改革和人才激励机制改革，建立健全人才选拔、培养、使用、激励机制，才能为林业碳汇企业的发展提供强有力的人才支撑，从而适应林业碳汇产业的发展。在人才选拔方面，要完善企业的准入和选拔机制，做到人才选聘与岗位配置相匹配，同时对于林业碳汇企业发展来说，科研人员和管理团队发挥着相辅相成的作用，此外，还需要有营销团队等，为此要加强全方位引才、合理配置人才，提高企业整体素质。另外，在人才培养与激励方面，要不断健全人才培养与继续教育体系，完善人才评价和激励机制。企业要定期有针对性地进行相应的林业碳汇产业的相关技能培训和专业科技知识的学习。企业员工作为生产的主体和核心要素，其综合素质会直接影响企业生产效益的提升和产业结构的转变，林业企业应通过不断的专业知识教育和技能培训提高劳动者的综合素质。同时也要重视激励制度的设计和建设，充分发挥激励机制的作用，不断进行激励、奖励制度的创新包括工资、奖金和福利的提升和自我价值提升的长期发展，从而为员工营造积极进取的制度环境。

8.4.2　加强林业碳汇宣传和道德约束，注重社区参与

1. 加强林业碳汇宣传和道德约束

公众对于林业碳汇的认知对林业碳汇的需求意愿具有正相关影响，而

由于市场规律的作用，需求会影响供求，从而实现供求正向增长，使得林业碳汇产业的微观经营绩效增加。具体来说，林业碳汇产业下游的国内外碳汇需求者主要包括碳控排企业、政府机构和非政府组织等，其中以企业为主。因此，为了提高碳控排企业对林业碳汇的购买积极性，需要大力加强林业碳汇方面的宣传，实现多渠道、多方位、全覆盖的宣传体系。在宣传渠道方面要尽量多样化和立体化，以线上线下宣传相结合，充分发挥网络、电视、广播、书籍、宣传册等一切宣传媒介的最大化作用；在宣传对象方面，不仅要对碳控排企业实现定期发布林业碳汇信息，也要对相关利益者包括林业碳汇的供应商企业和林农、合作者以及社会公众实现常态化宣传，对自愿购买林业碳汇和投资林业碳汇产业的企业要加强舆论引导，宣传激励和奖惩，带动其他企业的购买意愿。对于林业碳汇供应企业和林农，要进一步增强他们对于林业碳汇的认知和了解，实现其对林业碳汇的计量方法、交易机制、交易规则等具有基本认识。对于社会公众要采取大众化和形象化的宣传方式，增加公众对于林业碳汇概念、效益以及其在应对气候变化中独特优势的认识。

在道德约束方面，企业社会责任感和环境责任感在林业碳汇产业的发展上发挥着重要作用，因此林业碳汇企业要在国家建立的企业披露制度的基础上，自觉提高自身的社会责任意识，并将履约社会责任纳入企业的管理体系中，减少公众与企业之间的信息不对称，利用社会舆论对自身进行监督，从而推动林业碳汇企业形成履约社会责任的机制。同时，减缓全球变暖、减少碳排放更需要全社会形成人与自然和谐友好相处的环境道德观，因此要在全社会包括中小学、高中、大学、企业、社区等展开多层次的道德教育，进行相应的林业碳汇知识教育、宣传和培训，形成全民的环境道德约束。

2. 注重社区参与，提升林企结合

当前的市场环境和政策下，林业碳汇产业的主要供给者为林业碳汇企业和林农，然而因固定成本包括林地规模开发、项目审定等的存在，使得林业碳汇产业的经济价值不容乐观，且林业碳汇项目的周期一般较长，因此，为了提高林业碳汇项目的完整性和产业的连续性，需要运用社区林业理论，调动社区（村居）的积极性，让当地林农加入林业碳汇项目实践中，探索出适合企业和林农共同参与到造林碳汇项目合作开发模式、成立具有企业性质的林农经济合作社等，从而达到实现减缓全球变暖、环境改善和农村居民收入增加、社会可持续发展的目标。第一，总结目前我国开展的林业碳汇项目的经验，在展开农企合作前首先应在项目准备阶段及时了解项目所在社区（村居）的经济、文化、环境状况，充分征求当地社区的意愿，鼓励林农通过参与座谈会等加入项目的设计过程中，包括因地制宜地进行林种的选择、种植地的落实和项目实施过程中的人员用工等，既要考虑到林农当地的发展要求，又要符合林业碳汇项目的技术、经济要求，最终制定与该林业碳汇项目所在区域实际情况符合的社区参与农企合作机制。第二，同时注重社区参与，提升农企共同参与度，要从产权的角度出发，整体考虑社区林农和企业林业碳汇项目的共同利益。现阶段，随着林权制度的革新，各地的林地产权已逐步明晰化，因此可以成立林农经济合作社或者以村集体组织为代表的合伙经营，允许并鼓励利用林地承包经营权或者使用权折价入股，实现林业碳汇项目的共同收益，从而促进产业的可持续发展。同时，在合作过程中，要按照实际情况对社区林农开展技术培训和项目教育等，保障农户知情权，提升项目相关负责部门的管理和组织协调能力，此外还要妥善处理林农与企业间因利益分配所带来的矛盾，完善农户权益保障机制。第三，从企业和农户等林业碳汇经营供给者的角度来看，都要不断提高自身的经营水平、从业素质管理能力和技术要求，与各项林业政策、法律法规体系做好衔接，最大限度地利用和发挥好相关法律、政策对林业碳汇产业的支持；企业和农户也要与时俱进，学习和掌握林业碳汇新技术、新工艺和新方法，保障林业碳汇供给数量和质量的稳定性；更为重要的是，企业和农户也要重视碳汇造林项目蕴含的巨大综合效益，在实现经济收益的同时，也要不断拓展其生态效益和社会效益增长的空间。

8.4.3 强化林业碳汇产业的需求意愿、机理和驱动机制

林业碳汇产业绩效的发展既需要林业碳汇供给主体不断提高其经营管

理能力，进行技术创新、加强人才队伍建设并实现农企结合，开创林业碳汇经营供给的新局面，也需要提高碳汇市场需求的积极性，推进林业碳汇持续且稳定的市场需求（见图 8 –6）。

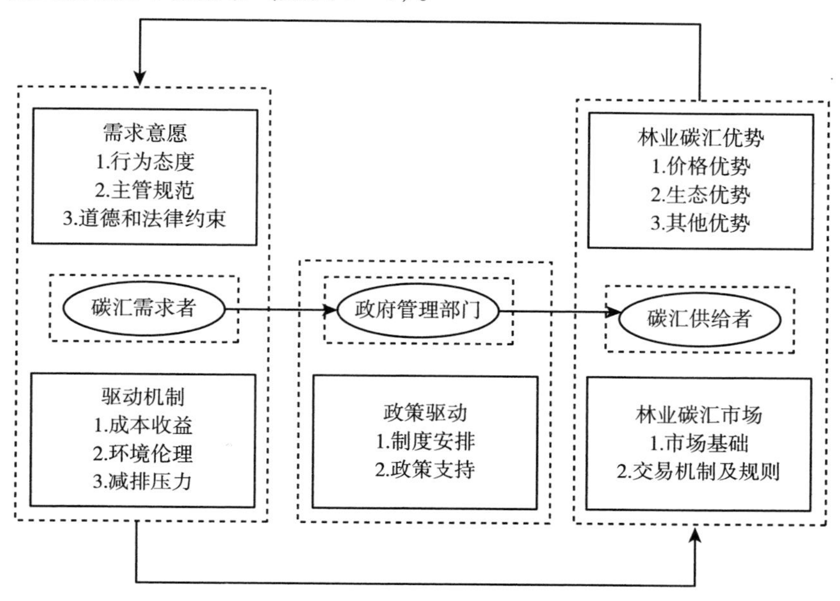

图 8 –6　林业碳汇需求逻辑

1. 强化林业碳汇产业的需求意愿和需求机理

一般来说，个体的行为态度和主观规范等会影响碳控排企业购买对于林业碳汇的购买，其对林业碳汇的支付购买意愿由两个部分构成，即选择意愿和需求程度意愿。有研究发现，碳控排企业对于林业碳汇的选择同时受外部环境和内部资源的双重影响，这又进一步说明碳控排企业对于林业碳汇的需求会同时考虑企业资源禀赋条件和外部环境压力的双重影响。因此，提高国内外碳汇需求者对于林业碳汇的需求要做到：第一，用行为态度引导和刺激碳控排企业对于林业碳汇的购买意愿，即选择林业碳汇会对碳汇需求者带来一定的社会形象和竞争性优势，为企业带来有效的绿色发展和绿色创新，且林业碳汇倡导的“人与自然友好和谐相处”的理念，能够契合碳控排企业的生态环境伦理观和亲环境行为，这不仅能够节约全社会资源，实现资源资本间的有效流动，还可以建立差异化的企业竞争优势；第二，用主观规范对碳控排企业进行正向的林业碳汇需求意愿的引导，立足于碳控排企业，实际对企业实施相应的政策从而刺激其需求，深入挖掘横向利益的相关主体的驱动作用；第三，在采取激励政策包括补贴、减税的同时，补充一定的外部环境对碳控排企业实施合理的道德、法律约束。当然，碳控排企业对于林业碳汇的需求除了受意愿的影响外，还受碳汇市场环境的影响。具体来说，碳汇市场制度环境是碳控排企业林业碳汇需求机理的决定性因素，它能够直接影响控排企业林业碳汇的需求机理，林业碳汇优势作为林业碳汇需求产生的现实因素，对控排企业林业碳汇需求产生决定性影响，在碳市场交易环境和控排企业特质中发挥桥梁作用。因此，针对碳控排企业林业碳汇复杂的需求机理，要提高其需求就要在形成碳控排企业需求意愿的基础上，有效地将其嵌套到碳市场制度环境中，并在保持碳控排企业的特质的同时发挥林业碳汇优势，最终达到林业碳汇需求机理的实现。

2. 提升林业碳汇产业的驱动机制

驱动力在事物的发展中发挥着不可或缺的指引和推进作用。而驱动机制作为发展动力的根源，又是驱动力的来源，是指将驱动力中的各个要素进行帕累托优化配置，明晰相互之间的责任和权利关系，并进行相应的规范化和制度化建设，从而实现组织目标。因此，为了有效地增加以碳控排企业为主的国内外碳汇需求者对于林业碳汇的需求，就要通过改善和优化控排企业减排主体与制度环境主体间的利益均衡关系来驱动林业碳汇市场化价值实现。具体来说有以下措施：一是碳控排企业的经营管理者在追求经济效益的同时，也要考虑到社会效益和社会责任，加强对于林业碳汇生态作用的认知，并结合林业碳汇的正外部性和生态效益，激发碳控排企业内部员工的社会责任感与环境伦理观，形成企业良好的社会形象和竞争优势。同时基于对林业碳汇的生态作用的认知，加强与利益相关主体间相互信任的程度，促进企业自然资源基础观的形成，带动、鼓励利益相关者及合作伙伴联合选择林业碳汇，提高对林业碳汇的需求，也适应新时代中国社会倡导的绿色发展的诉求。二是随着全国性碳市场的建立，纳入控排的行业范畴不断增大、企业数量随之增加，且免费的碳配额比例有所下降。

因此，控排企业要实施企业减排成本的综合核算，展开全面的企业碳资产核算，从而强化对于林业碳汇的经济效益认知，提高企业经济效益。比如，将控制二氧化碳释放的有关支出归入环境保护支出科目中，增加能源节约支出科目，并对环境保护和能源节约两项科目的内容进行结合，等等。此外，企业要积极发挥林业碳汇的附加值功能，最大化地实现企业的价值创造，减少控排企业减排的额外成本，同时要通过持续利用林业碳汇来降低企业减排的综合成本，实现企业的低碳经济发展路径。并根据碳排放量、碳配额等动态地采取多种减排路径，全面实现林业碳汇的减排效益和经济效益。

第 9 章

主要结论及研究展望

9.1 主要结论

本书以问题导向为研究逻辑，研究对象为“林业碳汇产业”，整体框架设计体现为“机理分析—明晰现状—绩效评判—经验启示—绩效优化”的研究脉络。首先，使用文献计量、政策文本法和回归分析法等方式，明确了林业碳汇政策执行的作用机理，重点探究了林业碳汇产业发展的绩效水平和影响因素，这是研究的重中之重。其次，从历史与现实维度上把握研究对象的边界，研究梳理了林业碳汇产业发展的历程以及其支持政策的历史演变情况，论证了林业政策的传播绩效问题。再次，在从宏微观层面评估林业碳汇产业发展绩效水平和影响因素的基础上，利用双重差分法探索了林业碳汇项目的实施对县域农业经济增长的影响，同时以林业碳汇产业发展中各参与主体的有限理性为基础，运用演化博弈理论，构建“政府部门—企业—居民”三方的博弈模型，分析三者之间的博弈行为和利益关系，寻找演化稳定策略；最后，给出了优化林业碳汇产业发展绩效的政策建议，获得相关结论有以下五方面。

9.1.1 林业碳汇产业发展文本分析方面

通过自《可持续发展北京宣言》发布开始至今的林业碳汇产业政策文本分析得出结论如下。

（1）我国林业碳汇政策发布数量在时序上波动频繁，有4个明显的周期。

（2）分区域来看林业碳汇政策发布，则表现为不同区域政策供给差异明显，其中东部地区和西部地区林业碳汇政策发布较多；另外，各经济区域政策发布量总体演进趋势与中央部门基本吻合，但多集中在2012～2016年；此外，中部地区和东北地区仅从政策发布量来说趋同程度较弱。

（3）机构联合发布情况。当前中央部门和地方政府层面联合发布林业碳汇政策的情形都比较少见，但总体而言中央部门联合发布政策文件的频度较地方政府联合发布文件的频度要高；政策联合发布的机构组成，在中央部门层面常见的组合包括中共中央与国务院、全国绿化委员会与国家林业局、国家发展改革委与国家气象局或国家统计局、科技部与环境保护部或气象局；地方发布政策的部门组合，则多以林业厅与财政厅、绿化委员会与林业厅、国家发展改革委与经信委或环保厅，或表现为省委（市委或县委）与省政府（市政府或县政府）等组合形式。

（4）中央和地方层面林业碳汇政策主导部门有其相对的一致性。地方层面，主要由市级人民政府和省级人民政府、绿化委员会和林业厅来牵头组织实施本地区的林业碳汇发展工作，其中市级政府部门的作用相当关键。

（5）中央部门及四大经济区域总体上看林业碳汇政策供给类型以决议和刺激性方案为主，其次为技术经济与财政政策和公开信息披露信息。分区域来看，东部、西部和东北地区均以决议和刺激性方案为主要内容，技术经济与财政政策在中部和西部地区林业碳汇政策体系中也扮演着关键角色。此外，立法监督型林业碳汇政策的发布主体集中于中央部门，但所占比重并不高。此外，为探索性分析林业碳汇产业发展的政策传播，本书聚焦林业学科学术共同体知识交流能力水平，利用中国科技期刊引证报告，重点就林学类期刊知识交流效率进行了评价，并论证研究了影响期刊知识交流效率的因素，发现结论如下：林学类期刊知识交流技术效率总体水平不高，绩效水平仍有43.90%的优化空间，其中规模效率均值不高占主要原因；引用半衰期（作者利用文献的新颖度）、期刊合作化程度、期刊国际化水平对期刊知识交流效率总体呈正向影响，但期刊合作化程度、期刊国际化水平在影响知识交流纯技术效率上存在负向作用；办刊时间和期刊所在地区经济状况总体对期刊知识交流效率有正向影响。与此同时，期刊论文机构分布和地区分布的广泛性对林学期刊知识交流绩效提升作用不明显。

9.1.2　林业碳汇产业发展绩效宏观方面

（1）碳汇造林项目的开展对县域农业经济具有积极影响，该结论通过了稳健性检验。

（2）鉴于林业碳汇项目收益显现期较长，存在一定时滞，为此项目开展对县域农业经济增长短期效应的表现不明显，实证发现长期来看存在促进作用是显著存在的。

（3）从产业结构调整、发展能力提升、收益机会增加（个人和企业）、财政状况改善 4 个维度上，碳汇造林项目助推了县域农业经济增长。

9.1.3　林业碳汇产业发展绩效微观方面

实证研究结果表明，我国营林企业林业碳汇经营绩效在地区间尚存在着不小的差距。总体来看，东部地区营林企业经营绩效要明显优于其他区域，中部地区次之，这与当前各区域经济发展阶段、林业可持续发展要求以及企业林业碳汇经营水平有着一定联系，然而从排名靠前的典型营林企业来说，这些样本企业在财务盈利状况、资产营运状况、偿债能力状况和发展能力状况 4 个维度及各个具体指标上，表现的并不均衡和协调，甚或有部分指标与营林企业林业碳汇经营绩效总体状况呈反向关系，进而一定程度上也是整个营林企业林业碳汇发展相对滞后的一些具体表现。

9.1.4　林业碳汇产业发展相关利益主体行为博弈分析方面

在碳汇造林项目建设及实施过程中，其对利益相关方带来影响的因素较多。其中，任一利益主体行为策略的变化，都使得其他参与主体的收益和损失情况产生变化，进而影响其他主体的行为策略，为此制定策略时需考虑影响利益相关主体演化博弈收益的关键性要素，最后通过调节上述因素的变化来激励利益相关方选择期望性策略。一是由参与碳汇造林项目企业的动态复制方程可得出，营林企业的行为策略抉择受自身获利和政府行为策略的重要影响，而与居民行为策略联系不多。因此，当积极参与碳汇造林项目的企业获取的利润越多则企业社会认可度提升越多，而消极参与的营林企业利润所获越低，且政府对积极参与碳汇造林项目企业的奖励越多，与此同时对消极参与企业处罚金额越高，且同企业占有居民资产的收益额越趋近，即 $M-\gamma\theta C$ 趋向0或为负数，至此 ϕ 的取值则趋向1，表明参与碳汇造林项目企业群体中选择“积极参与”抉择的比例提高。二是由居民群体动态复制方程可得出，居民的行为策略选择主要受自身利益和企业策略抉择的影响。当居民群体的闲暇时光获得的效用水平越低（X_1），积极参与碳汇造林项目的额外收益越多（$E+L_1$），以及当企业选择“积极参与”行为时，居民主动和被动参与利润分红差额（$1-\alpha$）（S_1-S_2）越大，使得 φ 越趋向1，表明居民群体中选择“积极参与”行为策略的比例提高。三是由政府的动态复制方程可得出，其行为策略抉择主要受自身成本和收益的影响，而同企业和居民的行为策略关系不大。政府积极支持和激励带来的社会认同程度越高，监管成本 B_1 和 B_2 越小，对企业处罚的金额越大，且对企业和居民的奖励额度越小，及下级政府消极支持与监管所获得的惩罚越高，会使得 γ 趋近于1，即在政府群体中选择“积极支持”策略的比重会提升。四是就多利益主体共同作用下演化博弈策略稳定性分析可知，当满足一定条件时博弈系统在R（1，1，1）上保持稳定，这说明在动态演化博弈中，碳汇造林项目利益相关方可以实现“企业积极参与、居民积极参与、政府积极支持”的策略组合，以推进林业碳汇产业高质量发展。

9.1.5 典型国家与地区林业碳汇产业体系案例分析方面

（1）欧盟林业碳汇体系相对较为完善，其不仅较为明确地界定了林业碳汇交易方式、价格机制等，还为其提供配套的法律基础、运行机制、融资方式等予以确保其顺利实施。整体来讲，欧盟对于林业碳汇交易的设置具有较为完善的体系支撑与技术支持，这是实现欧盟各成员国与其他国家顺利开展碳汇国际合作的前提条件。

（2）与欧盟有所不同，新西兰林业碳汇交易体系在对是否符合碳汇交易范围的林地界定方面关注更多，其严格按照《京都议定书》中对森林的划分做法，将其分为“1990年前森林”和“1990年后森林”，并明确不同情境下的林业碳汇交易细则。对于毁林等行为，亦有不同的免责与规避约束机制。以此些类似的举措，降低林业碳汇经营项目实施难度以及在实施过程中可能存在的机会主义行为，并对稳定林业碳汇市场价格大有裨益、对我国实施林业碳汇具有较大的借鉴价值。

（3）我国作为世界第一个注册并签订清洁发展机制项目的发展中国家，除了本书给出的广东长隆造林碳汇经营项目和临安林业碳汇交易体系等典型案例外，仍不乏其他优秀的范本，如“中国与意大利合作的CDM造林与再造林碳汇项目”“中国东北部敖汉旗防治荒漠化青年造林项目”和“甘肃省定西市安定区碳汇造林项目”“内蒙古盛乐国际生态示范区林业碳汇及生态修复项目以及“广东省龙川县碳汇造林项目”“伊春市汤旺河林业局2012年森林经营碳汇减排项目试点”等。实际上，中国在近10年的林业碳汇经营项目与发展中，积累了大量丰富、科学的具有针对性的方法论与操作技术。未来，中国必将是世界林业碳汇市场中不可或缺且日益重要的国家。

与此同时，通过对比欧盟、新西兰与中国广东长隆林业碳汇项目、临安林业经营碳汇项目可以发现，其共同点为各国（地区）的林业碳汇经营项目主要是在《京都议定书》框架及IPCC相关规定基础上形成的，其减排单位均为京都框架下的二氧化碳当量，且其方法论的主要依据仍出自国际清洁发展机制。但几个国家的林业碳汇体系仍具有明显的差异之处，这主要体现在如下几方面：首先，减排单位在各国的表述不同。尽管各国或地区均需履行国家减排责任，但每个国家或地区的减排单位的表述不同，如在新西兰减排单位为新西兰单位，而在中国则为中国温室气体核证自主减排单位。其次，减排方法学和技术指南不同。尽管有国际社会清洁发展机制的相关方法学作为依据，但各国（地区）在林业碳汇经营项目实际操作中，其方法学会依据本国林种类型及对象存在而不同。再次，法律约束与融资机制不同。相比欧盟和新西兰，中国在对林业碳汇发展特别是在碳市场交易规则的法律约束相对较少，且融资方式与机制相对单一，大多仍通过捐赠等方式确保项目的实施，这其中尤以广东长隆林业经营项目典型代表。最后，交易的市场范围不同。相比欧盟和新西兰，目前中国尚未构建全国统一性的碳交易市场，其林业碳汇经营项目的交易仍主要依赖于特定地区的碳交易市场进行，依旧是局部性、小范围的交易，并不像欧盟作为全国性甚至跨国性的大规模、大范围交易。

9.2 研究不足及展望

林业碳汇产业问题是一门交叉性较强的研究，涉及经济学、管理学、气候学、环境学和信息学等，也是一个新兴研究领域，涵盖较系统的理论及方法应用，然而在该项研究中存在两点较明显的不足：一是林业碳汇产业绩效评价方面，虽然考虑到了林业碳汇产业发展绩效构成的关键因素，但因为数据和方法的限制，在指标选取和方法选择上仍不尽完善，评价内容和结果并不完整；二是林业碳汇产业发展作为一个综合系统，包含不同的运营模式，其利益相关主体牵涉面也较广，至少包括林业碳汇需求主体、供给主体和第三方，其中第三方不仅包含常规认知中的中介机构，如林业碳汇交易中介，还包括各级政府及林业碳汇产业链条中除供需主体以外的第三方，然而本书在进行动态博弈模型开展林业碳汇产业发展利益相关主体博弈行为分析时，以林业碳汇造林项目为例，对博弈模型中的参与主体和经营形态均进行了简化，分析时以林业碳汇供给方（营林企业）、需求方（农村居民）和地方政府等三方的动态演化博弈为主，并得到了一些共性结论。在后续拓展研究方面，我们将在林业碳汇产业发展绩效研究理论分析框架完善基础上，就林业碳汇产业发展绩效分析的方法进行强化，并搜集更多的林业碳汇产业发展数据。此外，在林业碳汇产业发展利益相关主体动态博弈行为分析中，尽可能考虑更多的产业经营形态和更多的参与主体。

参考文献

[1] 巴枫．林业碳汇交易项目嵌入性研究［D］．北京：中国农业大学，2018.

[2]［美］保罗·萨缪尔森，威廉·诺德豪斯．微观经济学［M］．北京：华夏出版社，1999.

[3] 曹先磊，程宝栋．中国林业碳汇核证减排量项目市场发展的现状、问题与建议［J］．环境保护，2018，46（15）：27－34.

[4] 曹先磊．碳交易视角下人工造林固碳效应价值评价研究［D］．北京：北京林业大学，2018.

[5] 曹玉昆，吕田，陈宁静．天然林保护工程政策对中国现行林业政策的影响分析［J］．林业经济问题，2011，31（5）：377－382，391.

[6] 陈刚．我国森林碳汇经济价值评估研究［J］．价格理论与实践，2015（5）：109－111.

[7] 陈国栋．设计团队知识交流与创新绩效的实证研究［J］．科研管理，2014，35（4）：83－89.

[8] 陈浩民．新西兰碳排放交易体系：现状、特色及启示［J］．国际经济合作，2012（11）：35－39.

[9] 陈继红，宋维明．中国 CDM 林业碳汇项目的评价指标体系［J］．东北林业大学学报，2006，34（1）：87－88.

[10] 陈建成，关海玲．碳汇市场对林业经济发展的影响研究［J］．中国人口·资源与环境，2014，24（S1）：445－448.

[11] 陈丽荣，曹玉昆，朱震锋，韩丽晶．碳交易市场林业碳汇供给博弈分析［J］．林业经济问题，2015，35（3）：246－250.

[12] 陈丽荣，曹玉昆，朱震锋，苏蕾．企业购买林业碳汇指标意愿的影响因素分析［J］．林业经济问题，2016，36（3）：276－281.

[13] 陈丽荣."天保"工程林业碳汇运行机理与制度建设研究 [D]. 哈尔滨:东北林业大学,2017.

[14] 陈卫洪,曹子娟,王晓伟.森林碳汇储备中政府监管与林农行为博弈分析 [J]. 林业经济问题,2019,39 (1):77-82.

[15] 陈叙图,李怒云,高岚,何宇.美国林业碳汇市场现状及发展趋势 [J]. 林业经济,2009 (7):76-80.

[16] 陈阳.七省"碳交易"试点开启中国碳市"元年" [J]. 中国战略新兴产业,2014 (1):34-35.

[17] 陈英.林业碳汇金融监管法律制度之构建 [J]. 中国政法大学学报,2012 (5):133-137,160.

[18] 陈悦.引文空间分析原理与应用:CiteSpcae 实用指南 [M]. 北京:科学出版社,2014.

[19] 陈章纯,程典,杨阳,彭立群.企业参与碳汇造林项目的意愿分析 [J]. 中国人口·资源与环境,2013,23 (S1):192-196.

[20] 陈紫菱,贝淑华.林业碳汇纳入碳排放市场的影响研究 [J]. 中国林业经济,2019 (6):75-78,100.

[21] 揣小伟,黄贤金,郑泽庆,张梅,廖启林,赖力,卢俊宇.江苏省土地利用变化对陆地生态系统碳储量的影响 [J]. 资源科学,2011 (10):1932-1939.

[22] 崔少奇.人工林碳汇潜力分析 [J]. 现代园艺,2019 (2):146.

[23] 邓斌,孙建敏.我国粮油上市公司经营绩效综合评价——基于因子分析和聚类分析 [J]. 技术经济,2013,32 (2):77-84,96.

[24] 丁一,马盼盼.森林碳汇与川西少数民族地区经济发展研究——以四川省凉山彝族自治州越西县为例 [J]. 农村经济,2013 (5):38-41.

[25] 董玉玲.高科技上市企业经营绩效的评价 [J]. 统计与决策,2017 (21):182-184.

[26] 樊根耀.生态环境治理的制度分析 [M]. 西安:西北农林科技大学出版社,2003:56-63.

[27] 范丹红.学习与合作:教师学习共同体的生成性意蕴 [J]. 当代继续教育,2013,31 (3):67-69.

[28] 方精云，郭兆迪，朴世龙，陈安平.1981～2000年中国陆地植被碳汇的估算 [J]. 中国科学（D辑：地球科学），2007（6）：804－812.

[29] 方精云. 北半球中高纬度的森林碳库可能远小于目前的估算 [J]. 植物生态学报，2000（5）：635－638.

[30] 冯瑞芳，杨万勤，张健. 人工林经营与全球变化减缓 [J]. 生态学报，2006（11）：3870－3877.

[31] 傅一敏，刘金龙，赵佳程. 林业政策研究的发展及理论框架综述 [J]. 资源科学，2018，40（6）：1106－1118.

[32] 甘庭宇. 碳汇林业发展中的农户参与 [J]. 农村经济，2020（9）：117－122.

[33] 龚荣发，程荣竺，曾梦双，曾维忠. 基于农户感知的森林碳汇扶贫效应分析 [J]. 南方经济，2019（9）：84－96.

[34] 龚荣发，何勇，黄薇薇，张希昱，曾维忠. 川西北CDM碳汇项目碳汇价值潜力估算 [J]. 林业经济，2015，37（5）：38－41，75.

[35] 龚亚珍，李怒云. 中国林业碳汇项目的需求分析与设计思路 [J]. 林业经济，2006（6）：36－38.

[36] 顾凯平，张坤，张丽霞. 森林碳汇计量方法的研究 [J]. 南京林业大学学报（自然科学版），2008（5）：105－109.

[37] 贯君，曹玉昆，朱震锋，邹玉友. 基于B－S期权定价理论的落叶松碳汇造林项目经济价值评估与敏感性分析 [J]. 干旱区资源与环境，2020，34（1）：63－70.

[38] 韩雅清，杜焱强，苏时鹏，魏远竹. 社会资本对林农参与碳汇经营意愿的影响分析——基于福建省欠发达山区的调查 [J]. 资源科学，2017，39（7）：1371－1382.

[39] 韩雅清，苏时鹏，魏远竹. 人际与制度信任对林农碳汇项目参与意愿的影响——基于福建344名林户的调查 [J]. 湖南农业大学学报（社会科学版），2017，18（4）：64－70.

[40] 何桂梅，徐斌，王鹏，陈绍志. 全国统一碳市场运行背景下林业碳汇交易发展策略分析 [J]. 林业经济，2018，40（11）：72－78.

[41] 何英，张小全，刘云仙. 中国森林碳汇交易市场现状与潜力

[J]. 林业科学, 2007 (7): 106-111.

[42] 洪玫. 森林碳汇产业化初探 [J]. 生态经济, 2011 (1): 113-115.

[43] 侯冬梅. 从知识传播到知识增长: 学术期刊作为科学共同体的形态定位 [J]. 理论探讨, 2016 (3): 174-176.

[44] 侯光文, 郝添磊. 企业经营绩效评价指标建构与实证 [J]. 统计与决策, 2015 (16): 169-171.

[45] 胡原, 曾维忠. 碳汇造林项目促进了当地经济发展吗? [J]. 中国人口·资源与环境, 2020, 30 (2): 89-98.

[46] 胡运宏, 贺俊杰. 1949 年以来我国林业政策演变初探 [J]. 北京林业大学学报 (社会科学版), 2012, 11 (3): 21-27.

[47] 黄从德, 张健, 杨万勤, 等. 四川省及重庆地区森林植被碳储量动态 [J]. 生态学报, 2008 (3): 966-975.

[48] 黄萃, 任弢, 张剑. 政策文献量化研究: 公共政策研究的新方向 [J]. 公共管理学报, 2015, 12 (2): 129-137, 158-159.

[49] 黄东. 森林碳汇: 后京都时代减排的重要途径 [J]. 林业经济, 2008 (10): 12-14.

[50] 黄凌云, 戴永务. 30 年来林业金融国内外研究前沿的演进历程——基于知识图谱可视化视角 [J]. 林业经济问题, 2018, 38 (1): 87-98.

[51] 黄敏. 江西省森林碳汇交易价格均衡研究 [D]. 南昌: 江西农业大学, 2012.

[52] 黄宰胜, 陈钦. 基于造林成本法的林业碳汇成本收益影响因素分析 [J]. 资源科学, 2016, 38 (3): 485-492.

[53] 黄宰胜, 陈钦. 林业碳汇经济价值评价及其影响因素分析——基于碳控排企业支付意愿的调查 [J]. 统计与信息论坛, 2017, 32 (6): 113-121.

[54] 黄宰胜. 基于供需意愿的林业碳汇价值评价及其影响因素研究 [D]. 福州: 福建农林大学, 2017.

[55] 计露萍. REDD+机制下临安农户森林经营碳汇交易项目的碳汇计量与其影响分析 [D]. 杭州: 浙江农林大学, 2017.

[56] 计薇, 顾蕾, 范伟青, 王炳华, 朱玮强. 碳汇目标下竹林经营经

济效益评价与差异分析［J］. 林业经济问题，2020，40（3）：278－284.

［57］焦玉海，王钰，蔺哲. 习近平就第八次全国森林资源清查结果作出批示［N］. 中国绿色时报，2014－02－26.

［58］金巍，文冰，秦钢. 林业碳汇的经济属性分析［J］. 中国林业经济，2006（4）：14－16.

［59］晋琳琳，李德煌. 科研团队学科背景特征对创新绩效的影响——以知识交流共享与知识整合为中介变量［J］. 科学学研究，2012，30（1）：111－123，144.

［60］康惠宁，马钦彦，袁嘉祖. 中国森林C汇功能基本估计［J］. 应用生态学报，1996（3）：230－234.

［61］柯青，朱婷婷. 图书情报学跨学科期刊引用及知识贡献推进效应——基于JCR社会科学版的分析［J］. 情报资料工作，2017（2）：12－21.

［62］孔凡斌. 林业应对全球气候变化问题研究进展及我国政策机制研究方向［J］. 农业经济问题，2010，31（7）：105－109.

［63］蓝虹，朱迎，穆争社. 论化解农村金融排斥的创新模式——林业碳汇交易引导资金回流农村的实证分析［J］. 经济理论与经济管理，2013（4）：43－50.

［64］李春华，李宁，骆华莹，王斌年. 基于DEA方法的中国林业生产效率分析及优化路径［J］. 中国农学通报，2011（19）：55－59.

［65］李建华. 碳汇林的交易机制、监测及成本价格研究［D］. 南京：南京林业大学，2008.

［66］李杰. CiteSpace：科技文本挖掘及可视化（第2版）［M］. 北京：首都经贸大学出版社，2017.

［67］李怒云，龚亚珍，章升东. 林业碳汇项目的三重功能分析［J］. 世界林业研究，2006（3）：1－5.

［68］李怒云，陆霁. 林业碳汇与碳税制度设计之我见［J］. 中国人口·资源与环境，2012（S1）：110－113.

［69］李怒云，王春峰，陈叙图. 简论国际碳和中国林业碳汇交易市场［J］. 中国发展，2008，28（3）：9－12.

［70］李怒云，杨炎朝，何宇. 气候变化与碳汇林业概述［J］. 开发

研究，2009（3）：95－97.

[71] 李怒云．解读“碳汇林业”[J]．中国发展，2009，9（2）：15－16.

[72] 李淑霞，周志国．森林碳汇市场的运行机制研究［J］．北京林业大学学报（社会科学版），2010，9（2）：88－93.

[73] 李帅帅，孙贞昌．西部地区森林碳汇碳抵消效果及发展潜力评价研究［J］．林业经济，2019，41（2）：74－78，122.

[74] 李文中．小额贷款保证保险在缓解小微企业融资难中的作用——基于银、企、保三方的博弈分析［J］．保险研究，2014（2）：75－84.

[75] 李新，程会强．基于交易成本理论的森林碳汇交易研究［J］．林业经济问题，2009，29（3）：269－273.

[76] 林德荣，李智勇，支玲．森林碳汇市场的演进及展望［J］．世界林业研究，2005（1）：1－5.

[77] 林娜．我国学术期刊评价体系评析［J］．东南学术，2015（6）：269－273.

[78] 林淑君．林业政策事件的金融市场影响分析——以我国国有林场改革为例［J/OL］．世界林业研究：1－7，2020－03－11.

[79] 林玮，白青松，陈雪梅，等．华南主要造林树种碳汇能力评价体系构建及优良碳汇树种筛选［J］．西南林业大学学报（自然科学版），2020，40（1）：28－37.

[80] 林旭霞．林业碳汇权利客体研究［J］．中国法学，2013（2）：71－82.

[81] 刘长玉，于涛．绿色产品质量监管的三方博弈关系研究［J］．中国人口·资源与环境，2015，25（10）：170－176.

[82] 刘豪，高岚．国内外森林碳汇市场发展比较分析及启示［J］．生态经济，2012（11）：57－60.

[83] 刘金波．期刊学术共同体与学术评价［N］．中国社会科学报，2017－03－14（006）.

[84] 刘金龙，张译文，梁茗，韦昕辰．基于集体林权制度改革的林业政策协调与合作研究［J］．中国人口·资源与环境，2014，24（3）：124－130.

[85] 刘伦武，刘伟平．试论林业政策绩效评价 [J]. 林业经济问题，2004 (6)：347 -350.

[86] 刘美艳．黑龙江森工林区林下经济产业贡献度研究 [D]. 哈尔滨：东北农业大学，2019.

[87] 刘铭，孙铭君．我国林业碳汇项目供求与价格机制研究 [J]. 中国林业经济，2020 (1)：1 -4，10.

[88] 刘乃美，张建青．高校外语教师学习共同体中隐性知识显性化研究 [J]. 外语教学，2016，37 (4)：51 -55.

[89] 刘世荣，王晖，栾军伟．中国森林土壤碳储量与土壤碳过程研究进展 [J]. 生态学报，2011 (19)：5437 -5448.

[90] 龙飞，祁慧博．基于企业减排的森林碳汇需求决策机理与政策仿真 [J]. 系统工程，2019，37 (5)：41 -50.

[91] 龙飞，沈月琴，祁慧博，刘梅娟．基于企业减排需求的森林碳汇定价机制 [J]. 林业科学，2020，56 (2)：164 -173.

[92] 陆霁，张颖，李怒云．林业碳汇交易可借鉴的国际经验 [J]. 中国人口·资源与环境，2013，23 (12)：22 -27.

[93] 罗小锋，薛龙飞，李兆亮．林业碳汇经济效益评价及区域协调性分析 [J]. 统计与决策，2017 (2)：121 -125.

[94] 罗云建，王效科，张小全，朱建华，张治军，侯振宏．华北落叶松人工林的生物量估算参数 [J]. 林科学，2010，46 (2)：6 -11.

[95] 马军，张盼．跨区域草原碳汇协同管理的演化博弈分析——基于地方政府和中央政府视角 [J]. 生态经济，2019，35 (11)：105 -111.

[96] 马盼盼．森林碳汇与川西少数民族贫困地区发展研究——基于凉山越西碳汇扶贫的案例分析 [D]. 成都：四川省社会科学院，2012.

[97] 毛世平，杨艳丽，林青宁．改革开放以来我国农业科技创新政策的演变及效果评价——来自我国农业科研机构的经验证据 [J]. 农业经济问题，2019，40 (1)：73 -85.

[98] 苗争鸣，尹西明，陈劲．美国国家生物安全治理与中国启示：以美国生物识别体系为例 [J]. 科学学与科学技术管理，2020，41 (4)：3 -18.

[99] 明辉，漆雁斌，李阳明，于伟咏．林农有参与林业碳汇项目的

意愿吗——以 CDM 林业碳汇试点项目为例 [J]. 农业技术经济, 2015 (7): 102-113.

[100] 潘丹, 陈寰, 孔凡斌. 1949 年以来中国林业政策的演进特征及其规律研究——基于 283 个涉林规范性文件文本的量化分析 [J]. 中国农村经济, 2019 (7): 89-108.

[101] 潘家华. 碳排放交易体系的构建、挑战与市场拓展 [J]. 中国人口·资源与环境, 2016, 26 (8): 1-5.

[102] 潘俊, 蒋承高, 张毅, 邹芹. 我国碳汇林业发展研究 [J]. 南方林业科学, 2019, 47 (4): 50-54, 59.

[103] 潘瑞, 沈月琴, 杨虹, 何佳渝. 中国森林碳汇需求研究 [J]. 林业经济问题, 2020, 40 (1): 14-20.

[104] 彭继东, 谭宗颖. 纳米科技学科领域的知识交流——基于期刊引文网络的分析 [J]. 图书情报工作, 2011, 55 (4): 15-18.

[105] 漆雁斌, 张艳, 贾阳. 我国试点森林碳汇交易运行机制研究 [J]. 农业经济问题, 2014, 35 (4): 73-79.

[106] 齐岩, 吴保国. 碳汇林业的木材收益与碳汇收益评价的实证分析 [J]. 中国社会科学院研究生院学报, 2011 (4): 60-64.

[107] 邱均平, 王菲菲. 基于博客社区好友链接的知识交流状况分析——以科学网博客为例 [J]. 图书情报知识, 2011 (6): 25-33.

[108] 任太增. 政府主导、企业偏向与国民收入分配格局失衡——一个基于三方博弈的分析 [J]. 经济学家, 2011 (3): 42-48.

[109] 芮晓东, 杨红强, 聂影. 林业碳汇项目的利益共享机制: 基于利益来源与分配的研究综述 [J]. 林业经济, 2017, 39 (12): 72-79.

[110] 沈月琴, 王小玲, 王枫, 朱臻, 张耀启. 农户经营杉木林的碳汇供给及其影响因素 [J]. 中国人口·资源与环境, 2013, 23 (8): 42-47.

[111] 沈月琴, 曾程, 王成军, 朱臻, 冯娜娜. 碳汇补贴和碳税政策对林业经济的影响研究——基于 CGE 的分析 [J]. 自然资源学报, 2015, 30 (4): 560-568.

[112] 石柳, 唐玉华, 张捷. 我国林业碳汇市场供需研究——以广东长隆碳汇造林项目为例 [J]. 中国环境管理, 2017 (1): 104-110.

[113] 苏东水．产业经济学 [M]．北京：高等教育出版社，2010.

[114] 苏蕾，袁辰，贯君．林业碳汇供给稳定性的演化博弈分析 [J]．林业经济问题，2020，40 (2)：122 – 128.

[115] 孙铭君，彭红军，丛静．碳金融和林业碳汇项目融资综述 [J]．林业经济问题，2018，38 (5)：90 – 98，112.

[116] 谭志雄．中国森林碳汇交易市场构建研究 [J]．管理现代化，2012 (2)：6 – 8.

[117] 唐如前．教师网络学习的知识共同体模型及构建 [J]．中国电化教育，2012 (11)：82 – 85.

[118] 陶波，葛全胜，李克让，邵雪梅．陆地生态系统碳循环研究进展 [J]．地理研究，2001 (5)：564 – 575.

[119] 田国双，邹玉友．供需视域下森林碳汇研究综述与展望 [J]．林业经济，2018，40 (8)：80 – 86.

[120] 田杰，姚顺波．中国林业生产的技术效率测算与分析 [J]．中国人口·资源与环境，2013 (11)：66 – 72.

[121] 汪涌豪．走向知识共同体的学术——兼论回到中国语境的重要性 [J]．学术月刊，2016，48 (12)：5 – 13.

[122] 王惠，王树乔．图书情报类期刊知识交流效率评价及影响因素研究 [J]．情报科学，2017，35 (3)：134 – 138，156.

[123] 王惜凡，戚朝辉，丁胜．基于系统动力学的区域林业碳汇市场中三方主体利益行为演化博弈分析 [J]．中国林业经济，2020 (2)：33 – 36.

[124] 王效科，冯宗炜．中国森林生态系统中植物固定大气碳的潜力 [J]．生态学杂志，2000 (4)：72 – 74.

[125] 王耀华．森林弹回市场构建和运行机制研究 [D]．哈尔滨：东北林业大学，2009.

[126] 王祝雄，吴秀丽，章升东，等．新西兰碳排放交易制度设计对我国林业碳汇交易的启示 [J]．世界林业研究，2013，26 (5)：81 – 87.

[127] 魏霄，孟科学，董兴佩．大数据时代高校学术期刊的发展机遇与改革方向 [J]．编辑之友，2016 (11)：31 – 35.

[128] 魏晓华，郑吉，刘国华，等．人工林碳汇潜力新概念及应用

[J]. 生态学报，2015，35（12）：3881－3885.

[129] 温运城. 科技共同体有效沟通中的角色扮演及影响因素实证研究——以银河—天河巨型机科技共同体为例 [A]. 中国科学学与科技政策研究会科学学理论与学科建设专业委员会、中国自然辩证法研究会科学技术学专业委员会. 2012 年全国科学学理论与学科建设暨科学技术学两委联合年会论文集 [C]. 中国科学学与科技政策研究会科学学理论与学科建设专业委员会、中国自然辩证法研究会科学技术学专业委员会，2012：6.

[130] 吴冰，章飙，冯玲.《京都议定书》生效给林区经济发展带来新机遇——碳汇的利用途径与前景 [J]. 环境科学与管理，2006（6）：154－155.

[131] 吴洁，车晓静，盛永祥，等. 基于三方演化博弈的政产学研协同创新机制研究 [J]. 中国管理科学，2019，27（1）：162－173.

[132] 吴庆全. 闽南地区桉树人工林固碳成本核算 [J]. 桉树科技，2011，28（1）：44－47.

[133] 吴秀丽，曾以禹，章升东，吴柏海，张国斌. 新西兰林业参与国家碳排放交易计划政策设计与实施效果分析 [J]. 林业经济，2013（11）：37－45.

[134] 吴远征. 林业产业的生态安全效率及其影响因素研究 [D]. 南京：南京林业大学，2018.

[135] 伍楠林. 黑龙江省发展森林碳汇贸易实证研究 [J]. 国际贸易问题，2011（7）：116－123.

[136] 武曙红. CDM 林业碳汇市场前景及碳信用的交易策略 [J]. 林业科学，2010（11）：152－157.

[137] 肖雁飞. 创意产业区发展的经济空间动力机制和创新模式研究 [D]. 上海：华东师范大学，2007

[138] 谢高地，李士美，肖玉，祁悦. 碳汇价值的形成和评价 [J]. 自然资源学报，2011，26（1）：1－10.

[139] 徐新良，曹明奎，李克让. 中国森林生态系统植被碳储量时空动态变化研究 [J]. 地理科学进展，2007（6）：1－10.

[140] 颜士鹏. 气候变化视角下森林碳汇法律保障的制度选择 [J].

中国地质大学学报（社会科学版），2011（3）：42－48.

［141］杨浩，曾圣丰，曾维忠，杨帆．基于希克斯分析法的中国森林碳汇造林生态补偿——以“放牧地—碳汇林地”土地用途转变为例［J］．科技管理研究，2016，36（9）：221－227.

［142］杨卉．网络学习共同体知识建构的传播方式探究［J］．电化教育研究，2008（6）：16－19，26.

［143］杨建荣，孙斌艺．政策因素与中国房地产市场发展路径——政府、开发商、消费者三方博弈分析［J］．财经研究，2004（4）：130－139.

［144］杨瑞仙，张梦君．作者学术关系研究进展［J］．图书情报工作，2016，60（13）：141－148.

［145］姚文韵，叶子瑜，陆瑶．企业碳资产识别、确认与计量研究［J］．会计之友，2020（9）：41－46.

［146］叶绍明，郑小贤．国内外林业碳汇项目最新进展及对策探讨［J］．林业经济，2006（4）：64－68.

［147］殷维，谭志雄．基于森林碳汇的中国碳交易市场模式构建研究［J］．湖北社会科学，2011（4）：96－99.

［148］尹丽春，赵萱，刘永悦，等．国际期刊《林业政策与经济》研究及可视化分析［J］．林业经济，2014，36（6）：125－128.

［149］于楠，杨宇焰，王忠钦．我国碳交易市场的不完整性及其形成机理［J］．财经科学，2011（5）：79－87.

［150］余光英，员开奇．林业碳汇生产的激励机制研究——基于效率差异视角［J］．技术经济与管理研究，2013（4）：124－128.

［151］余光英．中国碳汇林业可持续发展及博弈机制研究［D］．武汉：华中农业大学，2010.

［152］袁嘉祖，范晓明．中国森林碳汇功能的成本效益分析［J］．河北林果研究，1997（1）：23－27.

［153］曾倩，杨思洛．国内外图书情报学科知识交流的比较研究——以期刊引证分析为视角［J］．情报理论与实践，2013，36（10）：114－119，108.

［154］曾维忠，成蓥，杨帆．基于 CDM 碳汇造林再造林项目的森林

碳汇扶贫绩效评价指标体系研究［J］．南京林业大学学报（自然科学版），2018，42（4）：9－17.

［155］曾维忠，刘胜，杨帆，傅新红．扶贫视域下的森林碳汇研究综述［J］．农业经济问题，2017，38（2）：102－109.

［156］曾维忠，杨帆．森林碳汇扶贫：理论、实证与政策［M］．北京：社会科学文献出版社，2019.

［157］张驰，曾维忠，龚荣发，等．基于灰色关联度模型的林业碳汇项目绩效影响因素分析——以四川省2个CDM项目为例［J］．林业经济，2016，38（8）：81－85.

［158］张德强，孙晓敏，周国逸，等．南亚热带森林土壤CO_2排放的季节动态及其对环境变化的响应［J］．中国科学．D辑：地球科学，2006（S1）：130－138.

［159］张垒．期刊知识交流效率及影响因素分析——基于DEA－Tobit两阶段法［J］．科学学研究，2015，33（4）：516－521，615.

［160］张旭芳，杨红强，张小标．1993－2033年中国林业碳库水平及发展态势［J］．资源科学，2016，38（2）：290－299.

［161］张毅，张红，毕宝德．农地的“三权分置”及改革问题：政策轨迹、文本分析与产权重构［J］．中国软科学，2016（3）：13－23.

［162］张莹，黄颖利．森林碳汇项目有助于减贫吗？［J］．林业经济问题，2019，39（1）：71－76.

［163］张颖，吴丽莉，苏帆，杨志耕．我国森林碳汇核算的计量模型研究［J］．北京林业大学学报，2010（2）：194－200.

［164］张镇鹏，龙飞，祁慧博，等．森林碳汇抵消政策的企业响应行为［J］．中南林业科技大学学报（社会科学版），2020，14（5）：30－35，47.

［165］章超．临安市集体林权制度改革及其成效探析［D］．杭州：浙江农林大学，2018.

［166］章升东，宋维明，何宇．国际碳基金发展概述［J］．林业经济，2007（7）：47－48.

［167］赵明伟，岳天祥，赵娜，孙晓芳．基于HASM的中国森林植被碳储量空间分布模拟［J］．地理学报，2013（9）：1212－1224.

[168] 郑芊卉，韦海航，陈健，等. 三北工程四十年碳汇价值评价研究 [J]. 林业经济，2019，41 (2)：67 -73，112.

[169] 周健，肖荣波，庄长伟，等. 城市森林碳汇及其核算方法研究进展 [J]. 生态学杂志，2013 (12)：3368 -3377.

[170] 周荣伍，曾以禹，吴柏海. 国际林业碳汇市场交易分析及启示 [J]. 林业经济，2013 (8)：16 -23.

[171] 朱万泽. 成熟森林固碳研究进展 [J]. 林业科学，2020，56 (3)：117 -126.

[172] 朱臻，黄晨鸣，徐志刚，沈月琴，白江迪. 南方集体林区林农风险偏好对于碳汇供给意愿的影响分析——浙江省风险偏好实验案例 [J]. 资源科学，2016，38 (3)：565 -575.

[173] 邹玉友，李金秋，齐英南，贯君，田国双. 碳交易背景下控排企业林业碳汇需求意愿及其影响因素——基于计划行为理论的探讨 [J]. 林业科学，2020，56 (8)：162 -172.

[174] 邹玉友. 控排企业林业碳汇需求机理及其驱动机制研究 [D]. 哈尔滨：东北林业大学，2019.

[175] Adetoye, Ayoade Matthew et al. Forest carbon sequestration supply function for African countries: An econometric modelling approach [J]. Forest Policy and Economics, 2018, 90 (5): 59 -66.

[176] Ahmet Tolunay, Caglar Bassullu. Willingness to Pay for Carbon Sequestration and Co-Benefits of Forests in Turkey [J]. Sustainability, 2015 (7): 3311 -3337.

[177] Alexandra Marques, João Rodrigues, Tiago Domingos. International trade and the geographical separation between income and enabled carbon emissions [J]. Ecological Economics, 2013, 89 (5): 162 -169.

[178] A. Maarit, I. Kallio et al. Economic impacts of setting reference levels for the forest carbon sinks in the EU on the European forest sector [J]. Forest Policy and Economics, 2018, 92 (7): 193 -201.

[179] A. Bussoni Guitart, L. C. Estraviz Rodriguez. Private valuation of carbon sequestration in forest plantations [J]. Ecological Economics, 2010,

69 (3): 451 -458.

[180] Boqiang Lin, Zhijie Jia. Does the different sectoral coverage matter? An analysis of China's carbon trading market [J]. Energy Policy, 2020, 137 (2): 111 -164.

[181] Bruce Manley, Piers Maclaren. Potential impact of carbon trading on forest management in New Zealand [J]. Forest Policy and Economics, 2012, 24 (11): 35 -40.

[182] Calish S. , Fight R. D. & Teeguarden D. E. How do nontimber values affect Douglas-fir rotations? [J]. Journal of Forestry, 1978, 76 (4): 217 -221.

[183] Cameron, Ryan E. et al. A Comprehensive Greenhouse Gas Balance for a Forest Company Operating in Northeast North America [J]. Journal of Forestry, 2013, 111 (1): 194 -205.

[184] Chen Chaomei. CiteSpcae Ⅱ: Detecting and Visualizing Emerging Trends and Transient Patterns in Scientific Literature [M]. John Wiley & Sons, Inc. , 2006.

[185] Christine L. Goodale, Michael J. Apps Richard, A. Birdsey, et al. Forest Carbon Sinks in the Northern Hemisphere [J]. Ecological Applications, 2002, 12 (3): 893 -898.

[186] Conti, DSJ. Carbon sequestration as part of the global warming solution - Using software to combine environmental stewardship with economic benefit [J]. Forestry Chronicle, 2008, 84 (2): 162 -165.

[187] De Solla Price DJ. Little Science, Big Science and Beyond [M]. New York: Columbia University Press, 1963.

[188] Flugge F. et al. Greenhouse gas abatement policies and the value of carbon sinks: Do grazing and cropping systems have different destinies? [J]. Ecological Economics, 2005, 55 (4): 584 -598.

[189] Friedman D. Evolutionary Games in Economics [J]. Econometr ica, 1991 (59): 637 -666.

[190] George J. MacKerron, Catrin Egerton, Christopher Gaskell, Aimie

Parpia, Susana Mourato. Willingness to pay for carbon offset certification and co-benefits among (high-) flying young adults in the UK [J]. Energy Policy, 2008, 37 (4).

[191] Giles Atkinson, Haripriya Gundimeda. Accounting for? India's forest wealth [J]. Ecological Economics, 2006, 59 (4): 462 -476.

[192] Goodale C. L. , Apps M. J. , & Birdsey R. A. , et al. Forest carbon sinks in the Northern Hemisphere [J]. Ecological Applications, 2002, 12 (3): 891 -899.

[193] G. M. Woodwell, R. H. Whittaker, W. A. Reiners, G. E. Likens, C. C. Delwiche, D. B. Botkin. The Biota and the World Carbon Budget [J]. Science, 1978, 199 (4325) .

[194] Hartman R. The harvesting decision when a standing forest has value [J]. Economic inquiry, 1976, 14 (1): 52 -58.

[195] Houghton R. A. Above ground forest biomass and the global carbon balance [J]. Global Change Biology, 2005, 11 (6): 945 -958.

[196] Hunt Colin. Economy and ecology of emerging markets and credits for bio-sequestered carbon on private land in tropical Australia [J]. Ecological Economics, 2008, 66 (2 -3): 309 -318.

[197] Josep G. Canadell, Corinne Le Quéré, Michael R. Raupach, Christopher B. Field, Erik T. Buitenhuis, Philippe Ciais, Thomas J. Conway, Nathan P. Gillett, R. A. Houghton, Gregg Marland. Contributions to accelerating atmospheric CO_2 growth from economic activity, carbon intensity, and efficiency of natural sinks [J]. Proceedings of the National Academy of Sciences, 2007, 104 (47).

[198] Kristell A. Miller, Stephanie A. Snyder, Michael A. Kilgore. An assessment of forest landowner interest in selling forest carbon credits in the Lake States, USA [J]. Forest Policy and Economics, 2012, 25.

[199] Kubova, Pavla et al. Carbon Footprint Measurement and Management: Case Study of the School Forest Enterprise [J]. Bioresources, 2018, 13 (2): 4521 -4535.

[200] Kuhn, Thomas S. The Structure of Scientific Revolutions (1st ed.) [M]. University of Chicago Press, 1962.

[201] Leticia de Barros Viana Hissa et al. Regrowing forests contribution to law compliance and carbon storage in private properties of the Brazilian Amazon [J]. Land Use Policy, 2019, 88 (11): 104 -163.

[202] Lok Raj Nepal, Shi Juan. Willingness to Pay for Offsetting Carbon Programs by Vehicle Owners in Sunsari District, Nepal [J]. The Initiation, 2014, 5.

[203] Marcos Alexandre Teixeira, Marcus Luke Murray, M. G. Carvalho. Assessment of land use and land use change and forestry (LULUCF) as CDM projects in? Brazil [J]. Ecological Economics, 2006, 60 (1): 260 -270.

[204] Markowski-Lindsay M. et al. Barriers to Massachusetts forest landowner participation in carbon markets [J]. Ecological Economics, 71, 2011 (11): 180 -190.

[205] Massimo Tavoni, Brent Sohngen, Valentina Bosetti. Forestry and the carbon market response to stabilize climate [J]. Energy Policy, 2006, 35 (11).

[206] Maynard Smith J. The Theory of Games and the Evolution of Animal Conflict [J]. Journal of Theory Biology, 1973, (47): 209 -212.

[207] Maynard Smith J., Price G. R. The Logic of Animal Conflicts [J]. Nature, 1974, (246): 15 -18.

[208] Michael Obersteiner, G. Alexandrov, Pablo C. Benítez, Ian McCallum, Florian Kraxner, Keywan Riahi, Dmitry Rokityanskiy, Yoshiki Yamagata. Global Supply of Biomass for Energy and Carbon Sequestration from Afforestation/Reforestation Activities [J]. Mitigation and Adaptation Strategies for Global Change, 2006, 11 (5 -6).

[209] Nair PK. R., Kumar B. M., Nair V. D. Agroforestry as a Strategy for Carbon Sequestration [J]. Journal of Plant Nutrition and Soil Science, 2009, 172 (1): 10 -23.

[210] Noble I., Scholes R. J. Sinks and the Kyoto Protocol [J]. Climate Policy, 2001, 1 (1): 5 -25.

[211] Pekka E. Kauppi, Mielikainen Kari, Kullervo Kuusela. Biomass and Carbon Budget of European Forests, from 1971 to 1990 [J]. Science, 1992, 256 (5053): 71 –72.

[212] Perez C., Roncoli C., Neely C., et al. Can Carbon Sequestration Markets Benefit Low-Income Producers in Semi-Arid Africa? Potentials and Challenges [J]. Agricultural System, 2007, 94 (1): 2 –12.

[213] Pohjola J. et al. Immediate and long-run impacts of a forest carbon policy – A market-level assessment with heterogeneous forest owners [J]. Journal of Forest Economics, 32, 8 (2018): 94 –105.

[214] Polley H., Wayne Briske, David D., Morgan, Jack A., Wolter Klaus, Bailey, Derek W., Brown, Joel R. Climate Change and North American Rangelands: Trends, Projections, and Implications [J]. Rangeland Ecology and Management, 2013, 66 (5).

[215] Pukkala Timo. At what carbon price forest cutting should stop [J]. Journal of Forestry Research, 2020 (3): 713 –727.

[216] RK. Dixon, S. Brown, R. A. Houghton et al. Carbon Pools and Flux of Global Forest Ecosystems [J]. Science, 1994, Vol. 263 (5144): 186 –189.

[217] Roger A. Sedjo. Economic Wood Supply – Problems and Opportunities: Choices for Canada's Forest Industry [J]. NRC Research Press Ottawa, Canada, 1990, 66 (1).

[218] Roh Tae Woo, Koo Ja-Choon, Cho Dong-Sung, et al. Contingent feasibility for forest carbon credit; Evidence from South Korean firms [J]. Journal of Environmental Management, 2014 (144): 297 –303.

[219] Ruben N. Lubowski, Andrew J. Plantinga, Robert N. Stavins. Land-use change and carbon sinks: Econometric estimation of the carbon sequestration supply function [J]. Journal of Environmental Economics and Management, 2005, 51 (2).

[220] Russell M. Wise, Oscar J. Cacho. A bioeconomic analysis of the potential of Indonesian agroforests as carbon sinks [J]. Environmental Science & Policy, 2011, 14 (4): 451 –461.

[221] Schluhe Maike et al. Climate calculator for quantifying climate effects of forest enterprises based on data from forest management plans. Landbauforschung, 2019, 68 (3-4): 67-86.

[222] Sedjo R. A. Climate and forests. [J]. Science (New York, N. Y.), 1989, 244 (4905).

[223] Sohngen B., Mendelsohn, R. A sensitivity anaylsis of forest carbon sequestration [M]. Cambridge: Cambridge University Press, 2007.

[224] Turner D. P. et al. Carbon Sequestration by Forests of the United-States-Current Status and Projections to the Year 2040. Tellus Series B-Chemical and Physical Meteorology, 47, 1995 (1-2): 232-239.

[225] Valentina Bosetti, Steven K. Rose. Reducing carbon emissions from deforestation and forest degradation: issues for policy design and implementation [J]. Environment and Development Economics, 2011, 16 (4).

[226] Van Kooten G. C., Binkley C. S., Delcourt G. Effect of carbon taxes and subsidies on optimal forest rotation age and supply of carbon services. American Journal of Agricultural Economics, 1995, 77 (2): 365-374.

[227] Wang Weiwei et al. Technical efficiency of the industry development and influencing factors of carbon sequestration forestry: Evidence from China's forest resource inventory [J]. Nature Environment and Pollution Technology, 2018, 17 (2): 593-601.

[228] Weibull W. Evolutionary Game Theory [M]. Cambridge: MIT Press, 1995.

[229] Wojciech Galinski. Non-random needle orientation in 1-year-old Scots pine (Pinus sylvestris L.) seedlings when adjacent to non-shading vegetation [J]. Trees, 1994, 8 (3).

[230] Ye Song, Hongjun Peng. Strategies of Forestry Carbon Sink under Forest Insurance and Subsidies [J]. Sustainability, 2019, 11 (17).

[231] Yude Pan, Richard A. Birdsey, Jingyun Fang, et al. A Large and Persistent Carbon Sink in the World Forests [J]. Science, 2011, Vol. (333): 989-992.

后　记

转眼一晃，到湖北省农业科学院农业经济技术研究所已从事科研工作7年有余，在此期间笔者围绕农业科技创新、产业发展、绿色农业、贫困治理等领域开展研究，并承担全国首家省级乡村振兴研究院——湖北省乡村振兴研究院的日常运行工作，致力于为全省乡村振兴战略实施和省委省政府及相关部门决策提供服务。自进入农经所以来，笔者先后主持各类项目12项，编制省级规划1项；深度参与完成各级项目近20项；发表文章10余篇；6份研究成果获省级及副省级领导批示；主编或参与编著图书6部。承担完成了农业科技精准扶贫纲要评估、农业科技五个一行动评估等项目，研究成果得到多部门及院校的专家领导高度肯定。

本书紧扣国家“双碳”战略任务向纵深推进的大背景，就林业碳汇产业发展绩效开展探索性研究，属于农林业绿色发展的范畴，结合了目前科研工作实际和此前在林业部门实务方面的思考，既有理论的阐述，也有实践上的剖析，希望能借此进一步筑牢笔者作为“三农”研究人员的初心使命。感谢书稿成书过程中所领导及团队成员的大力支持，感谢省社科基金一般项目（后期资助项目，编号：2021151）的资助，感谢湖北省乡村振兴研究院等平台的支持。另外也感谢经济科学出版社编辑的悉心指导。当然，书稿难免还有诸多不成熟之处，敬请各位专家、读者批评指导。